U0255565

国家出版基金项目
NATIONAL PUBLICATION FOUNDATION

"十三五"国家重点图书出版规划项目
中国河口海湾水生生物资源与环境出版工程
庄 平 主编

珠江口
水生生态环境

赖子尼 等 著

中国农业出版社
北 京

图书在版编目（CIP）数据

珠江口水生生态环境/赖子尼等著 . —北京：中
国农业出版社，2018.12
中国河口海湾水生生物资源与环境出版工程/庄平
主编
ISBN 978-7-109-24724-6

Ⅰ.①珠…　Ⅱ.①赖…　Ⅲ.①珠江－河口－水生生物
－生态环境　Ⅳ.①Q178.1

中国版本图书馆 CIP 数据核字（2018）第 235468 号

中国农业出版社出版
（北京市朝阳区麦子店街 18 号楼）
（邮政编码 100125）
策划编辑　郑　珂　黄向阳
责任编辑　肖　邦
———————————
北京通州皇家印刷厂印刷　　新华书店北京发行所发行
2018 年 12 月第 1 版　　2018 年 12 月北京第 1 次印刷
———————————
开本：787mm×1092mm　1/16　印张：16.25
字数：335 千字
定价：120.00 元
（凡本版图书出现印刷、装订错误，请向出版社发行部调换）

内容简介

　　河口是重要的渔业水域，是许多鱼类的产卵场、索饵场、育肥场、越冬场、洄游与降海通道，也是人类进行社会、经济活动的重要区域。河口水生生态系统的改变，可反映人类对其干扰的程度。为可持续利用珠江口自然生态环境，了解河口水生生态环境的变化过程非常重要。

　　本书以珠江口重要渔业水域为研究对象，梳理了 2006—2010 年珠江口的水生生态环境数据，从环境要素的变化规律、浮游生物和底栖动物群落结构与功能状况、重金属和有机氯农药污染等对珠江口水生生态系统的影响，进行了较为系统的研究，可为今后深入系统研究珠江流域生态过程、渔业生产力以及珠江口渔业资源可持续利用及保护、管理提供科学依据。

丛书编委会

科学顾问　唐启升　中国水产科学研究院黄海水产研究所　中国工程院院士
　　　　　曹文宣　中国科学院水生生物研究所　中国科学院院士
　　　　　陈吉余　华东师范大学　中国工程院院士
　　　　　管华诗　中国海洋大学　中国工程院院士
　　　　　潘德炉　自然资源部第二海洋研究所　中国工程院院士
　　　　　麦康森　中国海洋大学　中国工程院院士
　　　　　桂建芳　中国科学院水生生物研究所　中国科学院院士
　　　　　张　偲　中国科学院南海海洋研究所　中国工程院院士

主　　编　庄　平
副 主 编　李纯厚　赵立山　陈立侨　王　俊　乔秀亭
　　　　　郭玉清　李桂峰
编　　委（按姓氏笔画排序）
　　　　　王云龙　方　辉　冯广朋　任一平　刘鉴毅
　　　　　李　军　李　磊　沈盎绿　张　涛　张士华
　　　　　张继红　陈丕茂　周　进　赵　峰　赵　斌
　　　　　姜作发　晁　敏　黄良敏　康　斌　章龙珍
　　　　　章守宇　董　婧　赖子尼　霍堂斌

本书编写人员

赖子尼　王　超　高　原　曾艳艺　刘乾甫
彭松耀　李海燕　杨婉玲　麦永湛

丛书序

　　中国大陆海岸线长度居世界前列，约 18 000 km，其间分布着众多具全球代表性的河口和海湾。河口和海湾蕴藏丰富的资源，地理位置优越，自然环境独特，是联系陆地和海洋的纽带，是地球生态系统的重要组成部分，在维系全球生态平衡和调节气候变化中有不可替代的作用。河口海湾也是人们认识海洋、利用海洋、保护海洋和管理海洋的前沿，是当今关注和研究的热点。

　　以河口海湾为核心构成的海岸带是我国重要的生态屏障，广袤的滩涂湿地生态系统既承担了"地球之肾"的角色，分解和转化了由陆地转移来的巨量污染物质，也起到了"缓冲器"的作用，抵御和消减了台风等自然灾害对内陆的影响。河口海湾还是我们建设海洋强国的前哨和起点，古代海上丝绸之路的重要节点均位于河口海湾，这里同样也是当今建设"21世纪海上丝绸之路"的战略要地。加强对河口海湾区域的研究是落实党中央提出的生态文明建设、海洋强国战略和实现中华民族伟大复兴的重要行动。

　　最近 20 多年是我国社会经济空前高速发展的时期，河口海湾的生物资源和生态环境发生了巨大的变化，亟待深入研究河口海湾生物资源与生态环境的现状，摸清家底，制定可持续发展对策。庄平研究员任主编的"中国河口海湾水生生物资源与环境出版工程"经过多年酝酿和专家论证，被遴选列入国家新闻出版广电总局"十三五"国家重点图书出版规划，并且获得国家出版基金资助，是我国河口海湾生物资源和生态环境研究进展的最新展示。

　　该出版工程组织了全国 20 余家大专院校和科研机构的一批长期从事河口海湾生物资源和生态环境研究的专家学者，编撰专著 28 部，系统总结了我国最近 20 多年来在河口海湾生物资源和生态环境领域的最新研究成果。北起辽河口，南至珠江口，选取了代表性强、生态价值高、对社会经济发展意义重大的 10 余个典型河口和海湾，论述了这些水域水生生物资源和生态环境的现状和面临的问题，总结了资源养护和环境修复的技术进展，提出了今后的发展方向。这些著作填补了河口海湾研究基础数据资料的一些空白，丰富了科学知识，促进了文化传承，将为科技工作者提供参考资料，为政府部门提供决策依据，为广大读者提供科普知识，具有学术和实用双重价值。

中国工程院院士 唐启升

2018 年 12 月

前　言

　　珠江是中国南方最大的河系，中国境内第三长河流，珠江水系由西江、东江、北江和珠江三角洲河网四部分组成，总流域面积45万 km² 以上，干流长约 2 200 km，主要干支流长 9 499 km，河流众多，水资源丰富。三江水流汇入珠江三角洲河网后，分别从八大入海口注入南海。珠江八大口门位于 22°—23°N、113°—114°E，水域面积达 2 210 km²，按地理位置分为东四口门（虎门、蕉门、洪奇门和横门）和西四口门（磨刀门、鸡啼门、虎跳门和崖门）。入海河口是半封闭的沿岸水体，同海洋自由通连，河水与海水在其中交混，是流域与海洋的枢纽，是海陆相互作用极为显著的地区，也是受人类活动影响极为强烈的地区。

　　河口地区的生态环境状况一直是人类社会发展对环境影响研究的焦点。河口地区历来是人类从事各种活动最频繁、最活跃的地区之一。河口不仅为人类提供了丰富的资源，而且是海外和内陆经济、文化交流等各种活动的纽带桥梁。随着河口地区城市化建设水平的日益提高，经济文化的日益繁荣，河口地区的生态问题也日益突出。例如，河口渔业资源近年来呈现下降的趋势，渔获物组成减少等都表明生物多样性水平的降低；又如，河口水体富营养化程度提高，导致河口海湾赤潮频繁发生等。所有这些问题表明，河口地区的生态环境已经出现退化。恢复河口地区良好的生态环境已变得刻不容缓。提高全人类生态环境保护意识，加强生态环境保护方面的研究是自然界对人类提出的迫切要求。

目前，有关珠江口水生生态环境保护的研究并不多，尤其缺乏对这方面系统详细的分析。为了弥补不足，更好地阐明珠江口水生生态系统的特征，对珠江口的水生生物分布、种群结构和多样性特征与水体污染水平等有更加全面的认识，本书就农业农村部（原农业部）珠江流域渔业生态环境监测中心对珠江口渔业生态系统的监测结果进行了系统总结（2006—2010 年），内容涉及珠江八大入海口水体理化因子、重金属元素、有机污染物、浮游生物和底栖动物等，为珠江口渔业资源的合理利用、繁殖和种质资源保护提供了重要的科学依据，填补了珠江口水生生态环境系统研究的空白。

本书共分为九章。其中，第一章由王超、麦永湛执笔，第二章、第三章由刘乾甫执笔，第四章由王超执笔，第五章由高原执笔，第六章由彭松耀执笔，第七章由曾艳艺执笔，第八章由李海燕、杨婉玲执笔，第九章由赖子尼执笔。全书由赖子尼统稿。

本书得到农业部全国渔业生态环境监测工作项目的支持，参加此项工作的科技人员先后还有庞世勋、魏泰莉、谢文平、蒋万祥、高鹏、戴娟、王帅、胡锡永、方珍、吴茜和穆三妞等。

由于作者水平有限，书中难免存在疏漏和错误之处，敬请读者批评指正。

著　者

2018 年 8 月

目　录

第一章

珠江河口的
自然特征

第一节 珠 江

一、概况

珠江，又名粤江，因流经海珠岛而得名。珠江位于中国的西南部。珠江流域位于 $21°31'—26°49'N$、$102°14'—115°53'E$，覆盖云南省、贵州省、广西壮族自治区、广东省、湖南省、江西省 $442\ 100\ km^2$ 面积，以及越南北部的 $11\ 590\ km^2$ 面积，流域总面积共 $453\ 690\ km^2$。珠江流域面积广阔，山地和丘陵占总面积的 94.5%，平原面积小而分散，仅占 5.5%，比较大的是珠江三角洲平原。其中，云南省、贵州省区域为高原，最高海拔高度为 $2\ 853\ m$。

珠江流域为亚热带气候，多年平均气温在 $14\sim22\ ℃$。年际变化不大，但地区差异大。最高气温 $42\ ℃$，最低 $-9.8\ ℃$。流域内雨量丰沛，多年平均年降水量 $1\ 470\ mm$，但由于降水量约 80% 集中在汛期，形成地表径流年内分配不均，枯水期径流量仅占全年的 20% 左右。

珠江流域地势西北高，东南低。探明的矿藏资源有 58 种，矿石储量亿吨以上的有煤、铁、硫、锡、钨、铝、锰等 25 种，还有金、铀、钛、铌、钽等珍贵矿藏。较著名的矿区有贵州的六盘水煤矿，广西的南丹大厂锡矿、平果铝矿、大新下雷锰矿、象州重晶石矿、梧州金矿、岑溪钛铁矿，广东的云浮硫铁矿，云南的个旧锡矿等。珠江流域旅游资源丰富，著名的黄果树瀑布、桂林山水都在该流域。

珠江流域内民族众多，共有 50 多个民族。主要民族有汉族、壮族、苗族、布依族、毛南族等，其中以汉族人口最多，其次是壮族。

据 2010 年资料统计，珠江流域总人口 $17\ 837.8$ 万人（未计入中国香港、中国澳门和海南省），平均人口密度为 290 人$/km^2$；人口结构中农村人口占 50.7%，城市人口占 49.3%。2012 年，广东的国内生产总值（gross domestic product，GDP）超过了贵州 GDP 的 8 倍，差距巨大；2013 年，流域内人均 GDP 达 $104\ 628$ 元。从产业结构看，流域各域段产业结构差异明显，下游地区第三产业占比较大，居于主导地位，第二产业次之，第一产业所占比重极低；而中上游地区第一产业所占比重要高于下游地区第一产业的占比。2017 年，珠江三角洲地区 9 个仅占全国面积 0.57% 的城市，创造了全国 9.2% 的 GDP，生产总值达 7.58 万亿元。

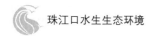

二、水系构成

珠江是由西江、东江、北江及珠江三角洲河网汇聚而成的复合水系，包含越南北部山区河流。水系有大小河流 774 条，总长 36 000 km 以上，是中国境内第三长河流，具有支流众多、水道纷纭的特征；在下游三角洲漫流成河网区，经由分布在广东省境内 6 个市县的虎门、蕉门、洪奇门（沥）、横门、磨刀门、鸡啼门、虎跳门和崖门八大口门流入南海。西江为珠江干流，发源于云贵高原乌蒙山系马雄山，流经云南、贵州、广西和广东 4 个省（自治区），全长 2 214 km，思贤滘以上集水面积 353 120 km²，其中 341 530 km² 在中国境内。西江干流由源头至北盘江汇口称南盘江，南盘江与北盘江汇口至柳江汇口称红水河，柳江汇口至郁江汇口称黔江，郁江汇口至桂江汇口称浔江，桂江汇口至三角洲河网区称西江。西江集水面积大于 1 000 km² 的一级支流有贺江、罗定江及新兴江 3 条。

据 2012 年数据，珠江年径流量 3 300 亿 m³ 以上，居全国江河水系的第 2 位，仅次于长江，是黄河年径流量的 7 倍、淮河的 10 倍。按流量计为中国第二大河流。西江平均年径流量为 2 300 亿 m³。

在珠江水系构成中，还包含抚仙湖、杞麓湖、星云湖、阳宗海和异龙湖 5 个高原湖，合计湖泊面积 345.13 km²，蓄水量 300 亿 m³。

（一）西江水系

西江是珠江水系的干流，发源于云南省沾益县马雄山北东麓（也是珠江的源头）。干流流经云南、贵州、广西、广东 4 个省（自治区），至广东省磨刀门水道企人石注入南海，全长 2 214 km，河道平均坡降 0.045％。思贤滘以上集水面积 353 120 km²。以广西象州县石龙三江口以上为上游，三江口至梧州市为中游，梧州至广东省佛山市三水区思贤滘为下游，思贤滘至磨刀门企人石为河口段。

高要水文站（集水面积 351 535 km²）实测多年（1956—1987 年）平均年径流深 636.3 mm，年径流总量为 2 237 亿 m³，年输沙量 7 100 万 t，侵蚀模数 202 t/（km²·a）。

西江自广西壮族自治区梧州市东流 13 km 至广东省肇庆市封开县江川镇界首村大源冲口即进入广东境省内，至广东省三水县思贤滘与北江相通，其后转向南流，进入珠江三角洲。

西江下游在广东省内面积 17 960 km²，约占广东省内珠江流域面积的 16.12％；河长 195 km，平均坡降 0.008 6％；河道宽 700～2 000 m。在肇庆市上下游有三榕峡和羚羊峡收束河床，三榕峡宽 370 m，峡长 5.5 km，水深 78 m；羚羊峡又名肇庆峡，宽 340 m，峡长 7.5 km，水深 83 m。此区以低山丘陵和积水洼地为地貌特征。羚羊峡上下基本属堤防区。

西江干流的一级支流中，集水面积 1 万 km² 以上的有北盘江、柳江、郁江、桂江和贺江。

（二）北江水系

北江，发源于江西省信丰县，流入广东省境后经南雄、始兴、曲江等地，在韶关市区与武江汇合。自韶关市起，大致由北向南流，经过英德、清远等市，沿途有南水、滃江、连江、潖江、滨江、绥江等支流汇入，至三水思贤滘与西江相通，流入珠江三角洲河网区，主流由沙湾水道注入狮子洋经虎门出南海，平均坡降 0.07%。北江三水河口以上干流长 468 km，流域面积 4.67 万 km²；其中 92% 即 4.29 万 km² 在广东省，约占广东省内珠江流域面积的 38.50%。若计算至南沙区小虎岛则北江干流长 573 km，流域面积 5.21 万 km²，占珠江流域总面积的 11.48%。北江平均年径流量 510 亿 m³，径流深 1 091.8 mm；干流在韶关市区以上称浈江（也称浈水），韶关以下始称北江。地势大致北高南低，北部分水岭有全省最高峰石坑崆，海拔 1 902 m。

北江水系集水面积超过 1 000 km² 的一级支流有墨江、锦江、武江、南水、滃江、连江、潖江、滨江和绥江 9 条，简记为武江、南水、滃江、连江、潖江和绥江 6 条主要支流。

（三）东江水系

东江发源于江西省寻乌县桠髻钵山，向西南流经广东省龙川县、河源市、紫金县、惠阳县、博罗县至东莞市石龙镇进入珠江三角洲，于增城市禺东联围东南汇入狮子洋。集水面积 35 340 km²，占珠江流域总面积 7.79%；其中，约 90% 即 3.18 万 km² 在广东境内，约占广东境内珠江流域面积的 28.55%。河长 562 km，河道平均坡降 0.038 8%，平均年径流深 950.4 mm，平均年径流量 257 亿 m³。干流在龙川县枫树坝以上称寻乌水，汇贝岭水后始称东江。流域地势东北高、西南低，分水岭最高海拔 1 101.9 m。

东江水系主要的支流有贝岭水、新丰江、西枝江等。

（四）湖泊

珠江水系主要有抚仙湖、杞麓湖、星云湖、阳宗海和异龙湖 5 个湖泊，都在云南省境内，属高原湖泊。

抚仙湖是我国深度排名第二的淡水湖泊，湖泊面积 212 km²，流域面积 674.69 km²，最大水深 157.3 m，平均水深 87.0 m，蓄水量 189.3 亿 m³，其中大的河道有 27 条，湖水经海口河流入南盘江。

杞麓湖是一个封闭型高原湖泊，湖泊面积 35.9 km²，流域面积 354.2 km²，最大水深 6.8 m，平均水深 4 m，蓄水量 1.7 亿 m³。主要入湖河流三条，洪水年湖水经湖东南面的岳家营落水洞岩溶裂隙泄洪至曲江，流域多年平均水资源量 1.17 亿 m³。

星云湖是抚仙湖的上游湖泊，通过 2.2 km 的隔河与抚仙湖相连，湖泊面积 34.7 km²，

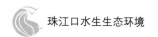

流域面积 386 km²，平均水深 5.91 m，最大水深 9.5 m，蓄水量 1.84 亿 m³。大小入湖河流 14 条，多年平均水资源量 7 684 万 m³，多年平均流入抚仙湖水量约 2 400 万 m³。

阳宗海湖泊面积 31.9 km²，流域面积 192 km²，平均水深 20 m，最大水深 29.7 m，蓄水量 6.04 亿 m³，多年平均水资源量 3 500 万 m³。

异龙湖面积 30.63 km²，流域面积 360.4 km²，平均水深 2.75 m，最大水深 6.55 m，蓄水量 1.13 亿 m³。

（五）珠江三角洲河网

珠江三角洲河网水系把西江、北江、东江的下游纳于一体。从西向东流的珠江三角洲河流有潭江、高明河、沙坪河等；从北向南流的三角洲河流有流溪河、增江、沙河、西福河、雅瑶河、南岗河等；从东向西流的三角洲河流有寒溪水等。此外，还有直接流入伶仃洋的茅洲河和深圳河，都汇于珠江三角洲河网区，最后分别由 8 大口门注入南海，整个水系呈扇形。西江从三水县思贤滘西口至珠海市企人石河段，分别称西江干流水道、西海水道、磨刀门水道，最后经磨刀门入海。北江自思贤滘北口起，各河段分别称北江干流水道、顺德水道、沙湾水道，最后经狮子洋出虎门入伶仃洋。东江在珠江三角洲内的河口段是石龙以下的东江北干流，在增城县的禺东联围入狮子洋。

珠江三角洲地区河网密度较大，达 0.83 km/km²。干流弯曲系数为 1.34，干流属平原型河流。

第二节　珠江河口与珠江三角洲

一、概况

珠江汇西江、北江、东江之水进入珠江三角洲河网，经八大口门流入南海。以三水至广州一线为其北界，再往东南延至东莞石龙。珠江三角洲是复合型三角洲，集水面积为 26 820 km²，占珠江流域总面积的 5.91%。其中，三角洲面积 9 750 km²（西北江三角洲 8 370 km²，东江三角洲 1 380 km²），入注三角洲其他诸河上游部分的面积为 17 070 km²（入注西北江三角洲的为 10 150 km²，入注东江三角洲的为 6 920 km²）。

珠江三角洲是广东思想文化最早开放的地区之一，有广州这个世界贸易大港为依托，农副产品和手工业产品市场广阔、产销活跃。明代后期，珠江三角洲的农业生产商品化倾向日渐明显，成为岭南非常活跃、具有商品意识，因而最富有创新精神的地区。广东近代工业的新兴产业，主要在 19 世纪末叶从珠江三角洲一带兴起。

珠江三角洲毗邻中国香港和中国澳门，与东南亚地区隔海相望，包括广州、深圳、佛山、东莞、中山、珠海、江门、肇庆、惠州共 9 个城市。"大珠三角"指广东省、中国香港、中国澳门三地构成的区域，是中国重要的经济中心区域之一。珠江三角洲地区是有全球影响力的先进制造业基地和现代服务业基地，南方地区对外开放的门户，我国参与经济全球化的主体区域之一，全国科技创新与技术研发基地，全国经济发展的重要引擎，辐射带动华南、华中和西南地区发展的龙头；是我国人口集聚最多、创新能力最强、综合实力最强的三大区域之一，有"南海明珠"之称；在全国经济社会发展和改革开放大局中具有突出的带动作用和举足轻重的战略地位，被称为中国的"南大门"。

（一）珠三角

"珠三角"概念正式提出是 1994 年 10 月 8 日，中国共产党广东省委员会在第七届委员会第三次全体会议上提出建设珠江三角洲经济区（以下简称珠三角）。珠三角最初包括广州、深圳、佛山、东莞、中山、珠海、江门、肇庆、惠州共 9 个城市，其发展主要得益于邻近中国香港。中国香港一直是珠三角经济区的主要投资来源，港商资金雄厚，一直扮演重要角色。据《2017 年广东国民经济和社会发展统计公报》公布的数据，2017 年，珠三角地区生产总值为 75 809.75 亿元人民币，占广东省比重为 79.7%，约占全年国内生产总值的 9.2%，是仅次于长三角都市经济圈、京津冀都市经济圈的全国第三大经济总量的都市经济圈。而根据联合国人居署发布的《世界城市状况报告》，以广州、中国香港和深圳为核心的珠三角都市区已经成为世界最大的超级都会区。

（二）大珠三角

"大珠三角"指原珠三角 9 个城市加上深汕特别合作区、中国香港特别行政区、中国澳门特别行政区三地构成的区域，是我国改革开放的先行地区，是中国重要的经济中心区域之一。

（三）泛珠三角

"泛珠三角"地区的概念，即知名的"9＋2"经济地区的概念，是 2003 年 7 月在国内正式提出来的，泛珠三角包括与珠江流域地域相邻、经贸关系密切的福建、江西、广西、海南、湖南、四川、云南、贵州和广东 9 省（自治区），以及中国香港、中国澳门 2 个特别行政区，简称"9＋2"。泛珠三角面积 200.6 万 km^2，据 2010 年全国第六次人口普查数据，户籍总人口 47 493 万；2017 年，GDP 达 295 649 亿元。其中，9 省（自治区）面积占全国的 20.9%，人口占全国的 34.9%，GDP 占全国的 32.63%。

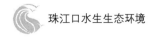

二、珠江三角洲河网水系

珠江三角洲河道呈网状,河汊纵横互相沟通,在经过联围治理之后,现河网区水道总长仍达 1 600 km 以上。据统计,纵向河道弯曲系数为 1.03～1.23,横向河道弯曲系数为 1.26～1.46。天然河网密度平均为 0.83 km/km²。

(一)西江干流水道

西江干流水道在思贤滘西口至江门市新会区南安段,下接南安至新会百顷头的西海水道、百顷头至企人石的磨刀门水道。在佛山市高明区有高明河汇入。主流经磨刀门水道至企人石注入南海。其中,主流在甘竹滩附近有甘竹溪、容桂水道、江门水道、新会河、石板沙水道、螺洲溪分流。向东分流部分,分别由虎门、蕉门、洪奇门、横门经伶仃洋注入南海;向西分流部分,分别由鸡啼门、虎跳门、崖门经黄茅海注入南海。潭江于新会区注入银洲湖后从崖门注入南海。

(二)北江干流水道

北江干流水道自思贤滘北口向南至佛山市禅城区紫洞村附近分流三支;北支为佛山水道,中支为潭洲水道,南支为顺德水道。主流从紫洞村至张松村上河,称顺德水道;上河至广州市南沙区小虎岛燕尾称沙湾水道。主流在广州市南沙区燕尾入狮子洋出虎门,经伶仃洋注入南海。另一分流经蕉门水道和洪奇沥水道经伶仃洋注入南海。东部北江分流的西南涌、芦苞涌与流溪河汇合,至珠江(广州水道)注入狮子洋出虎门。

(三)东江水道

东江在增城区汇入增江,在博罗县石湾镇汇入沙河。东江在东莞石龙以下分为两支,经石龙以北,至东莞麻涌涌口围入狮子洋,称东江北干流;另一支经石龙以南,至峡口遇寒溪水,又分许多河汊流入狮子洋,称东江南支流。一般洪水时,东江北干流的流量大于南支流;在大洪水时,则两者基本接近。

三、珠江河口区域

珠江平均每年各口门涨潮流入量为 3 762 亿 m³,多年平均落潮流出量为 7 022 亿 m³,相应净泄入海径流量为 3 260 亿 m³,4—9 月的径流量占全年的 80%。其中,虎门占 18.5%,蕉门占 17.3%,洪奇门占 6.4%,横门占 11.2%,磨刀门占 28.3%,鸡啼门占 6.1%,虎跳门占 6.2%,崖门占 6.0%。

虎门、蕉门、洪奇门、横门、磨刀门、鸡啼门、虎跳门和崖门八大口门分属广东省东莞市、广州市南沙区、中山市、珠海市、江门市新会区 5 个行政市（区）。

（一）东莞

虎门位于东莞。东莞又称"莞城"，是广东重要的交通枢纽和外贸口岸，"广东四小虎"之首，号称"世界工厂"。据 2010 年第六次全国人口普查统计，东莞有汉族 781.41 万人，占总人口的 95.06%；少数民族 40.61 万人，占 4.94%。2017 年，东莞 GDP 达 7 582.12 亿元，在广东省排第五位。东莞的星级饭店达到 96 家，其中五星级饭店 17 家、四星级饭店 25 家。

虎门是珠江水系各干流流入南海的八大口门之一。位于广东省东莞市沙角村，通过虎门注入伶仃洋的径流包括东江的全部径流，西江、北江的部分径流以及珠江三角洲本身的部分径流。虎门是个强潮汐作用的口门，潮汐吞吐量居八大口门之首。东莞市虎门镇毗邻广州、深圳，位于东莞市西南部、珠江口的东岸，全镇总面积 178.5 km²，户籍人口 12.4 万人，常住人口 50 多万人，属乡级行政单位。

（二）南沙

南沙区是广东省广州市市辖区。位于广州市最南端、珠江虎门水道西岸，是西江、北江、东江三江汇集之处；东与东莞市隔江相望，西与中山市、佛山市顺德区接壤，北以沙湾水道为界与广州市番禺区隔水相连，南濒珠江出海口伶仃洋。地处珠江出海口和大珠江三角洲地理几何中心，是珠江流域通向海洋的通道，连接珠江口岸城市群的枢纽，广州市唯一的出海通道，距香港 38 n mile、澳门 41 n mile。南沙区下辖 6 个镇和 3 个街道，总面积 783.86 km²。

南沙区 2017 年新设企业 22 736 家（广州南沙自贸区挂牌以来共 43 961 家），增长 60%；新增注册资本近 5 500 亿元，增长 246%。2017 年，全区 GDP 为 1 391.89 亿元，比 2016 年增长 10.5%。其中，第一产业增加值为 52.49 亿元，增长 4.3%；第二产业增加值为 855.87 亿元，增长 8.4%；第三产业增加值为 483.53 亿元，增长 16.2%。三次产业增加值的比例为 3.77∶61.49∶34.74。2017 年年末，全区常住人口 72.5 万人，户籍人口 41.54 万人。

（三）中山

横门位于广东省中山市横门山，距洪奇门 4 km，是横门水道的出海口。中山市，古称香山县，是广东省辖地级市，位于珠江三角洲中部偏南的西江、北江下游出海处，介于 22°11′12″—22°46′35″N、113°9′2″—113°46′E，北接广州市南沙区和佛山市顺德区，西邻江门市江海区、新会区和珠海市斗门区，东南连珠海市，东隔珠江口伶仃洋与深圳市

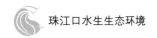

和中国香港特别行政区相望。

2017年，中山市GDP达3 450.31亿元，比2016年增长6.6%。其中，第一产业增加值66.89亿元，同比下降2.5%；第二产业增加值1 734.97亿元，同比增长4.9%；第三产业增加值1 648.45亿元，同比增长9.1%，第三产业增幅最大。三次产业结构调整为1.9：50.3：47.8。中山市人均GDP达106 327元，增长5.7%。

（四）珠海

磨刀门位于广东省珠海市洪湾企人石，是西江径流的主要出海口门。珠海市是广东省下辖的一个地级市、中国经济特区之一，其地接中国澳门，东望中国香港，北部与中山接壤，西北部与江门相连。

2010年第六次全国人口普查数据显示，珠海市常住人口为1 560 229人，同第五次全国人口普查2000年的1 235 582人相比，十年共增加324 647人，增长26.27%，年平均增长率为2.36%。

珠海于1980年成为经济特区。按总工业输出额计，主要工业依次为：电子及通信设备、电子仪器及机械、办公室仪器，形成以高科技为重点的工业体系以及综合发展的外向型经济。2017年，珠海全市完成地区生产总值2 564.73亿元，同比增长9.2%，增幅比上年同期提升0.7个百分点。分产业看，第一产业增加值45.53亿元，增长4.1%；第二产业增加值1 288.75亿元，增长11.6%；第三产业增加值1 230.45亿元，增长6.9%。人均GDP达14.91万元。

鸡啼门位于广东省珠海市斗门区大霖，邻接磨刀门内海区的西侧，是鸡啼门水道的出海口。斗门区位于珠江三角洲西南端，即磨刀门到崖门之间。1965年7月由中山、新会划出部分镇村建县，1983年7月归属珠海市管辖，2001年4月撤县设区，现全区面积674.8 km²。2010年末全区户籍人口34.06万人，是著名侨乡。

斗门地处珠海、中山、江门三市交汇处，与中国澳门水域相连，距中国香港56 n mile，至广州、深圳仅一至两小时。斗门作为南海之滨的"水果之乡""海鲜之乡"。2017年，斗门区GDP达341.68亿元。

（五）江门

虎跳门位于江门市新会区，是虎跳门水道的出海口门。崖门同样位于江门市新会区，距离新会区城南50 km以上。新会地处珠江三角洲西南部的银洲湖畔、潭江下游，毗邻中国香港和中国澳门，陆地面积1 355 km²。2012年末，新会户籍人口75.39万人，全区常住人口85.64万人。全区人口以汉族为主，有壮族、瑶族、土家族、苗族、蒙古族等35个少数民族。

新会作为四邑地区（新会、台山、开平、恩平）的中心，2002年撤销县级新会市，设立新会区。在 2002 年第二届全国县域经济基本竞争力百强县（市）评比中，居第 34 位。2017 年，新会区 GDP 为 597.62 亿元，位列江门市各县、区第二，同比增长 8.5%。

第三节 珠江河口环境

河口地区历来是人类活动最频繁、最活跃的地区。珠江口自然条件优越，资源丰富、人口密集、经济发达。

一、地理环境

珠江河口区多陆屿和岛屿。晚更新世中期在本区发生海进，形成了范围同今河口区相仿的古珠江河口湾。晚更新世末冰期时海退为陆，中全新世初再度海进，发育了现代珠江河口三角洲。至 17 世纪初，形成了以中部珠江三角洲为主体，以伶仃洋和黄茅海为两翼的格局。珠江三角洲的面积为 8 601 km²，其中松散堆积的面积为 7 651 km²。三角洲区第四系堆积层一般厚 20～30 m，口外最厚超过 100 m。有 160 个陆屿突露于三角洲平原上，200 多个岛屿分布在口外海滨，这些陆屿和岛屿受新华夏构造系控制，多呈北东—南西向展布。

二、气候特征

珠江河口是我国七大江河流域河口之一，地处南亚热带，北回归线以南，气候温暖，年平均温度为 22 ℃，年积温达 6 000 ℃以上，基本无霜。年日照时数平均为 15 554.2 h（黄铭洪，2003），年平均降水量 1 826 mm，降水基本集中在 4—9 月。

三、形态和地貌的变异

（一）河床形态变异

过去的 20 年间，珠江河口地区基础设施建设发展迅速，大规模的建设用沙需求引发了对河道的大量采沙活动，采沙成为河床形态变异的重要因素。据估计，珠江河口地区每年的河道采沙量高达 3 000 万 m³，是自然推移质年输沙量的 10 倍以上（罗章仁 等，2000）。大量的河道采沙直接造成河网区河床大幅度下切、河道容积增加和河宽减少等变异。珠江河口主要河道河床下切深度 0.75～2.8 m，中低水单位河长容积增加 1.4 万～

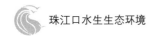

11.4 万 m³，中低水河宽缩窄 3.0%～13.0%。另外，河口大量的航道与河道整治工程也引起了河床形态的变化。河道河床形态的变异，改变了河口的自然演变规律。

（二）河口滩涂面积变异

近 20 年来，珠江河口地区经济发展迅速，城市化进程发展加快，大规模的农业垦殖、工业开发区和港口码头等基本设施建设如火如荼，滩涂资源的开发利用速度加快，加上一些无序滩涂围垦的影响，河口治理和管理工作相对滞后，引发了滩涂资源过度开发利用和滩涂湿地保护极不协调的矛盾，导致大量滩涂湿地减少、消失。据不完全统计（刘岳峰 等，1998；陈丽棠 等，2000；广东省地方史志编纂委员会，2002），20 世纪 50 年代以来，珠江河口开发利用滩涂资源共 6.0 万 hm²；其中，1950—1980 年开发利用 1.9 万 hm²，1981—1989 年为 1.5 万 hm²，1990—1999 年为 2.6 万 hm²。

（三）河网系统变异

河网系统变异的主要成因：

（1）联围筑闸 中华人民共和国成立后，为解决河口河网防洪防潮问题，开展了大规模的联围筑闸工程。从 20 世纪 50 年代末至 70 年代初，通过控支强干、联围并流、简化河系的工程措施，将河网区 2 万多个小堤围合并为 100 多个规模较大的堤围，其中 666.67 hm² 以上的堤围 30 多个；将数百条行洪河道，简化为数十条行洪干道。近 20 年来，堤围不断加固，砌石及混凝土堤防已达 1 500 km。

（2）大型基本建设工程 近 50 年来，珠江河口以港口航运交通建设为主的基本设施建设发展迅猛，形成了由 60 多个港口组成的河口港口群，利用岸线达 100 km，拥有 2 200 多个泊位，其中万吨级以上的泊位近 70 个。同时，近 20 年来在河口区建设的桥梁有 250 座。另外，还有数个大型港口枢纽、工业开发区和桥梁计划将要付诸实现。

这些以开发利用岸线和河道的建设工程，改变了自然河网系统和河网水流的状态。

四、珠江口污染压力

随着珠江流域经济社会的迅猛发展，工、农业废水和生活污水排放量日益增多。珠江流域废污水年排放量从 1985 年的 39 亿 t 到 2001 年的 165 亿 t，增长 32.2 倍；珠江河口地区废水、污水年排放量从 1985 年的 16 亿 t 到 2001 年的 95 亿 t，增长了近 4 倍。2002 年，通过珠江河口入海的化学需氧量为 1 154 271 t、磷酸盐为 14 614 t、无机氮为 437 835 t、重金属为 3 095 t、砷为 448 t、石油类为 13 674 t。大量未经处理的废水、污水、油类、营养盐和有机污染物汇流入河口，超过了水环境的承载能力，许多支流甚至失去自净能力，直接导致河口水体严重富营养化和赤潮频繁发生。

20 年来，珠江河口新增滩涂养殖面积约 3.0 万 hm²，其排泄物、残饵和病原体等源源不断输入附近滩涂水域，污染水环境，诱发水域的富营养化，成为新的污染源。另外，由船舶排污和水域溢油事件引起的油类污染也频繁出现，仅 1995 年和 1998 年珠江河口两起油轮事故泄漏的原油和柴油就有 1 500 t 以上，严重污染了河口水域。专家估计，油轮事故油类污染所造成的水环境损害将会持续 20 年。

第四节　珠江河口水文特征

一、珠江三角洲河网区水文特征

(一) 水文环境

珠江河口三江汇流，八口入海，河网交错，地形地貌和水动力条件十分复杂，堪称世界上最为复杂的河口之一。珠江河口径流丰富，承泄珠江流域 453 690 km² 的来水来沙，多年平均入海径流量为 3 260 亿 m³，多年平均输沙量为 8 872 万 t，其中有机质和胶体微粒达 3 060 万 t。珠江河口属弱潮强径河口，潮汐为不规则半日潮，年平均潮差为 0.86~1.69 m，最大潮差为 2.29~3.64 m。

(二) 水域分布

珠江入海口门从东向西有虎门、蕉门、洪奇门、横门、磨刀门、鸡啼门、虎跳门和崖门。从西江羚羊峡、北江芦苞、东江铁岗、流溪河蚌湖和潭江三埠等地以下至三水、石龙、石咀等地为近口段，至各分流水道的口门为河口段，另有伶仃洋和黄茅海两个河口湾。从口门向外至 45 m 等深线附近为口外海滨。

(三) 径流量

珠江年平均流量约 1 万 m³/s，年径流总量 3 457.8 亿 m³。4—9 月的径流量占全年的 80%。多年平均含沙量 0.136（博罗站）~0.306（马口站）kg/m³，年平均悬移质输沙量 8 359 万 t，估算年推移质输沙量约 800 万 t。流域来沙中有 15.5% 淤积在三角洲河网内，其余都由口门泄出。排沙量以磨刀门和洪奇门最多。

二、河口潮流特征

珠江水系是一个复合的水系，由西江、北江、东江及珠江三角洲诸河四个水系所组

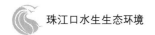

成。西江、北江两江在三水区思贤滘、东江在东莞市石龙镇汇入珠江三角洲,经虎门、蕉门、洪奇门、横门、磨刀门、鸡啼门、虎跳门及崖门八大口门汇入南海。

放射分汊出海河道有8条,故名。清代时,只有东三门(虎门、蕉门和横门)和西三门(磨刀门、虎跳门、崖门)入海,且都是由山地挟持的地形。百年来,横门与蕉门间的乌珠(山名)大洋,已淤成万顷沙,蕉门外移,又另成新出海口洪奇门,是为东四门。西边虎跳门和磨刀门间已淤成斗门冲缺三角洲,把海岛连接陆地,称鸡啼门,才成今天八门入海情况。

(一)虎门

虎门位于珠江口东岸,南沙区及东莞之间,是珠江注入南海的八大口门之首,因内有大虎岛及小虎岛而得名,是东江众多支流和北江支流沙湾水道、市桥水道、沥滘水道(广州狭义之珠江)的共同出口,注入伶仃洋。口门宽约 4 000 m,输水量占珠江总水量的 10%～20%,是广州出海的咽喉要道。虎门是珠江溺谷湾残留的河口湾,故潮差最大(最大落潮潮差 3.36 m)。进潮量达 2 288.4 亿 m³,占八大口门入潮量 60.8%;落潮量 2 866 亿 m³,占 41.6%。可见虎门是最主要潮汐通道,山潮水比小于1,全年属强潮流水道。狮子洋沉积泥沙易被潮流携带出海,使东江三角洲、番禺冲缺三角洲前缘进展慢;狮子洋仍呈喇叭港形态,沿洋两岸为良好的深水码头,直至黄埔。由黄埔入广州亦呈喇叭湾水道。黄埔宋代称为"大海",广州河段为"小海",河床底为冲刷余下的粗粒沉积物。

(二)蕉门

珠江八大口门之一,北江主要出口之一,位于南沙区及龙穴岛西部,万顷沙东部。蕉门亦为落潮量远大于进潮量的口门。山潮水比为 1.6,汛期为强径流河,旱期为强潮流河。清代蕉门在南沙区北蕉门村处,船只常经蕉门入珠江,避虎门之险。万顷沙淤成后,蕉门已外移至万顷沙和南沙之间,为番禺冲缺三角洲各河的总汇。年径流量达 565 亿 m³,使口门外浅滩发育。

(三)洪奇门

在万顷沙西,为北江主要出海水道,无"门"地形,河口拦门沙发育,故进潮量和落潮量均小,水量已大部分由上、下横沥流出蕉门。山潮水比为 2.0,径流为主,旱季为潮流河。

(四)横门

横门进潮量 132.5 亿 m³,落潮量 483.1 亿 m³,山潮水比为 2.6,径流为主,旱季才成潮流河。

（五）磨刀门

磨刀门是西江干流入海口主要水道，进潮量远大于落潮量，多年平均山潮水比达5.78，为各口门之冠，为强径流河。输沙量也为八门之冠，为 2 341 万 t。现磨刀山处磨刀门已下移 15 km，并进行了大面积围垦。西江干流沿主槽出海。

（六）鸡啼门

鸡啼门进潮量小（66.8 亿 m³），落潮量 255.6 亿 m³，山潮水比 2.8；汛期为强径流河，旱季为强潮流河。年输沙 496 万 t，有利于口外浅滩发育，对航道不利，水深只 2 m。

（七）虎跳门

虎跳门为二山挟持，流量不大，进潮量 56.7 亿 m³，落潮量 250.4 亿 m³，山潮水比3.4，为强径流、弱潮流（旱季出现）河口。输沙量较大（509 万 t），有利口门外浅滩发育。水深 2.5～5 m。

（八）崖门

崖门全年属强潮流水道，崖门外黄茅海为喇叭湾，故崖门涌潮成浪有如钱塘江大潮。内部称银洲湖，为一静水潮汐汊道，进潮量 635.9 亿 m³，落潮量 823.4 亿 m³，进潮量仅次于虎门。

三、珠江三角洲河网区水文变化

（一）水文变化

珠江河口属弱潮河口，潮汐为不正规半日潮型。平均潮差以磨刀门最小，为 0.86 m，东西两侧略大；伶仃洋湾头为 1.35 m，崖门为 1.24 m。潮差从河口湾的湾口向湾头增加，从各分流水道口门向上游递减。枯水期潮区界距口门 100～300 km，西江可达梧州-德庆，北江达芦苞-马房，东江达铁岗；洪水期潮区界距口门 40～70 km。潮流一般为往复流，枯水期潮流界距口门 60～160 km，西江至三榕峡，北江至马房，东江至石龙；洪水期潮流界一般在口门附近，唯虎门水道可达广州。口外海滨涨潮流向西北，落潮流向东南，流速为 0.5 m/s 左右，伶仃洋的涨落潮流轴线明显分异，落潮流路偏西，涨潮流路偏东。

各分流水道口门附近的盐淡水混合，一般为缓混合型，枯水期有强混合型，洪水期呈高度成层型，有明显的盐水楔现象。枯水期咸水沿虎门和崖门水道上溯较远，遇枯水年可达广州、中堂、新会等地。

河口淡水向外海扩散，存在着两个轴向：①垂直于海岸指向东南，夏季因受西南季风的影响向东北漂移，洪水时能扩展到远离中国香港百余千米之遥，冬春季节则明显地向岸收缩；②平行于海岸终年沿岸指向西南。洪水期，口外海滨表层冲淡水向外海扩散的同时，有外海的深层陆架水沿海底向陆地作补偿运动。

在珠江口登陆的台风平均每年有 1 次，个别年份达 4～5 次。受台风和热带低压的影响，河口增水现象显著，最大增水值达 1.58 m（黄金站）。口外海滨，10 月至翌年 3 月以东北向风浪为主，5—8 月多南、西南向风浪，平均波高 0.9～1.9 m。中国香港横栏岛在台风期间实测最大波高达 10.4 m。

（二）河床变化

珠江口河槽发展的总趋势是缓慢淤积。近口段经历了汊道归并为单一水道后，冲淤变化不大。河口段由于水网交错，水流分散，洪水波展平，径流与潮流顶托、会潮等，容易发生淤积，但一般有洪淤枯冲的规律。口门附近处于径流和潮流的消能带以及盐淡水混合带，泥沙沉积，形成了拦门沙坝等堆积地形。例如，西江磨刀门外的拦门沙发育规模很大，口门延伸速度也最快，每年可达 100 m 以上。口外海滨近百年来平均每年成陆面积近 6 km²。

（三）河口水文情势的变异

1. 河网分流量的变异

20 年间，珠江河口八大口门承接珠江流域上游来水来沙的分配比发生了较大的变化，经东四门（包括虎门、蕉门、洪奇门和横门）入海的径流量从 20 世纪 80 年代初的 53.4％增加至 63.5％，输沙量从 47.7％增加至 56.8％；经西四门（包括磨刀门、鸡啼门、虎跳门和崖门）入海的径流量从 80 年代初的 46.6％降至 36.5％，输沙量从 52.3％降至 43.2％。珠江流域西江和北江占全流域面积的 89.3％，占全流域径流量的 82.2％，西江和北江进入河口径流量的分流比对珠江河口水文情势影响甚大。

2. 来水来沙的变异

据珠江水利网《2016 年水资源公报》显示，珠江片 93 座大型水库年初蓄水总量 622.3 亿 m³，年末蓄水总量 590.2 亿 m³，638 座中型水库年初蓄水总量 93.1 亿 m³，年末蓄水总量 92.4 亿 m³。水库改变了天然输沙量和径流量的情势，特别是大型水库的建设，近 15 年来增加超过 50 座，对上游来水来沙调节作用加大。

3. 海平面上升的变异

2016 年 10 月，珠江口海平面高于常年同期 105 mm。海平面上升导致了珠江河口河网区水位的变化。

四、影响河口水环境变化因素

河口区域咸淡水的进退和交混以及入海泥沙的沉积是决定河口生态的主要条件。

（一）海洋因素

1. 潮汐

潮汐是一个重要因素。潮汐的强弱和范围，以及河口的地形直接影响河口水的进出量和海水、淡水混合的程度。随着潮汐的变化，海水锋面在河口区也呈现规律性的进退，促进海水、淡水混合。

2. 环流

河口环流也是一个重要的影响因素。由于咸淡水交混的情况不同，河口环流会有不同的模式。河水排放量大而潮汐较弱时，河水轻，易沿表层向外流，海水重则在深部向内流，形成所谓盐水楔，促进咸淡之间的混合。如果河水排放量小而潮汐强，表层及深层水的流量可比河水排放量大许多倍，向内流的深层水不断与上方的淡水混合，这是一种大规模的环流，咸淡水的混合大为增加。

3. 风

风可以破坏河口水的层化。当河床浅而潮汐强且风力大时，咸淡水迅速混合，垂直分层现象可消失，不过由海向内的水平方向咸淡梯度仍然存在。

（二）河流因素

1. 营养盐

河流的水流作用，给下游河口带来丰富的无机和有机物质，如磷、氨、硅等植物生长所必需的营养物质，是细菌和其他异养性生物的营养源；微生物将它们分解成为溶解的或颗粒的有机物质，然后这些物质可被植物利用。滤食性动物过滤微生物或植物，肉食性动物又吞食这些滤食性动物，这就构成了河口有机物质的循环。

2. 淡水

淡水量影响河口海水、淡水混合度。洪水季节，淡水流出量大于海水流入量，水体盐度下降；枯水季节，淡水流出量小于海水流入量，水体盐度上升。河口不同盐度的水体，影响生态系统的结构特征。

（三）沉积物

沿河下降的淡水中挟带的大量泥沙，遇到含电解质的海水，便黏结成团（絮凝现象），并沿着河水交界的扰动带产生强烈的下沉，从而形成河口浅滩沙洲。沉积率同沉积

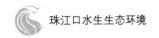

物的颗粒直径有关。粗颗粒（如中等或较大的沙）的沉降率随颗粒直径的平方根而变化。在近口段，常沉积由团块状粉沙构成的稠密细泥；在河口段，则由较粗泥沙沉积形成浅滩和沙洲；在口外海滨，沉积物常由细复又变粗，成带有软泥的粉细沙，分布常呈条带状，并与海岸相平行。沉积物在海洋、淡水的生物、物理等因素作用下，会影响生态系统的作用过程。

（四）其他因子

淡水流到河口，除带来各种陆源无机和有机物等营养物质外，也会带来各种工农业污染物，如农药、油污、重金属离子等。它们随同淡水下降，一部分随泥沙沉积在河口，一部分入海扩散；工业热污染以及放射性污染也是分析河口生态需要考虑的因子。

第五节　河口水生生物组成

河口是河流与受水体的结合地段，受水体可能是海洋、湖泊，甚至更大的河流。珠江河口是河水与南海的交汇处，珠江河口生态指入海河口的生态，包括以河流特性为主的近口段，以海洋特性为主的前河口段和两种特性相互影响的河口段；生物生活的介质——水体和水底；与之关联的水温、盐度、水深、水流、光照及其他物理因素；参加物质循环的无机物（碳、氮、磷等）以及联系生物和非生物的有机化合物，如蛋白质、碳水化合物、脂类、腐殖质等；生物成分包括浮游生物、游泳生物、底栖生物、河口植物、鱼类等的集合体。

潮汐的涨落和河水的洪枯使河口水体处于经常的变动中，影响着河流终段和近海水域；河口水体中水动力、盐度、泥沙含量等特点给河口生物带来特殊的负荷。而人类在河口区的频繁活动，包括交通、贸易、渔业等都影响着河口生物种类。由于人类的社会活动，大量陆源污染物汇集于河水中，也威胁着河口生物类群。

一、河口水生生物类型

河口水生生物一般都能忍受温度的剧烈变化。但是在盐度适应方面存在较大的差异，这影响它们在河口区的分布。河口生物根据适应盐度的范围可划分为：①贫盐性种类，适应在5.0以下的盐度下生活，因此仅见于河口内段，接近正常淡水环境。②低盐度种类，适应在15.0～32.0的盐度下生活。如盐沼红树林、浅水海草群落、偏顶蛤、篮蛤、火腿伪镖水蚤等软体动物和甲壳动物。③广盐性海洋种类，适应在26.0～34.0的盐度下生活，适应幅度较大，可分布在河口，也可见于外海。④狭盐性海洋种类，适应在 33.0～34.5 的盐度范围生活。无论生物适应何种盐度范围，均可分为浮游生物、游泳生物、底栖生物和周丛生物类型。

（一）浮游生物

浮游生物（plankton），在海洋、湖泊及河川等水域的生物中，自身完全没有移动能力，或者有也非常弱，因而不能逆水流而动，而是浮在水面生活，是生活在水体表面膜上或附于表面膜下的生物群。分布于海水或淡水，尤以海水中为多。包括细菌、单细胞藻类及许多门类的无脊椎动物和脊椎动物。

珠江河口的主要浮游生物有水漂生物（pleuston）和漂浮生物（neuston）两种类型。水漂生物靠水体表面张力的支持而生活于水体表面膜之上，能在水面行动，如水母类弗洲指突水母（*Black fordia virginica*）、球型侧腕水母（*Pleurobrachia globosa*）和水黾科昆虫。水面下漂浮生物主要栖于水气界面下 0～5 cm 处，可按其生态特点分为真性水面下漂浮生物和临时性漂浮生物。真性水面下漂浮生物长期生活于水体最表层，包括细菌、单细胞藻类和甲壳类、软体动物等。漂浮细菌以变形菌纲的红杆菌科（Rhodobacteraceae）和蓝藻纲的聚球藻属（*Synechococcus*）、微小色球藻（*Chroococcus minutus*）占优势。甲壳纲动物以中华异水蚤（*Acartiella sinensis*）和软甲亚纲的长足拟对虾占优势。临时性漂浮生物，于生活的某个阶段或一日的某个时期出现于水体表面，可分为 3 类：①浮游性水面下漂浮生物，昼夜作垂直移动，夜间出现于最表层，昼间进入较深水层，如桡足类的指状许水蚤（*Schmackeria inopinus*）、中华窄腹剑水蚤（*Limnoithona sinensis*）等。②阶段性水面下漂浮生物，于幼体阶段日夜均出现于水体表层，如蔓足类无节幼虫（Cirripe-dia larvae）、长尾类幼虫（Macrura larvae）、歪尾类磁蟹溞状幼虫（Porcellana larvae）、短尾类溞状幼虫（Brachyura larvae）、短尾类大眼幼虫（Megalopa larvae）、口足类阿利玛幼虫（Alima larvae），以及鱼类的卵和仔鱼，如侧带小公鱼属一种（*Stolephorus* sp.）、鲂属一种（*Lepidotrigla* sp.）和多鳞鱚（*Sillago sihama*）。③底栖性水面下漂浮生物，生活于浅海，夜间升到水体表层，如糠虾。这类生物总称为浮游生物。

1. 浮游植物

珠江河口的主要浮游植物有海水、咸淡水和淡水类型。海水类型以硅藻门的中肋骨条藻、角毛藻和甲藻为代表，是涨潮时的重要优势种。咸淡水以硅藻门的新月菱形藻为代表。淡水类型以硅藻门的颗粒直链藻，绿藻门的栅藻和裸藻为代表，是丰水期的重要优势种。

2. 浮游动物

根据浮游动物生态习性及地理分布特点，珠江河口的浮游动物可划分 4 个生态类群（尹健强 等，2004）。

（1）淡水类群　由典型的淡水种类组成。代表种类有右突新镖水蚤（*Neodiaptomus*

schmackeri)、长日华哲水蚤（*Sinocalanus solstitialis*）和广布中剑水蚤（*Mesocyclops leuckarti*）等。在丰水期的内河口湾数量比较丰富，这些种类主要生活在淡水环境中，生活温度在 15～25 ℃范围内。

（2）河口类群　由典型的河口低盐种类组成。代表种类有中华异水蚤、指状许水蚤等。这些种类主要生活在咸淡水交汇区，在内河口湾数量较丰富，丰水期径流量大时它们也能被淡水推移到河口外，生活区的盐度上限一般不超过 25，温度在 18～23 ℃范围内。

（3）近岸类群　受广东近岸流和东北季风期间南下的闽浙沿岸流的影响，珠江口近岸类群种类复杂，适应的温、盐度范围较广，外河口区此类群较丰富，受潮汐影响也能进到内河口。近岸暖水种在此类群中占很大比例，能适应高温低盐环境。中华哲水蚤（*Sinocalanus sinensis*）是这类的典型代表种类，随闽浙沿岸流在 10 月至翌年 4 月间出现在珠江口区。

（4）广温广盐类群　这一类群适应的温、盐度范围较广，河口、近岸和外海区皆有分布。代表种类有披针纺锤水蚤（*Acartia southwelli*）和小齿海樽（*Doliolum denticulatum*）等。

（二）底栖生物

底栖生物（benthos），生活在水域底上或底内、固着或爬行的生物。现在一般只用于表示底栖动物。河口底栖动物可分以下四种类型：

1. 淡水类型

该类型种类主要在淡水生境中生活，但由于长期的适应，已经成功地入侵了河口生态系统，如日本沼虾（*Macrobrachium nipponense*）、河蚬（*Corbicula fluminea*）、光滑狭口螺（*Stenothyra glabra*）、多足摇蚊属一种（*Polypedilum* sp.）等。

2. 河口半咸水类型

该类型种类终身生活于河口半咸水区，是典型的河口定居种类。如脊尾白虾（*Palaemon carincauda*）、寡鳃齿吻沙蚕（*Nephtys oligobranchia*）、光滑河篮蛤（*Potamocorbula laevis*）和缢蛏（*Sinonovacula constricta*）等。

3. 海水类型

该类型种类主要在盐度较高的海区生活，但亦进入河口生活，如周氏新对虾（*Metapenaeus joyneri*）、变态蟳（*Charybdis variegata*）等。

4. 降海洄游类型

该类型种类具有降海洄游的特性，如中华绒螯蟹（*Eriocheir sinensis*），在淡水中育肥，到河口区产卵。

5. 河口洄游类型

该类型种类对盐度适应范围较广，生活史中有一段时间进入河口生活，如产卵或幼体育肥。典型的种类如白背长臂虾（*Palaemon sewelli*）等。

（三）潮间带生物

潮间带生物又称潮汐带生物，为栖息于有潮区的最高高潮线至最低低潮线之间的海岸带（潮间带）的一切动植物的总称。河口潮间带具有节律性，常有明显的昼夜、月度和年度的周期性变化，一般生物的活动高峰与高潮期相一致，同时也有分带性，不同生物适应的干湿条件不同。生物具有广盐性、广温性、耐低氧性，并以碎屑食性为主，如美洲巨蛎、鳗鲡、锯缘青蟹及贻贝等。

（四）河口植物

河口植物以红树林为代表。红树林指生长在热带、亚热带低能海岸潮间带上部，受周期性潮水浸淹，以红树植物为主体的常绿灌木或乔木组成的潮滩湿地木本生物群落。组成的物种包括草本、藤本红树。是陆地向海洋过度的特殊生态系统。红树林植物对盐土的适应能力比任何陆生植物都强，据测定，红树林带外缘的海水含盐量为 $3.2\% \sim 3.4\%$，内缘的含盐量为 $1.98\% \sim 2.2\%$，在河流出口处，海水的含盐量要低些。

（五）游泳生物

游泳生物亦称自游生物。能自由游泳的生物，包括鱼类、龟鳖类和鲸、海豚、海豹等在水中生活的哺乳类。珠江河口的主要游泳生物有鱼类、头足类、虾蛄类、虾类、蟹类等。主要是沿岸性或河口性的小型种类，基本由当年生个体组成，它们与高温低盐水环境特征相适应，构成珠江口游泳生物的主体。游泳生物组成的季节变化明显；鱼类的底栖类群和中上层类群还存在着时间上的差异。

游泳生物中重要的经济生物类群为鱼类，包括江海洄游性鱼类，如中华鲟（*Aeipenser sinensis*）、鲥（*Macrura reevesi*）、花鳗鲡（*Anguilla marmorate*）、日本鳗鲡（*Anguilla japonica*）等；咸淡水鱼类，如凤鲚（*Coilia mystus*）、七丝鲚（*Coilia grayi*）、棘头梅童鱼（*Colliehthy lueidus*）、白肌银鱼（*Leucosoma ehinensis*）等；海洋性鱼类，如大海鲢（*Anguilla japonica*）、鳓（*Ilisha elongta*）、中华海鲇等；淡水鱼类，如广东鲂、赤眼鳟、攀鲈等。

二、河口水生生物群落和生产力

（一）生物群落

生物群落指一定时间内居住在一定区域或环境内各种生物种群的集合。珠江河口的生物群落组成受海洋环境的影响。浮游植物以硅藻门的中肋骨条藻、角毛藻、甲藻、新月菱形藻、颗粒直链藻，绿藻门的栅藻、裸藻为代表。桡足类是河口浮游动物的主要种类，原生动物、水母、毛颚类及其他浮游甲壳动物（枝角类、莹虾类、磷虾类和毛虾类）也是其重要的组成。河口浮游动物种类的组成在很大程度上取决于淡水和海水这两股水流的强弱程度。河口大型底栖生物由环节动物门多毛纲动物、软体动物门、节肢动物门甲壳纲和一些底栖鱼类组成。河口植物群落由以红树植物为主体的常绿灌木或乔木组成的潮滩湿地木本生物组成。鱼类以江海洄游性鱼类、咸淡水鱼类、海洋性鱼类、淡水鱼类等组成。

（二）生产力

水域生产力是指水域生产有机物的能力，即水域自然生产力。

河口的生产力包括浮游生物、底栖生物、植物类群和鱼类。初级生产力是指浮游植物、水生植物及自养细菌等通过光合作用制造有机物的能力，一般以每日（或每年）单位面积所固定的有机碳 $[g/(m^2 \cdot d)]$ 或能量 $[kJ/(m^2 \cdot h)]$ 来表示，其大小首先受光照强度的制约，同水中氮和磷的含量、淡水与海水的进退和交混的特征和季节有关，是评价一个水域营养类型的重要依据之一，与生态系统的能量流动与物质循环密切相关，也是整个水域生态系统和环境特征的指示，可估算渔产潜力。珠江河口初级生产力存在丰、枯水期的季节差异。

次级生产力是消费者在将食物中的化学能转化为自身组织中的化学能的过程（称为次级生产过程）中，消费者转化能量合成有机物质的能力。

三、河口生物对环境的适应特征

（一）水温

河口水温随纬度而异。适于在低温生活的种类，在高温季节种群数量最低，甚至以休眠或包囊形式度过不利条件。反之，适应高温生活的种类在低温季节常以休眠方式度过不良环境。因此，河口一些生物类群表现出季节性更替现象。

（二）盐度

由于河口是淡水和海水交汇区域，表现出河口生物群落对盐度的适应。河口交汇区的生物可划分为淡水类型、海水类型、河口半咸水类型及洄游类型。例如，浮游植物适应淡水的有硅藻门的颗粒直链藻，绿藻门的栅藻和裸藻；适应海水的有硅藻门的中肋骨条藻、角毛藻和甲藻。浮游动物适应淡水的有右突新镖水蚤、长日华哲水蚤和广布中剑水蚤，适应盐度范围较广的有披针纺锤水蚤和小齿海樽，适应低盐环境的有中华异水蚤；底栖动物适应淡水的有日本沼虾、河蚬、光滑狭口螺，适应海水的有周氏新对虾、变态蟳，终身生活于河口半咸水区种类有脊尾白虾、寡鳃齿吻沙蚕、光滑河篮蛤和缢蛏，还有洄游类型中华绒螯蟹、白背长臂虾等。

一些上溯入河川营生殖洄游的鱼类，如鲑、鳟、银鱼、刀鲚等，一些下降入海营生殖洄游的动物，如中华绒螯蟹、日本鳗鲡等，以及在河口区营生殖洄游和索饵洄游的动物，如梭鲻类、鲈、江豚、白海豚，它们进入河口区后，不论将这儿作为通道或活动区域，都需要作短暂的停留，调节个体渗透压，以适应河口、下海或入河的环境。

珠江口咸淡水之间洄游性鱼类有中华鲟、鲥、花鲦（*Clupenodon thrissa*）、日本鳗鲡（*Anguilla japonica*）、花鳗鲡等，而中华鲟、鲥等许多鱼类已呈灭绝状态。中华鲟、鲥和花鲦是产卵洄游性鱼类。日本鳗鲡和花鳗鲡是降河产卵洄游性鱼类，亲鱼降河返海繁殖。由于珠江口是低盐度河口，除鲈形目的黄鳍鲷、鲈、黄唇鱼进入盐度较低的水域以外，其余种类分布在万顷沙到珠海以外盐度较高的水域。

第二章
河口水生生态系统物质循环

第一节 珠江河口的物质基础

一、物质输送

(一) 沉积物输送

河流是海陆相互作用的区域，入海河流每年给海洋带入总量达 1.35×10^{10} t 的沉积物。虽然中国河流入海水量仅占全球入海水量的 5%，而输入沉积物却达 15%～20%。珠江为亚热带河流，入海径流量呈季节性变化显著，通常河流在汛期的水量可占全年 70%～80%。因此，汛期入海沉积物量也可占全年的 70%～80%。对于近岸生态系统，河口输入是营养要素外源通量的主要构成，极大地影响着近岸生态系统的组成（刘昌岭，1998）。

(二) 水体物质的物理化学变化

从生物地球化学的角度讲，河口是位于河流海洋交互区的水体，其中来自于陆地的径流（河水）与海水相互混合，水的盐度从河水的接近于零连续增加到正常海水的数值，水体中的生物群落处于陆地与海洋生态系统之间的过渡状态。尽管河口是河流的入海口，但它们并非是简单稀释海水的场所，河口水体在咸淡水交汇时也会发生一系列的物理化学反应，包括颗粒物质的溶解、絮凝、化学沉淀以及黏土、有机物和污泥颗粒对化学物质的吸附和吸收。同时，河口还与其毗邻的盐沼和红树林等湿地连续进行着潮水交换。河口水体中所含元素明显不同于海水和陆地水体，其溶解态常量离子的浓度相当高，这主要与流域盆地中剧烈的物理化学侵蚀以及人类经济社会活动方式有关。

(三) 水体中的离子组合

河水中的离子组合明显受到构造轮廓的影响，在北方古老的地盾区，河流中的离子量取决于地表与地下水的搬运能力，而在南方年轻的造山带河流中的离子更多地取决于风化作用的强度（张群英，1985）。我国的大河流由于泥沙含量高、水量充沛，使得其自净能力较强，所以河口水体中颗粒态痕量元素浓度相对较低。

二、河口水生生态系统的能量传输

(一) 鱼类种类

河口鱼类区系组成主要是咸淡水种类及部分定居性鱼类。此外，还有诸如中华鲟、鲥等溯河产卵洄游性鱼类，以及日本鳗鲡、花鳗鲡等降河产卵洄游性鱼类。它们都是为繁殖目的暂时经过河口。河口鱼类共有五种主要类型：①淡水鱼类，②海淡水洄游性鱼类，③真正河口性鱼类，④非依赖海洋鱼类，⑤依赖海洋鱼类。

珠江口收集的鱼类标本共有16目52科14属152种（陆奎贤 等，1990）。珠江口优势种群是凤鲚、七丝鲚、棘头梅童鱼、鲥、白肌银鱼、日本鳗鲡等。

广东鲂、中华海鲇、七丝鲚和鲈是淡水区的主要优势种类，其中广东鲂和七丝鲚只出现于淡水区，中华海鲇和鲈在河口外缘区有出现，但不成为优势种。棘头梅童鱼和凤鲚是咸淡水区的最主要优势种，棘头梅童鱼的分布可向淡水区和河口外缘区延伸并成为该区的优势种类之一，而凤鲚的分布区只延伸到淡水区，也成为淡水区的优势种之一。

(二) 浮游生物种类

1. 浮游植物

珠江河口涨潮时，海水类型浮游植物硅藻门的中肋骨条藻、角毛藻和甲藻为重要优势种。丰水期，硅藻门淡水类型的颗粒直链藻、绿藻门的栅藻和裸藻为重要优势种。

2. 浮游动物

丰水期，半咸水种占优势；枯水期，近岸种和外海种占优势。河口浮游动物种类的多少受海洋环境的影响，从内河口向外河口有逐渐增加的趋势。河口浮游动物种类不如外海的多，但河口某些种的数量并不比外海少，优势种比较单一。

(三) 底栖生物

受河口盐度梯度的影响，珠江河口的主要大型底栖生物为淡水类型、河口半咸水类型和海水类型共存，以河口半咸水类型为主，反映河口咸淡水过渡的特征。由于生物生殖、产卵和索饵等洄游特性，在河口存在一些洄游性大型底栖生物。

(四) 水体生物的能量传输链

河口生态系统的食物链结构主要以初级生产力的种类为基础组成，浮游植物、植物类群在光合作用的驱动下，利用水体、沉积物中的营养物质，通过生长吸收营养物，将水体化学能转化成生物能。低等浮游动物、底栖类生物利用藻类、植物及有机物将初级生产力得来的生物能转化，并进一步通过鱼类等高等生物将水质能量转化和输出。

第二节 水体环境变化对河口水生生态系统的影响

生态系统是指一定时间和范围内，生物群落与非生物环境通过能量流动和物质循环所形成的一个相互联系、相互作用并具有自动调节机制的自然整体。因此，分析珠江河口水体环境与水生生物相互联系和相互作用的关系是研究珠江河口水体环境的时空变化对河口生态系统影响的主要内容。20 年来珠江河口水体环境的变化，改变了河口水生生物的栖息条件，削弱了河口生态系统的自动调节修复能力和稳定性，对河口生态系统的物质循环、能量流动和发育演化平衡造成了重大影响。

一、河口水体环境变化对水生生物栖息地的影响

（一）河口空间变化的影响

1. 滩涂湿地减少

潮间带和浅水滩涂是河口水生生物聚集密度较大的区域。由于受河口形态和地貌变异影响及河口水动力条件的变化，底泥缺氧层变化加速，一些河网、河道已丧失水生生物生存的条件；河口水体环境变异减少了河口输沙量，以生物多样化为特征的河口滩涂湿地已萎缩退化，严重影响了以潮间带水动力生存的生物群落。

2. 河口抵御环境变化的缓冲力降低

圈围滩涂，扩大垦殖用地在珠江河口地区具有很长的历史，过去由于生产力低下，圈围滩涂对自然的干预力度较小，源源不断的上游来水来沙使滩涂湿地向南海扩展，为河口水生生物提供了良好的栖息生存条件。当时，滩涂开发利用对河口生态环境变化影响不大。随着珠江河口围、填海活动加剧，加速了河口演变，改变了河口水域面积和水生生物的栖息空间。特别是滩涂湿地和红树林的锐减，对河口水生生物栖息繁育的生存空间破坏很大，河口生态系统抵御环境变化的缓冲力锐减。

（二）生存环境恶化的影响

1. 富营养化

近 20 年来，珠江河口水体的无机氮、磷酸盐含量增多，其中无机氮含量居全国各江河河口水域之首，达 $1.17\ mg/L$；河口水域出现季节性缺氧现象的程度日益加剧、范围扩大。珠江口伶仃洋水域溶解氧一直处于极低水平，特别是底层溶解氧的含量直接威胁河

口底栖生物的生存，进而破坏以底栖生物为饵料的食物链。大量的废水、污水使珠江河口水体富营养化日益明显，成为赤潮多发的敏感区。从1981—1998年的18年间，珠江河口和珠江口附近水域有记载的赤潮已近80次，不少赤潮延续的时间长、毒性大，成为珠江河口的生态灾害。随着河口承纳的废水、污水不断增加，河口水生生态环境不断恶化，已明显超出生态系统的承载力，影响水生生物栖息的水体环境。

2. 有毒有害物质沉积累加影响

河口沉积物质污染严重。进入河口氨氮、重金属和有害有机物等污染物在河口不断沉淀积累，河口底泥重金属和有害有机物的种类及数量不断递增。资料显示，珠江河口底泥含半挥发有机化合物已达300多种，其中毒害性有机物有36种；一些有毒害的有机污染物明显增加，如有毒害的多环芳烃20年间增长6倍多。有机氯农药等的含量远高于全球近岸表层沉积物水平（彭平安 等，2000）。河口底泥受到严重污染，加剧对底栖生物影响（黄洪辉 等，2002；广东省海岸带和滩涂资源综合调查领导小组办公室，1985）。更严重的是河口范围内不少水域的底泥已形成较厚的缺氧层，底栖生物总量急剧下降，物种大量减少，底栖生物群落已逐渐演变为以多毛类为主、其他生物稀少的格局，成为河口生态系统衰退的重要标志之一。

（三）对红树林湿地生态的影响

珠江河口红树林作为特殊植物资源，是河口生态系统的初级生产者之一，是调节河口生态平衡的重要因素。过去，珠江河口滩涂的开发利用使红树林面积锐减了75%，现存只有1 900 hm²，如深圳福田红树林已从原来建立国家级保护区时的304 hm²，减少为不足160 hm²；珠海市境内的天然红树林已从1 454 hm²锐减至不足110 hm²。红树林的锐减，使以红树植物为主体的红树林湿地系统（包括红树林和近岸林地、鸟类、藻类、水生动物、昆虫、细菌等）遭受破坏。特别是红树林底栖生物的减少和消亡，对河口生态系统的物质和能量的转换过程的影响十分关键。现在，人们已逐渐认识河口红树林湿地对水体环境和生态系统的重要作用，并开始逐渐保护和恢复红树林湿地（张金屯，2003）。

（四）对河口生物多样性的影响

生物多样性是指在一定时间和一定地区所有生物（动物、植物、微生物）物种及其遗传变异和生态系统的复杂性总称。它主要包括遗传（基因）多样性、物种多样性、生态系统多样性三个层次。在生物多样性三个层次中，物种多样性是最明显、最直观的一个层次。物种多样性是群落生物组成结构的重要指标，它不仅可以反映群落组织化水平，而且可以通过结构与功能的关系间接反映群落功能的特征。鱼类群落结构特征与环境因子的相关分析表明，水温、盐度对反映鱼类群落结构特征的各指数影响较为明显。其中，春、夏季各指数与水温、盐度的相关性较秋、冬季显著；而两个环境因子比较而言，盐度对鱼类群落的影响更显著一些。由淡水区到河口外缘区，多数种类的优势度降低，多样性提高，鱼类的群落结构稳定性增加。

自我国实施改革开放政策以来，珠三角地区城市化建设日益发达，经济文化日益繁荣，河口地区的生态问题也日益突出。例如，珠江河口、河网水质日益恶化，城市河流水体常处于富营养化状态；河口渔业资源出现持续下降的趋势，渔获物种类组成明显减少，鱼类小型化成普遍现象；鱼类生物多样性明显下降，中华鲟、鲥等许多鱼类已呈灭绝状态。这些变化除与人的社会、经济活动有关外，也与地球环境的自然变化有关。例如，城市化、工业化带来空气污染指数上升，粉尘增大，水体纳污量增加，水域水质富营养化程度逐年增加，伴随而来的是河口赤潮频繁发生。厄尔尼诺现象使全球气温普遍偏高，气温偏高变化也带来了一系列生态问题。

珠江河口属于群落交错区，又称生态交错区或生态过渡带。从珠江口鱼类群落的多样性指数区域变化来看，变化规律比较明显。丰度指数、多样性指数和均匀度指数的平均值变化呈淡水区-咸淡水交汇区-河口外缘区逐渐升高的趋势，和各区盐度梯度变化比较一致，而丰度指数、多样性指数和均匀度指数的季节平均值变化较小。

浮游植物是河口生态系统中重要的初级生产者，影响着整个食物链的物质循环和能量流动，浮游植物的多样性与海洋生态系统的稳定性有着密切的联系。20 世纪 80 年代至 2006 年，珠江口海域盐度下降，无机磷和无机氮含量升高，浮游植物多样性降低，由 20 世纪 80 年代的 244 种降至 2006 年的 153 种，减少了 37.3%；种类组成发生明显变化，硅藻种类数在总种类数中所占的比例由 1980 年的 70.1% 上升到 2006 年的 81.0%；甲藻所占比例由 1980 年的 21.4% 下降到 2006 年的 8.5%；浮游植物群落细胞数量年际波动较大，没有明显的变化规律，多样性和均匀度略有下降。

与 20 世纪 80 年代相比，珠江河口鱼类群落多样性出现下降趋势。

（五）对水生生物食物链的影响

底栖生物是水生植物和有机营养碎屑的利用和分解者，又是水生动物的优质饵料，在河口生物食物链中所处位置十分重要，在河口生态系统的物质循环和能量流动中作用非常重大。在珠江河口水体环境发生急剧变化的状况下，特别是大量的采沙和填埋工程，不仅影响水动力条件，而且破坏了底栖生物的种群和数量，严重影响河口生态系统的物质循环和能量流动。

二、环境变化影响水生生态系统功能

河口水体环境和水生生物的相互作用还表现在生态系统物质循环和能量流动方面。环境变化会引起河口生态系统的改变，将影响物质循环和能量流动、食物链结构和水生

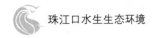

生态系统的功能。

（一）物质循环和能量流动的影响

黄良民等（1997）介绍了阻断珠江河口生态系统物质循环和能量流动的几种形式：①大规模的联围筑闸阻断了河网水域之间水生生物的正常交换和流动，影响了河口生态系统物质循环和能量流动。②大量的滩涂围垦开发导致河口生态系统中滩涂湿地的物质循环和能量流动中断或不畅，影响了物种的多样性，降低了生态系统的有序性。③大型水电站和枢纽工程限制了洄游水生生物的活动范围，阻断了洄游鱼类到内河产卵水域的路径，对鱼类资源的影响深远，如洄游性鱼类鲥，20世纪50年代在磨刀门入海口的每网捕获量为2.0～2.5 kg，90年代后只有0.5～1.0 kg。④江河堤防迎水坡面和港口码头工程等大量的混凝土工程使水生植物难以生长，水生生物难以栖息，影响了河口近岸牧食食物链和碎屑食物链的能量流。

（二）河口水环境变化对生态系统演变的影响

从生态系统内部生物过程的角度研究珠江河口水体环境变化对生态系统演变的影响，发现水体环境变化所形成的外部力量的影响已明显大于河口生态系统生物过程的作用，生态系统的演变存在往退化方向发展的风险。河口生态系统的演变过程是生态的演变过程。珠江河口水体环境的变化引起原有水生生物栖息繁衍场所的锐减，改变和破坏了水生生物的生存环境，导致河口生物多样性的减少和水生生态种群的生存危机。20年来，水生生物发生很大的变化，冬季浮游植物种类由158种下降到97种，浮游植物生物量由1 711万个/m³下降到100万个/m³；夏季浮游动物种类由133种下降到16种，浮游动物生物量由233.9 mg/m³下降到69 mg/m³；潮间带生物物种减少十分明显，平均生物量由1 207 g/m³下降到370 g/m³，平均栖息密度从887.35个/m³下降到84.78个/m³；底栖生物平均栖息密度从342个/m³下降到153.33个/m³；浮游动物年平均生物量逐年减少。处于高级营养级类群中的鱼类也受到水体环境变异的影响，珠江河口的渔获率已从1983年的251 kg/h锐减至不到原来的1/6。另外，多种珍稀濒危野生动、植物的生存受到威胁，现国家一级保护动物野生中华白海豚数量已越来越少（崔伟中，2004）。

（三）水生生态系统自主调节能力下降

珠江河口生态系统的水体环境与水生生物之间的相互协调关系是在长期的进化、适应和调节中逐渐形成的，由于人类参与其中，它也反映出人与自然环境的相互作用和协调关系。在生产力水平较低时，人类对自然干扰较小，其社会经济活动对珠江河口生态系统的影响未超出生态系统自主调节的限度，未明显出现河口生态环境问题。

近20年来，珠江口水生生态系统环境由于负荷超压，打破了水体环境与水生生物之间的相互协调关系。一方面，污染物不断增加，影响了水体生物的栖息与生存，造成生物资源量下降、生物多样性减少、生物链断裂，水生生态系统丧失自主调节能力；另一方面，水生生物栖息地减少，生物资源缺乏也使水生生态系统丧失自主调节能力。水生生态系统中，生物多样性与资源量减少，导致环境与生物之间无法协调，生态系统处于"崩溃"状态，表现出赤潮频发或水体恶臭。

在河口生态系统中，水体环境与水生生物之间的相互关系往往是由水体环境作为主导，河流水体环境的变化影响水生生态系统自主调节功能（郭培章 等，2001；王洪昌 等，2001），修复这种影响将需要巨大的投入和长时间的努力。

第三章
珠江河口水体
环境评价

河口是重要的渔业水域，是许多鱼类的产卵场、索饵场、育肥场、越冬场、洄游与降海通道，也是人类进行社会、经济活动的重要区域。河口水生生态系统的改变，可反映人类对其干扰的程度。1986年出版的《珠江水系渔业资源》介绍了珠江口的渔业生态环境状况。当时，珠江河口的水体状况为：水体溶解氧（dissolved oxygen，DO）含量较高，大于7.0 mg/L；水体pH变化范围为6.9～7.8，呈弱碱性水体特征；部分区域水体氮污染比较严重，其中总氮含量最高达到7.95 mg/L，硝酸盐氮和氨氮含量最大值分别为4.13 mg/L和2.08 mg/L；水体硅酸盐含量随水文期差异较大，丰水期最大值约为10 mg/L；水体化学需氧量（chemical oxygen demand，COD）在1.0～5.9 mg/L。水体的重要污染物为氨氮和工农业废水及生活污水所带入的有机质。

我国经过几十年改革开放，社会经济得到飞速发展，与此同时，各地生态环境也发生了巨大的变化。本章梳理了珠江口2006—2010年的水生生态环境数据，从水体理化因子、重金属元素、有机污染物等角度对珠江河口水生生态系统进行介绍和分析，可为了解珠江河口水生生态系统的变化提供数据资料。

第一节　水质环境评价

一、时间范围

资料来源于农业农村部珠江流域渔业生态环境监测中心于2006—2010年对珠江八大口门进行采样分析的结果。

二、站位布设

针对珠江八大出海口虎门、蕉门、洪奇门、横门、磨刀门、鸡啼门、虎跳门和崖门进行野外采样分析，具体站位坐标见表3-1。

表3-1　站位坐标

样点编号	样点名称	经度	纬度
S1	虎门	113°36′14″	22°47′26″
S2	蕉门	113°39′12″	22°37′06″
S3	洪奇门	113°35′49″	22°36′08″

（续）

样点编号	样点名称	经度	纬度
S4	横门	113°35′18″	22°35′16″
S5	磨刀门	113°24′58″	22°10′18″
S6	鸡啼门	113°16′31″	22°02′48″
S7	虎跳门	113°06′07″	22°12′55″
S8	崖门	113°05′18″	22°13′08″

注：内河口区站位位于以上坐标的上游 2 km 处。

三、测定指标与分析方法

根据全国渔业生态环境监测网常规监测工作要求，监测项目选择要考虑监测结果能对渔业水域生态环境质量状况做出客观评价，能对渔业受害状况及渔业生态影响做出评价的原则。水质指标测定包括温度、透明度、盐度、电导率、pH、溶解氧、氧化还原电位、总溶解固体、硝酸盐氮、亚硝酸盐氮、氨氮、磷酸盐、硅酸盐、总氮、总磷、非离子氨、高锰酸盐指数和叶绿素 a。

（一）水温

水的许多物理特性、物质在水中的溶解度以及水中进行的许多物理化学过程都和温度有关。在现场测定中，采用 YSI 便携式多参数水质分析仪（美国，YSI）测量表层下 0.5 m 的温度。

（二）透明度

水中由于含有悬浮及胶体状态的杂质而产生浑浊现象，包含无机和有机悬浮物对水质的影响。在现场测定中，采用塞氏盘法测定。

（三）盐度

盐度用于了解咸淡水混合度。水体不同的盐度会影响生物群落的结构。盐度使用 YSI 便携式多参数水质分析仪测定。

（四）电导率

电导率是物质传送电流的能力，是电阻率的倒数。水的电导是衡量水质的一个很重要的指标。它能反映水中存在的电解质的浓度。根据水溶液中电解质的浓度不同，则溶液导电的程度也不同的原理，通过测定溶液的导电程度来分析电解质在溶液中的溶解状况，这就是电导仪的基本分析方法。溶液的电导率与离子的种类有关，通过对水的电导的测定，对水质的概况就有了初步的了解。电导率使用 YSI 便携式多参数水质分析仪测定。

（五）pH

pH 亦称氢离子浓度指数、酸碱值，是溶液中氢离子活度的一种标度，也就是通常意义上溶液酸碱程度的衡量标准。pH 是水溶液最重要的理化参数之一。凡涉及水溶液的自然现象、化学变化以及生产过程都与 pH 有关。因此，在工业、农业、医学、环保和科研领域都需要测量 pH。pH 使用 YSI 便携式多参数水质分析仪测定。

（六）溶解氧

空气中的分子态氧溶解在水中称为溶解氧，水中的溶解氧的含量与空气中氧的分压、水的温度都有密切关系。在自然情况下，空气中的含氧量变动不大，故水温是主要的因素，水温愈低，水中溶解氧的含量愈高。溶解氧值是研究水自净能力的一种依据。水里的溶解氧被消耗后，恢复到初始状态所需的时间短，说明该水体的自净能力强，或者说水体污染不严重；否则说明水体污染严重，自净能力弱，甚至失去自净能力。溶解氧使用 YSI 便携式多参数水质分析仪测定。

（七）氧化还原电位

氧化还原电位用来反映水溶液中所有物质表现出来的宏观氧化-还原性。氧化还原电位越高，氧化性越强；电位越低，氧化性越弱。电位为正表示溶液显示出一定的氧化性，为负则说明溶液显示出还原性。对于某一水体来说，往往存在多种氧化还原电位，构成复杂的氧化还原体系，而其氧化还原电位是多种氧化物质与还原物质发生氧化还原反应的综合结果。氧化还原电位虽然不能作为某种氧化物质与还原物质浓度的指标，但有助于了解水体的电化学特征、分析水体的性质，是一项综合性指标。氧化还原电位使用 YSI 便携式多参数水质分析仪测定。

（八）总溶解固体

总溶解固体（total dissolved solids，TDS）是水质工程学和环境科学名词，曾称总矿化度，又称溶解性固体总量。指水中溶解组分的总量，包括溶解于水中的各种离子、分子、化合物的总量，但不包括悬浮物和溶解气体。总溶解固体使用 YSI 便携式多参数水质分析仪测定。

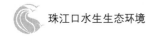
（九）硝酸盐氮

硝酸盐氮（$NO_3^- - N$）是含氮有机物氧化分解的最终产物。水体中的氮以硝酸盐形式存在时，属低毒性或无毒性。此外，水中的硝酸盐也可直接来自地层。硝酸盐氮是水生植物和藻类生长的基本营养因子。硝酸盐氮是可供植物直接利用的溶解态无机氮源，过高的氮物质含量会导致水体富营养化和水华的产生。《渔业水质标准》（GB 11607—1989）中没有规定硝酸盐氮浓度范围，但是在对渔业水质进行评价时，对总氮含量有限定参考值［参考《地表水环境质量标准》（GB 3838—2002）的Ⅱ类或Ⅲ类标准］。测定方法：采集约 500 mL 水样带回室内经混合纤维树脂滤膜（孔径 0.45 μm）过滤后，取一定量滤下水样，采用 San^{++} Skalar 连续流动水质分析仪（荷兰，Skalar）分光光度法测定。

（十）亚硝酸盐氮

亚硝酸盐氮（$NO_2^- - N$）指的是水体中含氮有机物进一步氧化，在变成硝酸盐过程中的中间产物。水中存在亚硝酸盐时表明有机物的分解过程还在继续进行，亚硝酸盐的含量如太高，即说明水中有机物的无机化过程进行得相当强烈，表示污染的危险性仍然存在。另外，亚硝酸盐对生物体具有一定的毒性，水体亚硝酸盐浓度过高会导致鱼类行动缓慢、昏迷，甚至死亡。测定方法：采集约 500 mL 水样带回室内经混合纤维树脂滤膜（孔径 0.45 μm）过滤后，取一定量滤下水样，采用 San^{++} Skalar 连续流动水质分析仪分光光度法测定。

（十一）氨氮

氨氮（$NH_4^+ - N$）是指水中以游离氨（NH_3）和铵离子（NH_4^+）形式存在的氮。氨氮是水体中的营养素，可导致水体富营养化现象产生，是水体中的主要耗氧污染物，对鱼类及某些水生生物有毒害。在评价渔业水体环境时，一般规定水体中氨氮含量不得高于 1.0 mg/L；而对于一些渔业资源保护区、产卵场和洄游通道等则规定氨氮含量不得高于 0.5 mg/L。测定方法：采集约 500 mL 水样带回室内经混合纤维树脂滤膜（孔径 0.45 μm）过滤后，取一定量滤下水样，采用 San^{++} Skalar 连续流动水质分析仪分光光度法测定。

（十二）磷酸盐

磷酸盐（$PO_4^{3-} - P$）可分为正磷酸盐和缩聚磷酸盐。一般研究水体环境时所说的磷酸盐均指的是正磷酸盐。水体中的磷以正磷酸盐形态存在时，属低毒性或无毒性。此外，水中的正磷酸盐也可直接来自地层。磷酸盐是水生植物和藻类生长的基本营养因子。《渔业水质标准》中没有规定正磷酸盐浓度范围，但是在对渔业水质进行评价时，对总磷含量有限定参考值〔参考《地表水环境质量标准》（GB 3838—2002）的 II 类或 III 类标准〕。测定方法：采集约 500 mL 水样带回室内经混合纤维树脂滤膜（孔径 0.45 μm）过滤后，取一定量滤下水样，采用 San^{++} Skalar 连续流动水质分析仪分光光度法测定。

（十三）硅酸盐

化学上，指由硅和氧组成的化合物（Si_xO_y），有时亦包括一种或多种金属或氢元素。从概念上可以说硅酸盐（SiO_3^{2-} – Si）是硅、氧和金属组成的化合物的总称。它亦用以表示由二氧化硅或硅酸产生的盐。水体中硅酸盐含量对水体中某些藻类（如硅藻）的生长分布具有重要影响，硅是合成硅藻类细胞外硅壳的必需元素。测定方法：采集约 500 mL 水样带回室内经混合纤维树脂滤膜（孔径 0.45 μm）过滤后，取一定量滤下水样，采用 San^{++} Skalar 连续流动水质分析仪分光光度法测定。

（十四）总氮

总氮（total nitrogen，TN），是水中各种形式无机和有机氮的总量。包括 NO_3^-、NO_2^- 和 NH_4^+ 等无机氮和蛋白质、氨基酸和胺等有机氮，以每升水含氮毫克数计算。水中的总氮含量是衡量水质的重要指标之一，常被用来表示水体受营养物质污染的程度。在评价渔业水体环境时，一般规定水体中总氮含量不得高于 1.0 mg/L；而对于一些渔业资源保护区、产卵场和洄游通道等则规定总氮含量不得高于 0.5 mg/L。测定方法：采用碱性过硫酸钾紫外分光光度法测定，即水样加碱性过硫酸钾经消解后将各种形态的氮转变成硝酸态氮盐再进行测定，以每升水样含氮毫克数计量；采集约 250 mL 水样，现场加硫酸固定后带回室内，取一定量采用 San^{++} Skalar 连续流动水质分析仪分光光度法测定。

（十五）总磷

总磷（total phosphorus，TP）是水样经消解后将各种形态的磷转变成正磷酸盐后测定的结果，以每升水样含磷毫克数计量。在评价渔业水体环境时，一般规定水体中总磷含量不得高于 0.2 mg/L；而对于一些渔业资源保护区、产卵场和洄游通道等则规定总磷含量不得高于 0.1 mg/L。水体中总磷含量是评价水体富营养化状况的重要指标。采集约 250 mL 水样，现场加 H_2SO_4 固定后带回室内，取一定量采用 San^{++} Skalar 连续流动水质分析仪分光光度法测定。

（十六）非离子氨

非离子氨指的是以游离态氨（NH_3）形式存在于水体中的氮。非离子氨是引起水生生物毒害的主要因子，其毒性比铵盐大几十倍。国家环境保护局在 1988 年颁布的《地面水环境质量标准》（GB 3838—1988）中列入了非离子氨这个重要参数，目的是用来保护水生生物。但是，水体中的非离子氨难以直接测定，只能根据相应的指标和公式算得。多年研究发现，影响非离子氨含量的主要因素有水体氨氮含量、水温和 pH 等，再根据电离平衡原理建立了水体中非离子氨含量的计算公式。根据公式，先由表查出测定温度和 pH 下的 f 值（非离子氨的摩尔百分比值），再由测定的氨氮浓度，计算出相应的非离子氨含量值（mg/L）。

（十七）高锰酸盐指数

高锰酸盐指数（COD_{Mn}）是指在一定条件下，以高锰酸钾（$KMnO_4$）为氧化剂，处理水样时所消耗的氧化剂的量。以每升水样消耗高锰酸钾的量折算成氧的毫克数（O_2，mg/L）计量。测定方法：采集约 250 mL 水样，现场加 H_2SO_4 固定后带回室内，取一定量采用高锰酸盐滴定法测定。

（十八）叶绿素 a 浓度

采集约 1 000 mL 水样，低温暗光保存，并迅速经混合纤维树脂滤膜（0.45 μm）过滤后，取过滤膜加 N，N-二甲基甲酰胺（N，N-dimethyl formamide，DMF）萃取后，采用分光光度法测定萃取液在不同波长下的吸光值，并根据相应公式计算样品中的叶绿素 a（chlorophyll a，Chl a）浓度（μg/L）。

四、主要水体理化指标的变化

（一）主要现场测定理化指标

采用 YSI 多参数水质分析仪现场测定的水温、pH、电导率、盐度、氧化还原电位、总溶解固体、溶解氧等，以及采用塞氏盘法测得的透明度等几项理化指标季节变化范围见表 3-2。

表 3-2　珠江八大口门水体现场理化参数季节变化状况

因子	2 月	5 月	8 月	11 月
水温（WT，℃）	16.37（13.30～21.47）	25.73（23.82～27.80）	29.51（27.90～30.77）	21.81（19.12～23.40）
pH	7.68（6.88～8.25）	7.58（7.08～8.40）	7.47（6.86～7.96）	7.33（6.64～7.92）
电导率（Cond.，μS/m）	6.32（0.06～21.10）	1.98（0.13～8.08）	1.03（0.07～7.60）	6.48（0.07～27.26）
盐度（Sal）	3.82（0.01～12.30）	0.41（0.00～3.00）	0.58（0.00～10.80）	4.31（0.10～16.77）
氧化还原电位（ORP，mV）	188.34（141.60～269.70）	119.09（33.60～275.20）	91.10（25.90～420.50）	129.74（103.10～185.00）

（续）

因子	2月	5月	8月	11月
总溶解固体 （TDS，mg/L）	4.16（0.20～10.77）	0.54（0.09～2.64）	1.13（0.05～4.48）	6.25（0.18～17.72）
溶解氧 （DO，mg/L）	6.58（3.72～9.59）	5.77（2.92～7.79）	5.86（2.87～7.54）	6.14（3.03～8.59）
透明度 （SD，cm）	55.33（10.00～120.00）	40.20（15.00～80.00）	41.95（20.00～90.00）	46.43（10.00～100.00）

1. 水温

五年调查期间，珠江口水域平均水温为 23.36 ℃，周年的平均水温为 22.72～23.77 ℃，年度变化范围介于 13.30～30.77 ℃。每个季节各个口门间的数值变化不大，相差范围在±2 ℃以内。各个季节间的水温差别较为明显，变化特征大致为：春季水温处于 23.82～27.80 ℃，平均值为 25.73 ℃；夏季处于 27.90～30.77 ℃，平均值为 29.51 ℃；秋季处于 19.12～23.40 ℃，平均值为 21.81 ℃；冬季变化范围较大，处于 13.30～21.47 ℃，平均值为 16.37 ℃。

2. pH

珠江八大口门水域 2006—2010 年水体 pH 平均值为 7.52，变化范围介于 6.64～8.40。其中，虎跳门 pH 最高，五年均值为 7.61；其次为洪奇门和磨刀门，五年均值都为 7.57；崖门、横门、鸡啼门、蕉门 pH 处于 7.49～7.53；虎门五年均值最低，为 7.34。从年度上看，五年均值分别为 7.54、7.36、7.61、7.65、7.43。2006—2010 年五年间测得水体 pH 均值呈现冬季（7.68）＞春季（7.58）＞夏季（7.47）＞秋季（7.33）的变化趋势。

3. 电导率

珠江八大口门水域 2006—2010 年水体电导率平均值为 3.85 μS/m，变化范围介于 0.057～27.26 μS/m。其中，虎门电导率最高，五年均值为 7.48；其次为崖门和蕉门，五年均值分别为 6.05 μS/m、5.11 μS/m；鸡啼门、虎跳门、磨刀门、洪奇门、横门五年均值分别为 4.64 μS/m、4.33 μS/m、1.83 μS/m、0.83 μS/m、0.47 μS/m。从年度上看，五年均值分别为 1.63 μS/m、5.31 μS/m、0.83 μS/m、6.57 μS/m、4.08 μS/m。2006—2010 年五年间测得水体电导率均值呈现秋季（6.48 μS/m）＞冬季（6.32 μS/m）＞春季（1.98 μS/m）＞夏季（1.03 μS/m）的变化趋势。

4. 盐度

珠江八大口门水域 2006—2010 年水体盐度平均值为 2.28，变化范围介于 0～16.77。其中，虎门盐度最高，五年均值为 4.56；其次为鸡啼门、蕉门、崖门，五年均值处于 3.10～3.39；虎跳门、磨刀门、洪奇门、横门五年均值分别为 2.48、1.00、0.37、0.21。从年度上看，五年均值分别为 0.50、3.45、1.35、3.84、2.27。2006—2010 年五年间测得水体盐度

均值呈现秋季（4.31）＞冬季（3.82）＞夏季（0.58）＞春季（0.41）的变化趋势。

5. 氧化还原电位

珠江八大口门水域水体氧化还原电位平均值为 123.64 mV，变化范围介于 25.9～420.50 mV。其中，磨刀门氧化还原电位最高，均值为 143.98 mV；其次为蕉门、洪奇门、虎跳门，均值处于 125.86～139.51 mV；崖门、横门、虎门、鸡啼门均值分别为 123.03 mV、123.28 mV、87.53 mV、103.14 mV。水体氧化还原电位均值呈现冬季（188.34 mV）＞秋季（129.74 mV）＞春季（119.09 mV）＞夏季（91.10 mV）的变化趋势。

6. 总溶解固体

珠江八大口门水域水体总溶解固体含量平均值为 2.89 mg/L，变化范围介于 0.046～17.72 mg/L。其中，虎门总溶解固体最高，均值为 5.82 mg/L；其次为崖门，均值为 5.04 mg/L；蕉门、鸡啼门、虎跳门、磨刀门、洪奇门和横门均值分别为 3.78 mg/L、3.22 mg/L、2.71 mg/L、1.82 mg/L、0.67 mg/L 和 0.39 mg/L。水体总溶解固体均值呈现秋季（6.25 mg/L）＞冬季（4.16 mg/L）＞夏季（1.13 mg/L）＞春季（0.54 mg/L）的变化趋势。

7. 溶解氧

珠江八大口门水域 2006—2010 年水体溶解氧含量平均值为 6.09 mg/L，变化范围介于 2.87～9.59 mg/L。其中，磨刀门溶解氧含量最高，五年均值为 6.71 mg/L；其次为蕉门和虎跳门，五年均值分别为 6.35 mg/L 和 6.32 mg/L；横门、鸡啼门溶解氧含量相近，五年均值都在 6.10 mg/L 左右；虎门和洪奇门溶解氧含量 5.0～6.0 mg/L。从年度上看，水体溶解氧含量变化不大，处于 5.0～7.0 mg/L，达到《渔业水质标准》水平。溶解氧含量均值呈现明显的季节性变化，变化趋势为：冬季（6.58 mg/L）＞秋季（6.14 mg/L）＞夏季（5.86 mg/L）＞春季（5.77 mg/L）。

8. 透明度

珠江八大口门水域 2006—2010 年水体透明度平均值为 45.98 cm，变化范围介于 10～120 cm。其中，磨刀门透明度最高，五年均值为 57 cm；其次为洪奇门和横门，五年均值分别为 56.15 cm 和 54.65 cm；虎门、蕉门和崖门透明度为 40～45 cm；其他口门在 40 cm 以下，其中虎跳门五年均值最低，为 36.90 cm。从年度上看，水体透明度呈现逐步下降趋势，五年均值分别为 57.03，57.19 cm，34.91 cm，40.34 cm 和 40.41 cm。2006—2010 年五年间测得水体透明度均值季节变化趋势比较明显，呈现冬季（55.33 cm）＞秋季（46.43 cm）＞夏季（41.95 cm）＞春季（40.20 cm）的变化趋势。

（二）营养盐指标

1. 磷酸盐

珠江八大口门水域 2006—2010 年水体磷酸盐含量平均值为 0.034 mg/L，变化范围介于 0.001～0.21 mg/L。其中，鸡啼门磷酸盐含量最高，五年均值为 0.043 mg/L；其次为洪奇门，分别为 0.041 mg/L；其他口门中，横门、虎门、虎跳门、磨刀门、蕉门、崖门五年均值分别为 0.039 mg/L、0.033 mg/L、0.032 mg/L、0.030 mg/L、0.028 mg/L、0.024 mg/L，长年处于国际上公认的富营养化含量水平以上（图 3-1）。从年度上看，水体磷酸盐含量近年来呈现大幅升高的变化趋势，2009 年磷酸盐含量均值为 0.018 mg/L，2010 年增长到 0.051 mg/L，水体富营养化加剧趋势十分明显。磷酸盐含量季节性变化呈现秋季（0.045 mg/L，均值）＞春季（0.031 mg/L，均值）＞冬季（0.028 mg/L，均值）＞夏季（0.026 mg/L，均值）的变化趋势（图 3-2）。

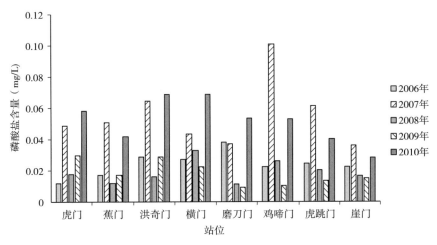

图 3-1 2006—2010 年珠江八大口门水体磷酸盐含量变化

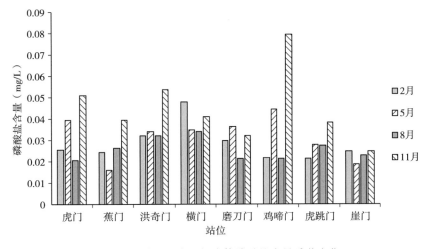

图 3-2 珠江八大口门水体磷酸盐含量季节变化

2. 总磷

珠江八大口门水域 2006—2010 年水体总磷含量平均值为 0.09 mg/L，变化范围介于 0.002～0.591 mg/L，大部分时期都高于 0.1 mg/L，呈现总磷含量超标的情况。其中，虎门总磷含量最高，五年均值为 0.12 mg/L；其次为洪奇门，为 0.11 mg/L；其他口门中，横门、虎跳门、蕉门、磨刀门、鸡啼门、崖门五年均值分别为 0.10 mg/L、0.09 mg/L、0.08 mg/L、0.08 mg/L、0.07 mg/L 和 0.06 mg/L，长年处于国际上公认的富营养化含量水平以上。从年度上看，水体总磷含量近年来呈现大幅升高的变化趋势，2009 年总磷含量均值为 0.10 mg/L，2010 年增长到 0.14 mg/L，水体富营养化加剧趋势十分明显（图 3 - 3）。总磷含量季节性变化与总氮大不相同，呈现秋季（0.132 mg/L，均值）＞夏季（0.084 mg/L，均值）＞冬季（0.074 mg/L，均值）＞春季（0.068 mg/L，均值）的变化趋势（图 3 - 4），显示水体总磷含量受到降雨、人类活动和气候的多重影响。珠三角地区秋季降雨量减少，气温降低，人类工农业生产活动增加，造成磷排放增多；夏季炎热活动减少，并且雨水多对水体总磷也有稀释作用；春季受前期节假日影响，外来人口骤降，生产经营活动也大为减少，磷排放降低，对水体磷污染的减轻具有促进作用。但是总体来看，随着近年来土地开发程度加大，城镇化水平的不断提高，珠江河口区水体总磷含量大幅度升高。

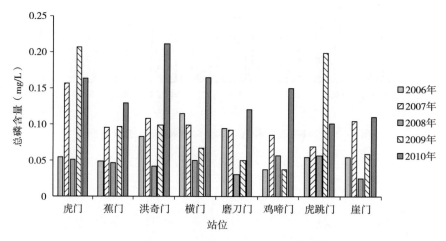

图 3 - 3　2006—2010 年珠江八大口门水体总磷含量变化

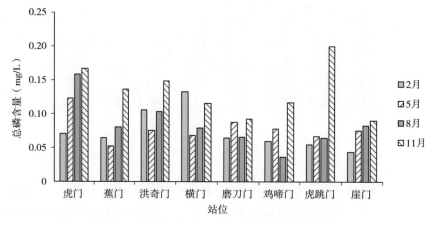

图 3 - 4　珠江八大口门水体总磷含量季节变化

3. 总氮

珠江八大口门水域 2006—2010 年水体总氮含量平均值为 2.48 mg/L，变化范围介于 1.26~5.45 mg/L，整个时期都高于 1.0 mg/L，呈现氮含量严重超标的情况。其中，虎门总氮含量最高，五年均值为 3.09 mg/L；其次为鸡啼门，为 2.71 mg/L；其他口门中，蕉门、横门、洪奇门、虎跳门、崖门、磨刀门五年均值分别为 2.54 mg/L、2.46 mg/L、2.37 mg/L、2.36 mg/L、2.32 mg/L 和 2.02 mg/L，长年处于重度富营养含量水平以上（图 3-5）。从年度上看，水体总氮含量在 2006—2010 年整体变化范围不大，处于 2.29~2.97 mg/L，其中，2008 年总氮含量最高，其他年份总氮含量相近。总氮含量季节性变化与水体透明度变化相符，呈现冬季（6.58 mg/L，均值）＞秋季（6.14 mg/L，均值）＞夏季（5.86 mg/L，均值）＞春季（5.77 mg/L，均值）的变化趋势（图 3-6）。

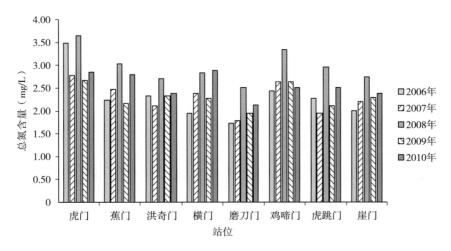

图 3-5　2006—2010 年珠江八大口门水体总氮含量变化

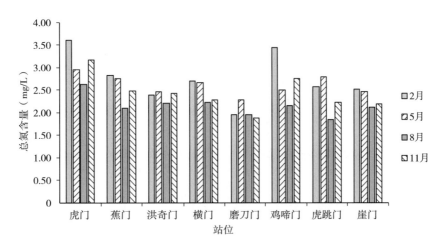

图 3-6　珠江八大口门水体总氮含量季节变化

4. 硝酸盐氮

珠江八大口门水域2006—2010年水体硝酸盐氮含量平均值为1.429 mg/L，变化范围介于0.262～2.894 mg/L。其中，虎门硝酸盐氮含量最高，五年均值为1.597 mg/L；其次为蕉门，为1.515 mg/L；其他口门中，横门、鸡啼门、崖门、洪奇门、虎跳门、磨刀门五年均值分别为1.453 mg/L、1.443 mg/L、1.423 mg/L、1.352 mg/L、1.335 mg/L、1.315 mg/L，长年处于重度富营养含量水平以上（图3-7）。从年度上看，水体硝酸盐氮含量在2006—2010年整体变化范围不大，处于1.187～1.747 mg/L。其中，2008年硝酸盐氮含量最高，为1.747 mg/L；其次为2010年，为1.592 mg/L；其他年份硝酸盐氮含量相近。硝酸盐氮含量季节性变化呈现春季（1.515 mg/L，均值）＞秋季（1.481 mg/L，均值）＞冬季（1.459 mg/L，均值）＞夏季（1.261 mg/L，均值）的变化趋势（图3-8）。

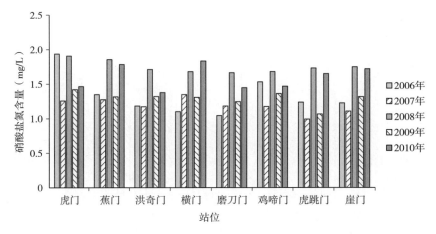

图3-7 2006—2010年珠江八大口门水体硝酸盐氮含量变化

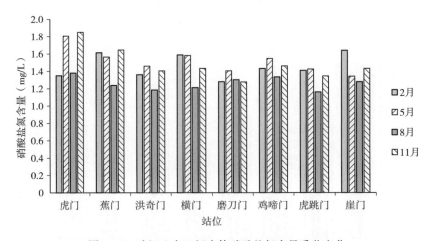

图3-8 珠江八大口门水体硝酸盐氮含量季节变化

5. 亚硝酸盐氮

珠江八大口门水域2006—2010年水体亚硝酸盐氮含量平均值为0.125 mg/L，变化范围介于 0.018～0.450 mg/L。其中，虎门亚硝酸盐氮含量最高，五年均值为 0.199 mg/L；其次为虎跳门，为 0.151 mg/L；其他口门中，蕉门、洪奇门、横门、磨刀门、鸡啼门、崖门五年均值分别为 0.134 mg/L、0.134 mg/L、0.072 mg/L、0.098 mg/L、0.120 mg/L、0.151 mg/L、0.089 mg/L（图 3-9）。从年度上看，水体亚硝酸盐氮含量在 2006—2010 年整体变化范围处于 0.050～0.248 mg/L。其中，2006 年亚硝酸盐氮含量最高，为 0.248 mg/L；其次为 2007 年，为 0.180 mg/L；其他年份亚硝酸盐氮含量相近。亚硝酸盐氮含量季节性变化呈现：冬季（0.158 mg/L，均值）＞秋季（0.141 mg/L，均值）＞夏季（0.112 mg/L，均值）＞春季（0.086 mg/L，均值）的变化趋势（图 3-10）。

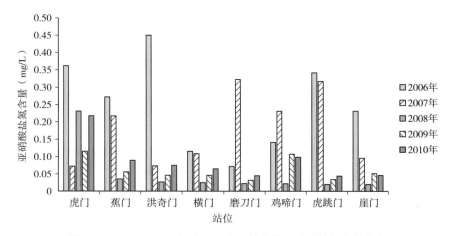

图 3-9 2006—2010 年珠江八大口门水体亚硝酸盐氮含量变化

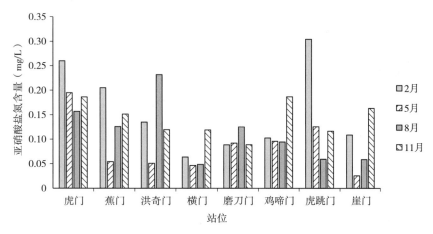

图 3-10 珠江八大口门水体亚硝酸盐氮含量季节变化

6. 氨氮

珠江八大口门水域 2006—2010 年水体氨氮含量平均值为 0.574 mg/L，变化范围介于 0.031～3.519 mg/L。其中，虎门氨氮含量最高，五年均值为 0.856 mg/L；其次为鸡啼门，为 0.809 mg/L；其他口门中，蕉门、洪奇门、横门、虎跳门、崖门、磨刀门五年均值分别为 0.578 mg/L、0.529 mg/L、0.523 mg/L、0.483 mg/L、0.469 mg/L、0.346 mg/L（图 3 - 11）。从年度上看，水体氨氮含量在 2006—2010 年整体变化范围不大，处于 0.485～0.653 mg/L。其中，2007 年氨氮含量最高，为 0.653 mg/L；其次为 2008 年和 2007 年，分别为 0.634 mg/L、0.596 mg/L，其他年份氨氮含量相近。氨氮含量季节性变化呈现冬季（0.948 mg/L，均值）＞春季（0.553 mg/L，均值）＞秋季（0.515 mg/L，均值）＞夏季（0.280 mg/L，均值）的变化趋势（图 3 - 12）。

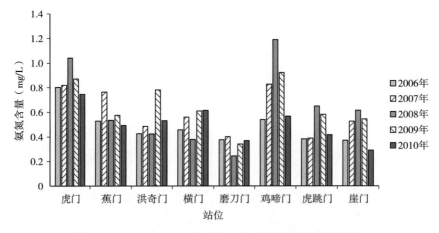

图 3 - 11　2006—2010 年珠江八大口门水体氨氮含量变化

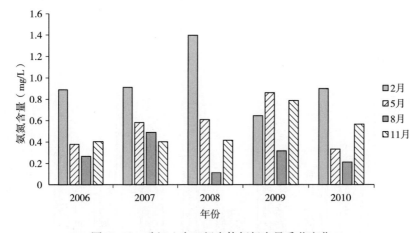

图 3 - 12　珠江八大口门水体氨氮含量季节变化

7. 非离子氨

珠江八大口门水域 2006—2010 年水体非离子氨含量平均值为 0.016 mg/L，变化范围介于 0.0007～0.138 mg/L。其中，虎门、鸡啼门非离子氨含量最高，五年均值都为 0.019 mg/L；其次为虎跳门，为 0.018 mg/L；其他口门中，崖门、洪奇门、横门、蕉门、磨刀门，五年均值分别为 0.016 mg/L、0.016 mg/L、0.016 mg/L、0.014 mg/L、

0.012 mg/L（图 3-13）。从年度上看，水体非离子氨含量在 2006—2010 年整体变化范围不大，处于 0.007～0.030 mg/L。其中，2008 年非离子氨含量最高，为 0.030 mg/L；其次为 2009 年，为 0.017 mg/L。其他年份中，2006 年、2007 年、2010 年的均值分别为 0.016 mg/L、0.011 mg/L、0.007 mg/L。非离子氨含量季节性变化呈现春季（0.026 mg/L，均值）＞冬季（0.022 mg/L，均值）＞夏季（0.010 mg/L，均值）＞秋季（0.008 mg/L，均值）的变化趋势（图 3-14）。

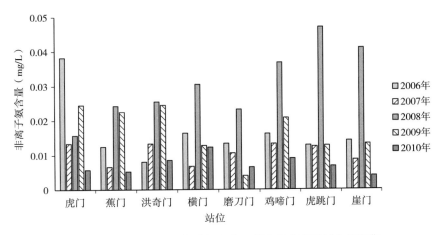

图 3-13　2006—2010 年珠江八大口门水体非离子氨含量变化

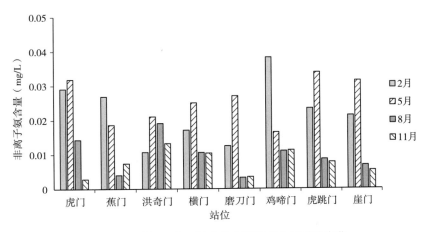

图 3-14　珠江八大口门水体非离子氨含量季节变化

8. 硅酸盐

珠江八大口门水域 2006—2010 年水体硅酸盐含量平均值为 7.418 mg/L，变化范围介于 0.23～22.46 mg/L。其中，虎门硅酸盐含量最高，五年均值为 8.493 mg/L；其次为洪奇门，为 8.150 mg/L；其他口门中，蕉门、横门、鸡啼门、磨刀门、虎跳门、崖门，五年均值分别为 7.764 mg/L、7.641 mg/L、7.321 mg/L、7.127 mg/L、7.025 mg/L、6.613 mg/L（图 3-15）。从年度上看，水体硅酸盐含量在 2006—2010 年整体变化范围不大，处于 4.300~10.119 mg/L。其中，2008 年硅酸盐含量最高，为 10.119 mg/L；其次为 2006 年，为 8.409 mg/L；其他年份中，2007 年、2009 年、2010 年的均值分别为 4.300 mg/L、8.092 mg/L、6.664 mg/L。硅酸盐含量季节性变化呈现春季（8.504 mg/L，均值）＞夏季（8.066 mg/L，均值）＞冬季（6.678 mg/L，均值）＞秋季（6.492 mg/L，均值）的变化趋势（图 3-16）。

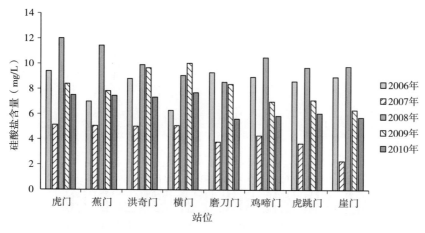

图 3-15　2006—2010 年珠江八大口门水体硅酸盐含量变化

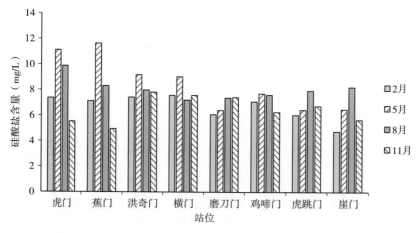

图 3-16　珠江八大口门水体硅酸盐含量季节变化

9. 高锰酸盐指数

珠江八大口门水域 2006—2010 年水体高锰酸盐指数平均值为 3.11 mg/L，变化范围介于 1.22~10.60 mg/L，大部分时期处于 5.0 mg/L 以下水平，表明水体中有机质能够及时得到降解。其中，虎门高锰酸盐指数最高，五年均值为 4.22 mg/L；其次为崖门，为 3.65 mg/L；其他口门中，鸡啼门、虎跳门、蕉门、横门、洪奇门、磨刀门五年均值分别为 3.28 mg/L、3.15 mg/L、3.04 mg/L、2.64 mg/L、2.45 mg/L 和 2.41 mg/L（图 3-17）。从年度上看，水体高锰酸盐指数呈现逐年下降的变化趋势，2006—2010 年水体高锰酸盐指数分别为 4.15 mg/L、3.60 mg/L、2.43 mg/L、2.57 mg/L 和 2.78 mg/L，显示近年来对城镇居民生活污水采取截留、限排措施后，对于水体中有机质含量的降低起到了良好的促进作用。水体中高锰酸盐指数的季节变化明显，呈现冬季（深枯水期，3.88 mg/L，均值）＞春季≈秋季（平水期和枯水前期，3.03 mg/L，均值）＞夏季（丰水期，2.47 mg/L，均值）的变化趋势（图 3-18）。

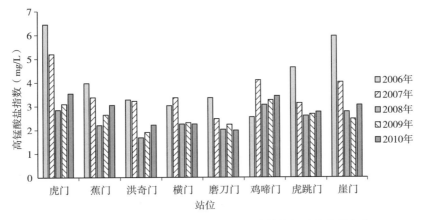

图 3-17　2006—2010 年珠江八大口门水体高锰酸盐指数变化

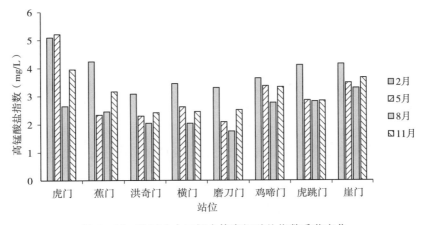

图 3-18　珠江八大口门水体高锰酸盐指数季节变化

10. 硫化物

珠江八大口门水域 2006—2010 年水体硫化物含量平均值为 0.039 mg/L，变化范围介于 0.003～0.157 mg/L。其中，虎门硫化物含量最高，五年均值为 0.055 mg/L；其次为磨刀门，为 0.048 mg/L；其他口门中，崖门、鸡啼门、虎跳门、蕉门、横门、洪奇门，五年均值分别为 0.047 mg/L、0.043 mg/L、0.042 mg/L、0.039 mg/L、0.034 mg/L、0.030 mg/L（图 3-19）。从年度上看，水体硫化物含量在 2006—2010 年整体变化范围不大，处于 0.026～0.060 mg/L。其中，2010 年硫化物含量最高，为 0.060 mg/L；其次为 2008 年，为 0.056 mg/L。其他年份中，2006 年、2007 年、2009 年的均值分别为 0.036 mg/L、

0.032 mg/L、0.026 mg/L。硫化物含量季节性变化呈现：春季（0.070 mg/L，均值）＞冬季（0.039 mg/L，均值）＞夏季（0.028 mg/L，均值）＞秋季（0.027 mg/L，均值）的变化趋势（图3-20）。

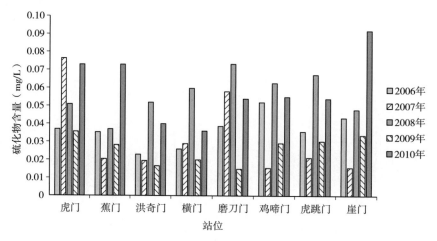

图 3-19　2006—2010 年珠江八大口门水体硫化物含量变化

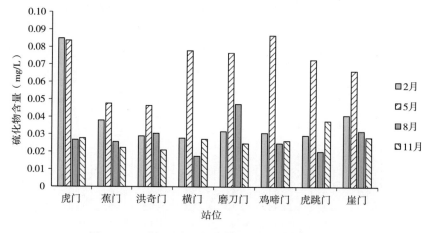

图 3-20　珠江八大口门水体硫化物含量季节变化

11. 叶绿素 a

珠江八大口门水域 2006—2010 年水体叶绿素 a 含量平均值为 19.98 μg/L，变化范围介于 13.40~32.63 μg/L。其中，鸡啼门叶绿素 a 含量最高，五年均值为 22.64 μg/L；其次为蕉门，为 21.99 μg/L；其他口门中，崖门、虎跳门、虎门、洪奇门、横门、磨刀门，五年均值分别为 21.51 μg/L、19.12 μg/L、19.03 μg/L、18.77 μg/L、18.65 μg/L、18.13 μg/L（图 3-21）。从年度上看，水体叶绿素 a 含量在 2006—2010 年整体变化范围不大，处于 15.89~24.81 μg/L。其中，2008 年叶绿素 a 含量最高，为 24.81 μg/L；其次为 2006 年，为 21.43 μg/L。其他年份中，2007 年、2009 年、2010 年的均值分别为 19.68 μg/L、15.89 μg/L、18.09 μg/L。叶绿素 a 含量季节性变化呈现春季（24.01 μg/L，

均值）＞夏季（21.95 μg/L，均值）＞秋季（18.02 μg/L，均值）＞冬季（15.95 μg/L，均值）
的变化趋势（图3-22）。

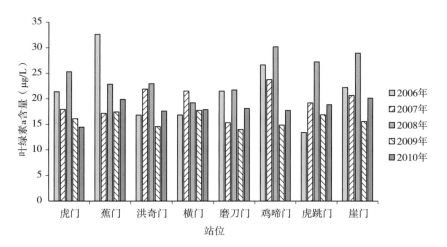

图3-21 2006—2010年珠江八大口门水体叶绿素a含量变化

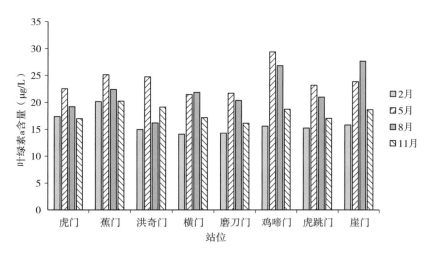

图3-22 珠江八大口门水体叶绿素a含量季节变化

第二节 珠江八大口门内外河口区水体环境因子

根据2008年8月至2009年5月，测定的珠江八大口门四个季节的理化环境因子数
值，包括透明度、水温、盐度、pH、溶解氧、电导率、磷酸盐、氨氮、硝酸盐氮、亚硝
酸盐氮、总氮、总磷、非离子氨、高锰酸盐指数、硅酸盐、叶绿素a 16项指标进行分析，
了解珠江八大口门的水体环境因子的季节性特征。

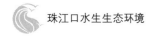

一、水体物化因子特性

(一) 水温

分别对春、夏、秋、冬四季珠江八大口门水体环境进行统计分析，为能够准确反映珠江河口区水体环境状况，调查取样时，分别对珠江八大口门的内外河口进行了采样。其中，各口门内河口区采样点设定于常规设定的珠江八大口门采样点上游 2 km 处。结果显示所检测的 16 项因子中，除高锰酸盐指数外，其他因子在季节间均有显著性差异。具体情况为：春、夏、秋、冬四季水温呈极显著差异，夏季［(29.56±0.51)℃］＞春季［(26.42±0.54)℃］＞秋季［(22.47±0.35)℃］＞冬季［(18.76±1.01)℃］，$P<0.001$，$n=16$，四个季节两两间差异都达到极显著水平。内、外河口两部分区域也表现出相同的变化特征，即内河口夏季［(29.63±0.52)℃］＞春季［(26.39±0.53)℃］＞秋季［(22.53±0.38)℃］＞冬季［(18.62±0.93)℃］，$P<0.001$，$n=8$，四个季节两两间差异都达到极显著水平；外河口夏季［(29.50±0.53)℃］＞春季［(26.44±0.60)℃］＞秋季［(22.47±0.34)℃］＞冬季［(18.91±1.12)℃］，$P<0.001$，$n=8$，四个季节两两间差异都达到极显著水平。分别对内、外八大口门水体水温作统计分析（paired-samples test），结果表明，内河口水温与外河口水温无显著性差异（$P>0.05$，$n=32$），然而，两者之间具有很强的相关性（$P<0.01$，$n=32$）。

(二) 透明度

春、夏、秋、冬四季透明度呈现较为明显的季节变化：春季［(51.94±17.65) cm］显著高于其他季节（$P<0.01$，$n=16$），冬季透明度［(31.88±15.21) cm］高于夏季［(27.50±3.65) cm］，但两者间并无显著性差异；秋季水体透明度［(14.88±2.06) cm］最低，与其他季节差异达到极显著水平。内、外河口两部分区域表现出相似的变化特征。内河口区春、夏、秋、冬四季透明度间具有极显著差异（$P<0.001$，$n=8$）：春季［(52.35±18.57) cm］显著高于其他季节；冬季透明度［(34.00±16.89) cm］高于夏季［(26.88±3.72) cm］，但两者间并无显著性差异；秋季水体透明度［(15.13±0.83) cm］最低，与春季、冬季差异达到极显著水平，但与夏季并无显著性差异。外河口区春、夏、秋、冬四季透明度间具有极显著差异（$P<0.001$，$n=8$）：春季［(51.62±17.96) cm］显著高于其他季节；冬季透明度［(29.75±14.16) cm］高于夏季［(28.12±3.72) cm］，但两者间并无显著性差异；秋季水体透明度［(14.62±2.88) cm］最低，与其他三个季节差异达到极显著水平。分别对内、外八大口门透明度作统计分析（paired-samples test），结果表明，内河口与外河口水体透明度无显著性差异（$P>0.05$，$n=32$），然而，两者之间具有很强的相关性（$P<0.01$，$n=32$）。

（三）盐度

春、夏、秋、冬四季盐度间具有极显著差异（$P<0.01$，$n=16$）：冬季盐度（4.11±3.21）极显著地高于其他季节，夏季盐度（1.12±2.83）＞春季（0.63±0.75）＞秋季（0.63±0.75），但后三者间并无显著性差异。内、外河口两部分区域表现出相同的变化特征。内河口区冬季盐度（3.68±2.90）极显著地高于其他季节，夏季（0.76±1.65）＞春季（0.45±0.63）＞秋季（0.42±0.77），但后三者间并无显著性差异。外河口区八大口门变化特征与内河口区大致相同，冬季盐度（4.53±3.63）极显著地高于其他季节，夏季（1.48±3.77）＞春季（0.81±0.86）＞秋季（0.45±0.77），但后三者间并无显著性差异。分别对内、外八大口门水体盐度作统计分析（paired-samples test），结果表明，内河口与外河口水体盐度无显著性差异（$P>0.05$，$n=32$），然而，两者之间具有很强的相关性（$P<0.01$，$n=32$）。

（四）pH

春、夏、秋、冬四季节 pH 具有极显著差异（$P<0.01$，$n=16$）：冬季 pH（7.82±0.23）＞春季 pH（7.60±0.19）＞夏季 pH（7.41±0.10）＞秋季 pH（7.11±0.15），四个季节间存在显著性差异。内、外河口两部分区域表现出相似的变化特征。内河口区冬季 pH（7.77±0.23）高于春季 pH（7.61±0.20），但两者间无显著性差异；其次为夏季 pH（7.42±0.11），与冬季和春季存在显著性差异；秋季 pH（7.14±0.15）显著低于其他季节。外河口区四季变化特征与内河口变化大致相同：冬季 pH（7.87±0.23）高于春季 pH（7.60±0.19），但两者间无显著性差异；其次为夏季 pH（7.40±0.10），与冬季和春季存在显著性差异；秋季 pH（7.08±0.17），显著低于其他季节。分别对内、外八大口门水体 pH 作统计分析（paired-samples test），结果表明，内河口与外河口水体 pH 无显著性差异（$P>0.05$，$n=32$），然而，两者之间具有很强的相关性（$P<0.01$，$n=32$）。

（五）电导率

春、夏、秋、冬四季节水体电导率具有极显著差异（$P<0.01$，$n=16$）：冬季电导率[（7.266±5.573）$\mu S/cm$]＞春季电导率[（1.466±1.505）$\mu S/cm$]＞秋季电导率[（0.320±0.136）$\mu S/cm$]＞夏季电导率[（0.219±0.072）$\mu S/cm$]，冬季与春季、夏季和秋季差异达到显著水平，后三者间无显著性差异。内、外河口两部分区域表现出相似的变化特征。内河口区春、夏、秋、冬四季：冬季电导率[（6.576±5.074）$\mu S/cm$]＞春季电导率[（1.376±1.282）$\mu S/cm$]＞秋季电导率[（0.319±0.092）$\mu S/cm$]＞夏季电导率[（0.220±0.077）$\mu S/cm$]，冬季与春季、夏季和秋季达到显著水平，后三者间无显著性差异。

外河口区冬季电导率 [(7.956±6.303) μS/cm] >春季电导率 [(1.556±1.786) μS/cm] >秋季电导率 [(0.322±0.177) μS/cm] >夏季电导率 [(0.218±0.072) μS/cm],冬季与春季、夏季和秋季达到显著水平,后三者间无显著性差异。分别对内外八大口门水体电导率作统计分析(paired-samples test),结果表明,内河口与外河口水体电导率无显著性差异(P>0.05,n=32),然而,两者之间具有很强的相关性(P<0.01,n=32)。

(六)溶解氧

春、夏、秋、冬四季节水体溶解氧含量具有显著差异(P=0.035,n=16):冬季溶解氧 [(7.22±0.67) mg/L] >秋季溶解氧 [(6.97±0.76) mg/L] >夏季溶解氧 [(6.91±1.05) mg/L] >春季溶解氧 [(6.38±0.66) mg/L],冬季与春季、夏季和秋季差异达到显著水平,后三者间无显著性差异。内河口区春、夏、秋、冬四季:夏季溶解氧 [(7.16±1.30) mg/L] >冬季溶解氧 [(6.94±0.75) mg/L] >秋季溶解氧 [(6.93±0.79) mg/L] >春季溶解氧 [(6.31±0.69) mg/L],春、夏、秋、冬四个季节间无显著性差异。外河口区春夏秋冬四季:冬季溶解氧 [(7.49±0.46) mg/L] >秋季溶解氧 [(7.00±0.78) mg/L] >夏季溶解氧 [(6.66±0.73) mg/L] >春季溶解氧 [(6.46±0.66) mg/L],冬季与秋季溶解氧无显著性差异,但冬季与春季、夏季存在显著性差异,秋季、夏季和春季三个季节间差异不显著。分别对内外八大口门水体溶解氧作统计分析(paired-samples test),结果表明,内河口与外河口水体溶解氧含量无显著性差异(P>0.05,n=32),然而,两者之间具有很强的相关性(P<0.01,n=32)。

二、水体营养指标

(一)磷酸盐

春、夏、秋、冬四季节水体磷酸盐含量具有极显著差异(P<0.01,n=16):秋季水体磷酸盐含量 [(0.040±0.017) mg/L] 最高,与其他季节差异达到极显著水平;其他三个季节,夏季磷酸盐含量 [(0.008±0.006) mg/L] >春季磷酸盐含量 [(0.007±0.004) mg/L] >冬季磷酸盐含量 [(0.004±0.003) mg/L],春季、夏季和冬季水体磷酸盐含量无显著性差异。内外河口两部分区域表现出不完全相同的变化特征。内河口区春、夏、秋、冬四季:秋季水体磷酸盐含量 [(0.041±0.016) mg/L] >夏季水体磷酸盐含量 [(0.009±0.006) mg/L] >春季水体磷酸盐含量 [(0.006±0.005) mg/L] >冬季水体磷酸盐含量 [(0.004±0.003) mg/L],秋季与春季、夏季和冬季差异达到显著水平,后三者间无显著性差异。外河口区春、夏、秋、冬四季:秋季水体磷酸盐含量 [(0.039±0.018) mg/L] >春季水体磷酸盐含量 [(0.007±0.004) mg/L] >夏季水体磷酸盐含量［（0.006±0.005）mg/L］＞冬季水体磷酸盐含量［（0.004±0.004）mg/L］，秋季与春季、夏季和冬季差异达到显著水平，后三者间无显著性差异。分别对内外八大口门水体磷酸盐含量作统计分析（paired-samples test），结果表明，内河口与外河口水体磷酸盐含量无显著性差异（$P>0.05$，$n=32$），然而，两者之间具有很强的相关性（$P<0.01$，$n=32$）。

（二）总磷

春、夏、秋、冬四季节水体总磷含量具有极显著差异（$P<0.01$，$n=16$）：秋季水体总磷含量［（0.084±0.040）mg/L］最高，与其他季节差异达到极显著水平；春季总磷含量［（0.035±0.019）mg/L］＞冬季总磷含量［（0.028±0.009）mg/L］，但是两者间不存在显著性差异；夏季总磷含量［（0.012±0.005）mg/L］最低，显著低于其他季节。内外河口两部分区域表现出不完全相同的变化特征。内河口区春、夏、秋、冬四季：秋季水体总磷含量［（0.086±0.040）mg/L］最高，与其他季节差异达到极显著水平；其他三个季节，春季总磷含量［（0.034±0.021）mg/L］＞冬季总磷含量［（0.028±0.007）mg/L］＞夏季总磷含量［（0.013±0.006）mg/L］，但是三者者间不存在显著性差异。外河口区总磷变化趋势与内河口相同，春、夏、秋、冬四季：秋季水体总磷含量［（0.083±0.042）mg/L］最高，与其他季节差异达到极显著水平；其他三个季节，春季总磷含量［（0.036±0.017）mg/L］＞冬季总磷含量［（0.029±0.010）mg/L］＞夏季总磷含量［（0.011±0.004）mg/L］，但是三者者间不存在显著性差异。分别对内外八大口门水体总磷含量作统计分析（paired-samples test），结果表明，内河口与外河口水体总磷含量无显著性差异（$P>0.05$，$n=32$），然而，两者之间具有很强的相关性（$P<0.01$，$n=32$）。

（三）总氮

春、夏、秋、冬四季节水体总氮含量具有极显著差异（$P<0.01$，$n=16$）：秋季水体总氮含量［（2.600±0.326）mg/L］最高，与其他季节差异达到极显著水平；其次为春季，总氮含量［（2.195±1.778）mg/L］，显著高于夏季和冬季；再次为夏季，总氮含量为［（1.947±0.232）mg/L］，但是与冬季总氮含量［（1.934±0.266）mg/L］并不存在显著差异。内外河口两部分区域，表现出基本相同的变化特征。内河口区春、夏、秋、冬四季：秋季水体总氮含量［（2.603±0.327）mg/L］最高，与其他季节差异达到极显著水平；其次为夏季，总氮含量［（2.164±0.191）mg/L］高于春季［（1.997±0.313）mg/L］和冬季［（1.934±0.266）mg/L］，但是后三个季节间并不存在显著差异。外河口区总氮变化趋势与内河口相同，春、夏、秋、冬四季：秋季水体总氮含量［（2.598±0.348）mg/L］最高，与其他季节差异达到极显著水平；其次为春季，总氮含量［（2.227±0.170）mg/L］与夏季［（1.896±0.107）mg/L］和冬季［（1.857±0.402）mg/L］差异达到显著水平，但是夏季

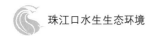

和冬季两个季节间并不存在显著差异。分别对内外八大口门水体总氮含量作统计分析（paired-samples test），结果表明，内河口与外河口水体总氮含量无显著性差异（$P>0.05$，$n=32$），然而，两者之间具有很强的相关性（$P<0.01$，$n=32$）。

（四）硝酸盐氮

春、夏、秋、冬四季节水体硝酸盐氮含量具有极显著差异（$P<0.01$，$n=16$）：秋季水体硝酸盐氮含量［（1.525±0.228）mg/L］最高，与其他季节差异达到极显著水平，其次为夏季，硝酸盐氮含量［（1.041±0.186）mg/L］，高于春季［（0.946±0.128）mg/L］和冬季［（0.846±0.101）mg/L］，但是夏季与春季硝酸盐氮含量间差异不显著，和冬季硝酸盐氮含量差异显著。内外河口两部分区域表现出近似的变化特征。内河口区春、夏、秋、冬四季：秋季水体硝酸盐氮含量［（1.521±0.216）mg/L］最高，与其他季节差异达到极显著水平，其次为夏季，硝酸盐氮含量［（1.089±0.248）mg/L］，高于春季［（0.949±0.143）mg/L］和冬季［（0.874±0.096）mg/L］，但是后三者间不存在显著差异。外河口区硝酸盐氮变化趋势与内河口相同，春、夏、秋、冬四季：秋季水体硝酸盐氮含量［（1.529±0.255）mg/L］最高，与其他季节差异达到极显著水平，其次为夏季，硝酸盐氮含量［（0.993±0.086）mg/L］，高于春季［（0.943±0.121）mg/L］和冬季［（0.819±0.105）mg/L］，但是春、夏、冬三个季节两两间无显著性差异。分别对内外八大口门水体硝酸盐氮含量作统计分析（paired-samples test），结果表明，内河口与外河口水体硝酸盐氮含量无显著性差异（$P>0.05$，$n=32$），然而，两者之间具有很强的相关性（$P<0.01$，$n=32$）。

（五）亚硝酸盐氮

春、夏、秋、冬四季节珠江八大口门水体亚硝酸盐氮含量存在极显著性差异（$P<0.01$，$n=16$）：春季水体亚硝酸盐氮含量［（0.051±0.051）mg/L］最高，与其他季节差异达到极显著水平；其次为冬季，亚硝酸盐氮含量［（0.028±0.029）mg/L］，高于夏季［（0.014±0.014）mg/L］和秋季［（0.014±0.004）mg/L］，但是秋、夏、冬三个季节两两间无显著性差异。内外河口两部分区域表现出基本相同的变化特征。内河口区春、夏、秋、冬四季：春季水体亚硝酸盐氮含量［（0.044±0.035）mg/L］最高；其次为冬季，亚硝酸盐氮含量［（0.031±0.036）mg/L］；再次为夏季［（0.015±0.017）mg/L］和秋季［（0.014±0.004）mg/L］，但是春、夏、秋、冬四个季节两两间无显著性差异。外河口区春、夏、秋、冬四季水体亚硝酸盐氮含量与内河口区略有不同：秋季水体亚硝酸盐氮含量高于夏季，水体亚硝酸盐氮含量依次为春季［（0.058±0.065）mg/L］＞冬季［（0.026±0.023）mg/L］＞秋季［（0.014±0.004）mg/L］＞夏季［（0.013±0.011）mg/L］，春、夏、秋、冬四个季节两两间无显著性差异。分别对内外八大口门水体亚硝酸盐氮含量作统计

分析（paired-samples test），结果表明，内河口与外河口水体亚硝酸盐氮含量无显著性差异（$P>0.05$，$n=32$），然而，两者之间具有很强的相关性（$P<0.01$，$n=32$）。

（六）氨氮

春、夏、秋、冬四季节珠江八大口门水体氨氮含量具有极显著性差异（$P<0.01$，$n=16$）：春季水体氨氮含量［（0.826±0.151）mg/L］最高；其次为冬季，氨氮含量［（0.636±0.329）mg/L］；再次为秋季［（0.429±0.160）mg/L］、夏季［（0.102±0.060）mg/L］，春、夏、秋、冬四个季节两两间存在极显著性差异。内外河口两部分区域表现出基本相同的变化特征。内河口区春、夏、秋、冬四季：春季水体氨氮含量［（0.790±0.150）mg/L］最高；其次为冬季，氨氮含量［（0.626±0.339）mg/L］；再次为秋季［（0.443±0.174）mg/L］和夏季［（0.092±0.059）mg/L］，春季和冬季无显著差异，冬季和秋季无显著差异，但是春季和秋季具显著性差异，夏季氨氮含量显著低于其他季节。外河口区春、夏、秋、冬四季水体氨氮含量与内河口区略有不同，表现为：春季水体氨氮含量［（0.861±0.154）mg/L］最高；其次为冬季，氨氮含量［（0.645±0.342）mg/L］；再次为秋季［（0.416±0.156）mg/L］和夏季［（0.113±0.063）mg/L］，春、夏、秋、冬四个季节两两间存在极显著性差异。分别对内外八大口门水体氨氮含量作统计分析（paired-samples test），结果表明，内河口与外河口水体氨氮含量无显著性差异（$P>0.05$，$n=32$），然而，两者之间具有很强的相关性（$P<0.01$，$n=32$）。

（七）非离子氨

春、夏、秋、冬四季节珠江八大口门水体非离子氨含量具有极显著性差异（$P<0.01$，$n=16$）：冬季水体非离子氨含量［（0.026±0.018）mg/L］最高，其次为春季，非离子氨含量［（0.005±0.001）mg/L］，高于秋季［（0.0024±0.002）mg/L］和夏季［（0.002±0.001）mg/L］，但是春、夏、秋、冬四个季节两两间无显著性差异。内外河口两部分区域表现出相似的变化特征。内河口区春、夏、秋、冬四季：冬季水体非离子氨含量［（0.021±0.013）mg/L］最高，其次为春季，非离子氨含量［（0.005±0.001）mg/L］，再次为秋季［（0.002±0.0015）mg/L］和夏季［（0.002±0.001）mg/L］，春、夏、秋、冬四个季节两两间有显著性差异。外河口区春、夏、秋、冬四季水体非离子氨含量与内河口区略有不同，表现为：冬季水体非离子氨含量［（0.031±0.022）mg/L］最高，显著高于其他三个季节，春季［（0.005±0.001）mg/L］＞秋季［（0.002±0.001）mg/L］≈夏季［（0.002±0.001）mg/L］，春、夏、秋三个季节两两间无显著性差异。分别对内外八大口门水体非离子氨含量作统计分析（paired-samples test），结果表明，内河口与外河口水体非离子氨含量无显著性差异（$P>0.05$，$n=32$），然而，两者之间具有很强的相关性（$P<0.01$，$n=32$）。

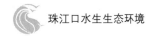

（八）硅酸盐

春、夏、秋、冬四季节珠江八大口门水体硅酸盐含量具有极显著性差异（$P<0.01$，$n=16$）：夏季水体硅酸盐含量 [（9.755±1.674）mg/L] 最高，其次为秋季，硅酸盐含量 [（9.110±0.739）mg/L]，再次为冬季 [（7.211±0.902）mg/L]，春季最低，为 [（6.999±1.606）mg/L]，夏季和秋季无显著差异，但与冬季和春季有显著差异，后两者间不具显著性差异。内外河口两部分区域表现出基本相同的变化特征。内河口区春、夏、秋、冬四季：夏季水体硅酸盐含量 [（10.017±1.488）mg/L] 最高，其次为秋季，硅酸盐含量 [（9.210±0.860）mg/L]，再次为冬季 [（7.330±1.076）mg/L]，春季最低，为 [（6.805±1.557）mg/L]，夏季和秋季无显著差异，但与冬季和春季有显著差异，后两者间不具显著性差异。外河口区春、夏、秋、冬四季水体硅酸盐含量与内河口区略有不同，表现为：夏季水体硅酸盐含量 [（9.492±1.906）mg/L] 最高，其次为秋季，硅酸盐含量 [（9.010±0.639）mg/L]，再次为春季 [（7.193±1.736）mg/L]，冬季最低，为 [（7.093±0.744）mg/L]，夏季和秋季无显著差异，但与冬季和春季有显著差异，后两者间不具显著性差异。分别对内外八大口门水体硅酸盐含量作统计分析（paired-samples test），结果表明，内河口与外河口水体硅酸盐含量无显著性差异（$P>0.05$，$n=32$），然而，两者之间具有很强的相关性（$P<0.01$，$n=32$）。

三、高锰酸盐指数

春、夏、秋、冬四季节珠江八大口门水体高锰酸盐指数无显著性差异（$P>0.05$，$n=16$）：春、夏、秋、冬四季波动幅度较小，春季水体高锰酸盐指数 [（2.33±0.58）mg/L]，夏季水体高锰酸盐指数 [（2.72±0.57）mg/L]，秋季水体高锰酸盐指数 [（2.32±0.48）mg/L]，冬季水体高锰酸盐指数 [（2.78±1.05）mg/L]，但是春、夏、秋、冬四个季节两两间无显著性差异。内外河口两部分区域表现出基本相同的变化特征：内外河口区春、夏、秋、冬四个季节两两间无显著性差异，分别波动于 [（2.20±0.39）mg/L] ～ [（2.793±1.04）mg/L] 和 [（2.34±0.61）mg/L] ～ [（2.79±0.59）mg/L]。分别对内外八大口门水体高锰酸盐指数作统计分析（paired-samples test），结果表明，内河口与外河口水体高锰酸盐指数无显著性差异（$P>0.05$，$n=32$），然而，两者之间具有很强的相关性（$P<0.01$，$n=32$）。

四、叶绿素 a 浓度

春、夏、秋、冬四季节珠江八大口门水体叶绿素 a 含量具有极显著性差异（$P<$

0.01，$n=16$）：秋季水体叶绿素 a 含量［（23.06±4.18）$\mu g/L$］最高，显著高于其他季节，其次为夏季，水体叶绿素 a 含量［（18.87±6.30）$\mu g/L$］，再次为冬季［（18.56±1.94）$\mu g/L$］，春季最低［（15.66±4.15）$\mu g/L$］，但是春、夏、冬三个季节两两间无显著性差异。内外河口两部分区域具有明显不同于上述状况的分布特征。内河口区春、夏、秋、冬四季：秋季水体叶绿素 a 含量［（22.65±4.52）$\mu g/L$］最高；其次为夏季，水体叶绿素 a 含量［（18.65±6.11）$\mu g/L$］；再次为冬季［（17.99±2.13）$\mu g/L$］；春季最低［（15.64±4.47）$\mu g/L$］，夏季与春季具显著差异，但是与秋、冬两个季节无显著性差异。外河口区春、夏、秋、冬四季水体叶绿素 a 含量与内河口区略有不同，表现为：秋季水体叶绿素 a 含量［（23.48±4.07）$\mu g/L$］最高，其次为冬季，水体叶绿素 a 含量［（19.13±1.66）$\mu g/L$］，再次为夏季［（19.09±6.91）$\mu g/L$］，春季最低［（15.68±4.11）$\mu g/L$］，秋季与春季具显著差异，但是与夏、冬两个季节无显著性差异，冬、夏、春三个季节两两间无显著性差异。分别对内外八大口门水体叶绿素 a 含量作统计分析（paired-samples test），结果表明，内河口水体与外河口水体叶绿素 a 含量无显著性差异（$P>0.05$，$n=32$），然而，两者之间具有很强的相关性（$P<0.01$，$n=32$）。

第三节　珠江河口区域水体营养状况评价

全世界的河口系统都面临着由于不断增加的营养物质输入到近海地区而带来的富营养化问题。国外学者针对河口和近海水体富营养化方面的研究较为深入和全面，在对美国、波罗的海、地中海、澳大利亚和日本等的近海河口区域的研究中发现了多种水体富营养化症状，主要包括高浓度的叶绿素 a、缺氧低氧现象，以及有毒有害藻类赤潮。国内对于长江口、珠江口、辽河口等重要河口的研究中也同样发现了严重的富营养化现象，如营养盐比例失衡、出现低氧区等。根据《2011 年中国海洋环境质量公报》，由于陆源排污压力巨大，我国近岸海域赤潮灾害多发，辽河河口、长江河口、珠江河口等主要河口均为重度富营养化区。

珠江河口区汇集珠江干支流流域内及珠江三角洲城镇居民的生活污水、工农业废水，同时由于潮汐期海水沿河口逆流上溯的顶托作用造成营养物质在水体中蓄积，是极易出现水体富营养化的水域。本节基于测定的珠江八大口门四个季节理化环境因子数值，包括透明度、水温、盐度、pH、溶解氧、电导率、$PO_4^{3-}-P$、NH_4^+-N、NO_3^--N、NO_2^--N、TN、TP、NH_3、COD_{Mn}、$SiO_3^{2-}-Si$、Chl a 16 项指标，并根据相应的水体富营养化状况评价方法，进行河口区的水体富营养程度评价。

一、评价方法

选用中国环境监测总站推荐的《湖泊（水库）富营养化评价方法与分级技术规定》中的综合营养状态指数，以 Chl a、TP、TN、SD 和 COD_{Mn} 为评价指标，并采用加权平均处理之，对水体富营养化状况进行评价。其计算公式分别为：

$$TLI(Chl\ a) = 10 \times [2.5 + 1.086 \times \ln(Chl\ a)]$$
$$TLI(TP) = 10 \times [9.436 + 1.624 \times \ln(TP)]$$
$$TLI(TN) = 10 \times [5.453 + 1.694 \times \ln(TN)]$$
$$TLI(SD) = 10 \times [5.118 - 1.94 \times \ln(SD)]$$
$$TLI(COD_{Mn}) = 10 \times [0.109 + 2.661 \times \ln(COD_{Mn})]$$
$$TSI(\Sigma) = \sum W_j \times TLI(j)$$

其中，$TSI(\Sigma)$ 表示水体综合营养状态指数；W_j 表示第 j 种参数的营养状态指数的权重；$TLI(j)$ 表示第 j 种参数的营养状态指数。$W(Chl\ a) = 0.2663$，$W(TP) = 0.2237$，$W(TN) = 0.2183$，$W(SD) = 0.2210$，$W(COD_{Mn}) = 0.2210$。$Chl\ a$ 单位为 mg/m³，透明度单位为 m，其他指标单位均为 mg/L。评价标准为：

（1）$TSI(\Sigma) < 30$，贫营养（oligotropher）。

（2）$30 \leqslant TSI(\Sigma) \leqslant 50$，中营养（mesotropher）。

（3）$TSI(\Sigma) > 50$，富营养（eutropher），分三种情况。

①$50 < TSI(\Sigma) \leqslant 60$，轻度富营养（light eutropher）。

②$60 < TSI(\Sigma) \leqslant 70$，中度富营养（middle eutropher）。

③$TSI(\Sigma) > 70$，重度富营养（hyper eutropher）。

在同一营养状态下，综合营养状态指数值越高，其富营养化程度越重。

二、评价结果

（一）水体综合营养状态

珠江八大口门 2008 年 8 月至 2009 年 5 月水体综合营养状态指数计算结果见图 3-23。依据水体富营养化程度评价标准可知，珠江八大入海口门中洪奇门水体综合营养状态指数为 59.22，略低于中度富营养化指数评价标准值下限外，其他口门水体均处于中度富营养化以上水平。其中，虎门和鸡啼门水体呈重度富营养化状态。

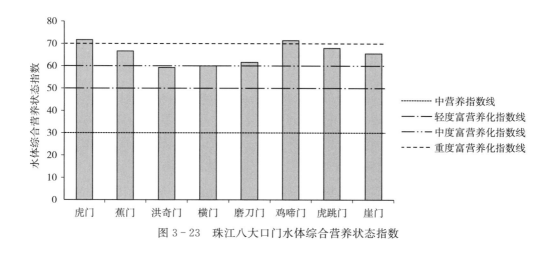

图 3-23 珠江八大口门水体综合营养状态指数

（二）水体综合营养状态指数季节变化

1. 外河口区年度水体综合营养状态

珠江八大口门外河口区四个季节的水体综合营养状态指数计算结果见图 3-24。秋季八大口门外河口区的水体综合营养状态指数均值为 75.06，变化范围为 70.89~79.96，显示珠江八大口门外河口区水体均处于重度富营养化状态，其中鸡啼门最高，富营养化程度最严重。其次是冬季，八大口门外河口区的水体综合营养状态指数均值 63.61，变化范围为 51.28~72.96，其中虎门和虎跳门处于重度富营养化标准值以上。春季和夏季八大口门的水体综合营养状态指数均值分别为 60.25 和 59.10，变化范围分别为 54.70~70.56 和 54.95~62.91。春季虎门水体综合营养状态指数为 70.56，处于重度富营养化水平，其他口门水体综合营养状态指数在 60 左右，水体呈轻度到中度富营养化状态；夏季虎门、鸡啼门和崖门水体综合营养状态指数在 60~70，呈中度富营养化状态，其他口门在 60 以下，呈轻度富营养化状态。

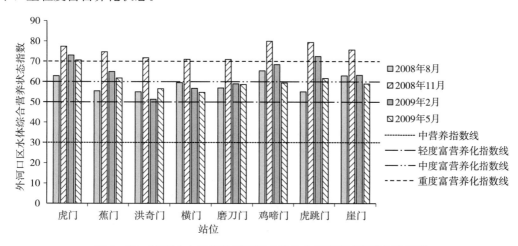

图 3-24 珠江八大口门外河口区水体综合营养状态指数季节变化

2. 内河口区年度水体综合营养状态

珠江八大口门内河口区四个季节的水体综合营养状态指数计算结果见图 3-25。秋季八大口门内河口区的水体综合营养状态指数均值为 74.16，变化范围为 69.96～80.81，显示珠江八大口门内河口区水体基本都处于重度富营养化状态，其中虎门最高，富营养化程度最严重。夏季和冬季八大口门内河口区的水体综合营养状态指数均值分别为 60.05 和 63.75，变化范围为 54.36～70.06 和 53.86～71.10。其中，夏季鸡啼门和秋季鸡啼门综合营养状态指数高于 70，呈重度富营养化状态；夏季虎门、蕉门、洪奇门、横门和冬季洪奇门、横门水体呈轻度富营养化状态，其余河口水体综合营养状态指数均高于 60，处于中度富营养化状态。春季八大口门内河口区水体综合营养状态指数均值 59.26，变化范围为 52.09～67.15，水体呈轻度到中度富营养化状况。

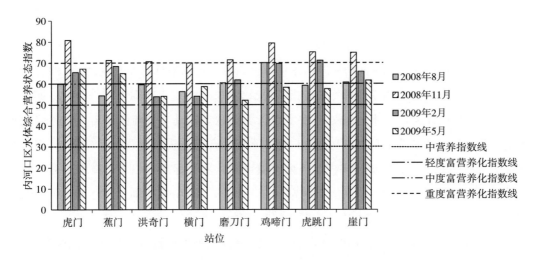

图 3-25 珠江八大口门内河口区水体综合营养状态指数季节变化

3. 年度水体综合平均营养状态

分别计算珠江八大口门四个季节的水体综合营养状态指数，结果见图 3-26。秋季八大口门的水体综合营养状态指数均值为 74.61，变化范围为 70.55～79.68，显示珠江八大口门水体均处于重度富营养化状态。冬季八大口门的水体综合营养状态指数均值为 63.68，变化范围为 52.70～71.67。其中，洪奇门和横门水体综合营养状态指数分别为 52.70 和 55.35，水体呈轻度富营养化状态，其余河口水体综合营养状态指数均高于 60，显示均处于中度富营养化状态，其中虎跳门综合营养状态指数达到 71.67，呈重度富营养化状况。春季和夏季八大口门水体综合营养状态指数均值相近，分别为 59.75 和 59.58，变化范围分别为 55.32～68.88 和 55.01～68.34，其中，夏季虎门、鸡啼门、崖门和春季虎门、蕉门、崖门水体综合营养状态指数高于60，呈中度富营养化状况。

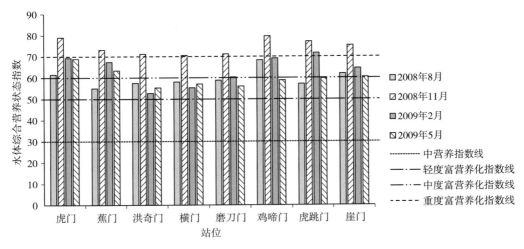

图 3-26 珠江八大口门水体综合营养状态指数季节变化

三、珠江八大口门水体综合营养状态变化特征

珠江八大口门春、夏、秋、冬四季节水体综合营养状态指数具有极显著性差异（$P<0.01$，$n=16$）：秋季水体综合营养状态指数（74.61±3.80）最高，显著高于其他季节，其次为冬季，水体综合营养状态指数（63.68±6.96），再次为春季（59.75±4.81），夏季最低（59.58±4.25），但是春、夏、冬三个季节两两间无显著性差异。内外河口区域具有明显相似的分布特征。内河口区春、夏、秋、冬四季：秋季水体综合营养状态指数（74.16±4.12）最高，显著高于其他季节，其次为冬季，水体综合营养状态指数（63.75±6.70），再次为夏季（60.05±4.60），春季最低（59.26±5.11），但是春、夏、冬三个季节两两间无显著性差异。外河口区与内河口区春、夏、秋、冬四季水体综合营养状态指数略有不同，表现为：秋季水体综合营养状态指数（75.06±3.68）最高，其次为冬季，水体综合营养状态指数（63.61±7.67），再次为春季（60.25±4.79），夏季最低（59.10±4.13），秋季水体综合营养状态指数显著高于其他季节，但春季、冬季和夏季三个季节间水体综合营养状态指数无显著性差异。分别对八大口门内外水体综合营养状态指数作统计分析（paired-samples test），结果表明，内河口与外河口水体综合营养状态指数无显著性差异（$P>0.05$，$n=32$），然而，两者之间具有很强的相关性（$P<0.01$，$n=32$）。

第四节 珠江河口水体综合污染指数

珠江河口是多种重要经济鱼类的产卵场，同时也是一些在海域和江河两地咸淡水中

生活鱼类的洄游通道，其水质状况好坏与鱼类资源量多寡紧密相关，对珍稀洄游性鱼类的生长繁殖有着重要影响。本节根据地表水环境质量标准、渔业水质标准，结合富营养化指标参数，对水质状况进行了分析。

一、水质评价方法

鉴于河口区是重要的渔业资源保护区和鱼类洄游通道，因此在评价水质时参考《渔业水质标准》《地表水环境质量标准》《农用水源环境质量监测技术规范》（NY/T 396—2000）等进行水质状况评价。

（一）参数取值

参照相关文献中所列出的最重要的水质参数，结合实际情况及富营养化指标参数（《渔业水质标准》《地表水环境质量标准》等），确定透明度、pH、溶解氧、NH_3、$NH_4^+ - N$、$NO_3^- - N$、$NO_2^- - N$、TN、TP 和 COD_{Mn} 10 项因子为水质评价指标。该研究中 pH 的限定范围取 6.50～8.50，处于此区间内为合格；NH_3 的限定值取 0.02 mg/L；DO 的限定值采用 5.0 mg/L，高于 5.0 mg/L 为合格，低于 5.0 mg/L 按超标计算；透明度的限定值取 30 cm，以透明度高于 30 cm 为合格，低于 30 cm 按超标计算；$NO_3^- - N$、$NO_2^- - N$ 的限定值分别取 1.00 mg/L 和 0.15 mg/L；其余参数 $NH_4^+ - N$、TN、TP 和 COD_{Mn} 的限定值分别取 1.00 mg/L、1.00 mg/L、0.20 mg/L 和 6.00 mg/L。

（二）评价方法

评价方法依据《农用水源环境质量监测技术规范》，采用单项污染指数对监测参数进行单项评价，采用综合污染指数对水体环境质量进行整体评价。

单项污染指数计算公式为：

$$P_i = C_i / C_{i0}$$

式中，P_i 为水环境中污染物 i 的污染指数；C_i 为水环境中污染物 i 的实测值；C_{i0} 为水环境污染物 i 的限量标准值。

$P_i \leqslant 1$ 时，表示水环境未受污染，指标合格，$P_i =$ 计算值；当 $P_i > 1$ 时，表示水环境受到污染，指标不合格，$P_i = 1.0 + 5 \times \lg$（计算值）。

超标率的计算公式为：

$$超标率 = \frac{超标样本数}{监测样本数} \times 100\%$$

在单项污染指数评价的基础上，采用兼顾单项污染指数最大值和平均值的综合污染指数 P_j 进行评价，其计算公式为：

$$P_j = \left[(P_{i\max}^2 + P_{i\text{ave}}^2)/2 \right]^{0.5}$$

式中，$P_{i\max}$ 为最大单项污染指数，$P_{i\text{ave}}$ 为平均单项污染指数。

依据水体环境综合污染指数，将珠江八大口门水质状况分为五个等级（表 3-3），并对所研究水域的污染程度和污染水平进行评价。

表 3-3　水质状况分级

等级	综合污染指数	污染程度	污染水平
1	$P_j \leqslant 0.7$	清洁	清洁
2	$0.7 < P_j \leqslant 1.0$	尚清洁	标准限量内
3	$1.0 < P_j \leqslant 2.0$	轻污染	超出警戒水平
4	$2.0 < P_j \leqslant 3.0$	中污染	处于中度警戒水平
5	$P_j > 3.0$	重污染	严重超出警戒水平

尽管水体 pH 对水体内部的动态平衡过程和鱼类机体的生长代谢作用有重要影响，但由于在实际评价时，测定结果显示所有 pH 均处于限定值范围内。鉴于无法给出确定的限定值，因此在评价时仅以除去 pH 外的其他 9 项因子指标计算污染指数。

二、评价结果

（一）水质因子超标状况

监测指标中，所有采样站位中 pH、溶解氧、总磷和高锰酸盐指数全年都未见超标。超标最严重的为 TN，全年所有站位测定值均超标，超标率达到 100%，TN 最高浓度为 3.286 mg/L（2008 年 11 月虎门内河口区），超标 2.286 倍。硝酸盐氮全年超标率为 50%，仅次于 TN。硝酸盐氮超标最严重的季节为秋季，该季节超标率达到 100%；其次为夏季，超标率为 43.75%；春季和冬季硝酸盐氮的超标率分别为 37.5%、18.75%。硝酸盐氮最高超标倍数为 0.85 倍（2008 年 11 月崖门内河口）。水体透明度超标状况依序为秋季＞冬季＞夏季＞春季，超标率依次为 100%、43.75%、37.5% 和 6.25%，主要超标站位为虎门、磨刀门、虎跳门和崖门。非离子氨主要在冬季出现超标，超标率 50%，超标站位分别为虎门、蕉门、虎跳门内外河口区，以及鸡啼门和崖门外河口区，最高超标倍数为 2.15 倍（2009 年 2 月虎门外河口区）。氨氮主要在冬季和春季部分站位出现超标，如冬季虎门和鸡啼门内外河口区出现超标，春季虎门内外河口区和蕉门外河口区出现超标。总的来看，氨氮超标不太严重，最高超标倍数为 0.2 倍（2009 年 2 月鸡啼门外河口）。水体亚硝酸盐氮仅在虎门内河口区（2009 年 5 月）出现超标，超标倍数为 0.42 倍。

（二）水体污染指数分析

珠江八大口门内河口区四个季节的水体综合污染指数计算结果见图3-27。秋季八大口门内河口区的水体综合污染指数均值为2.29，变化范围为2.06~2.68，处于2.0~3.0，显示珠江八大口门内河口区水体秋季污染程度为中污染，处于中度警戒水平。秋季所有口门内河口区单项污染指数值最大的项目均为TN，显示含氮物质过度排放是水体的主要污染因素。春季八大口门内河口区的水体综合污染指数均值为1.97，变化范围为1.74~2.12，其中，虎门、鸡啼门、虎跳门和崖门水体综合污染指数处于2.06~2.12，水体污染程度为中污染，处于中度警戒水平；其他口门内河口区水体综合污染指数处于1.74~1.97，水体污染程度为轻污染，污染水平处于超过警戒水平。春季各口门内河口区单项污染指数值最大的项目均为TN，显示含氮物质过度排放是水体的主要污染因素。夏季和冬季八大口门内河口区的水体综合污染指数均值相近，分别为1.83和1.84，变化范围分别为1.58~2.31和1.47~2.10，其中，夏季蕉门和冬季虎门、鸡啼门、虎跳门和崖门水体综合污染指数高于2.0，水体污染程度为中污染，污染水平处于中度警戒水平；其他口门内河口区水体综合污染指数处于1.0~2.0，水体污染程度为轻污染，污染水平处于超过警戒水平。夏季各口门内河口区的单项污染指数值最大的项目均为TN，是水体中主要污染因素；冬季蕉门的单项污染指数值最大的项目为NH_3，是主要的污染因素，其他口门内河口区单项污染指数值最大的项目均为TN，为主要的污染因素。

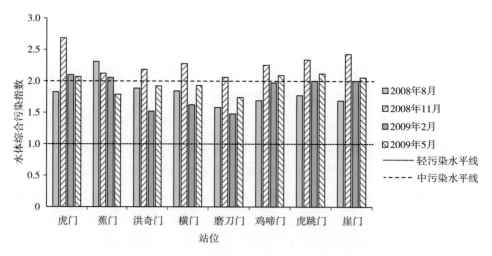

图3-27 珠江八大口门内河口区水体综合污染指数季节变化

珠江八大口门外河口区四个季节的水体综合污染指数计算结果见图3-28。秋季八大口门外河口区的水体综合污染指数均值为2.30，变化范围为1.98~2.61，基本上均处于2.0~3.0，显示珠江八大口门外河口区水体秋季污染程度大致为中污染，处于中度警戒水平。秋季各口门外河口区的主要污染因子为：洪奇门和虎跳门单项污染指数值最大的项目为透明度，显示与透明度有关的水体悬浮颗粒含量超标，是水体的主要污染因素，其他口门外河口区单项污染指数值最大的项目均为 TN，显示含氮物质过度排放是水体的主要污染因素。冬季和春季八大口门外河口区的水体综合污染指数均值分别 2.00 和 2.02，变化范围分别为 1.15～2.63 和 1.82～2.28，其中，冬季虎门、鸡啼门和崖门和春季虎门、鸡啼门、虎跳门和崖门水体综合污染指数处于 2.0～3.0，水体污染程度为中污染，处于中度警戒水平；其他口门外河口区水体综合污染指数处于 1.0～2.0，水体污染程度为轻污染，污染水平处于超过警戒水平。冬季虎门和蕉门单项污染指数值最大的项目均为 NH₃，是水体的主要污染因素，其他口门外河口区单项污染指数值最大的项目均为 TN；春季所有口门外河口区单项污染指数值最大的项目均为 TN。夏季八大口门外河口区的水体综合污染指数均值为 1.76，变化范围分别为 1.62～1.87，水体污染程度为中污染，污染水平处于中度警戒水平，各口门外河口区的单项污染指数值最大的项目均为 TN。

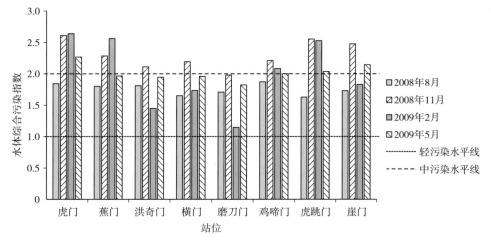

图 3-28　珠江八大口门外河口区水体综合污染指数季节变化

（三）珠江八大口门水体综合污染指数变化特征分析

珠江八大口门春、夏、秋、冬四季节水体综合污染指数具有极显著性差异（$P<0.01$，$n=16$）：秋季水体综合污染指数（2.30±0.20）最高，显著高于其他季节，其次为春季，水体综合污染指数（1.99±0.14），再次为冬季（1.92±0.42），夏季最低（1.79±0.17），但是春、夏、冬三个季节两两间无显著性差异。内、外河口两部分区域具有明显上述状况相似的分布特征。内河口区春、夏、秋、冬四季：秋季水体综合污染指数（2.29±0.22）最高，显著高于其他季节，其次为春季水体综合污染指数（1.97±0.14），再次为冬季（1.84±0.26），夏季最低（1.83±0.22），但是春、夏、冬三个季节两两间无显著性差异。外河口区与内河口区春、夏、秋、冬四季水体综合污染指数与内河口区略有不同，表现为：秋季水体综合污染指数（2.30±0.22）最高，其次为春季，水体综合污染指数（2.02±0.14），再次

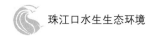

为冬季（2.00±0.55），夏季最低（1.76±0.09），秋季水体综合污染指数显著高于夏季，但秋季、春季和冬季三个季节间水体综合污染指数无显著性差异，春季、冬季和夏季三个季节间水体综合污染指数也无显著性差异。分别对内外八大口门水体综合污染指数作统计分析（paired-samples test），结果表明，内河口与外河口水体综合污染指数无显著性差异（$P >$ 0.05，$n = 32$），然而，两者之间具有很强的相关性（$P < 0.01$，$n = 32$）。

第五节　珠江河口水体初级生产力

浮游植物（phytoplankton）是指在水体中营浮游生活的微小植物，它们是水生生态食物链中的基本环节，是水域生态系统中最重要的初级生产者，也是水体中溶解氧的主要供应者。浮游植物依赖其光合色素（主要是叶绿素 a）在光能参与下进行光合作用，将无机碳转化为包括碳水化合物在内的基本有机物质，该过程启动了水域生态系统中的食物网，在水域生态系统的物质循环、能量流动和信息传递中起着至关重要的作用。水体初级生产力是水生植物（主要是浮游植物）进行光合作用的强度，反映了水体初级生产者通过光合作用生产有机碳的能力，是水生生态食物链的第一个环节，是水体生态系统研究的重要内容，也是水体生物资源评估的重要依据。水体中的叶绿素 a 浓度是反映浮游植物现存量的重要指标，其分布反映出了水体中浮游植物的丰度及其变化规律，可作为初级生产力、浮游植物和渔场的重要生物学指标。调查水体中的叶绿素 a 含量、水体初级生产力状况，对于水域生产机理的研究、了解生物资源的分布、蕴藏量及变迁规律，对于查明水域生产力变化和资源开发途径等方面都具有重要意义。本节内容主要根据珠江河口区叶绿素 a 含量来初步估算水体初级生产力状况。

一、水体初级生产力估算方法

水体初级生产力采用叶绿素 a 法测定：按照 Cadée（Cadée，1975；蒋万祥 等，2010）提出的简化公式计算：

$$C_{Chl\,a} = \frac{P_s \times E \times D}{2}$$

式中，$C_{Chl\,a}$ 为水体初级生产力，以碳计，单位为 mg/（m³ · d）；P_s 为表层水中浮游植物的潜在生产力，以碳计，单位为 mg/（m² · h）；E 为真光层深度，单位为 m，真光层深度取透明度的 3 倍；D 为日照时间，单位为 h，日照时间参考广东省农业气象公报。

其中，表层水（1 m 以内）中浮游植物的潜在生产力（P_s）根据表层水中叶绿素 a 含量计算：

$$P_s = C_a Q$$

式中，C_a 为表层水中叶绿素 a 含量，单位为 mg/m³；Q 为同化系数，以碳计，单位为 mg/（m²·h）。

CADÉE 提出的初级生产力估算公式因简便、准确而得到广泛运用。该公式中的同化系数，国内外学者通常引用其经验值 3.7 mg/（m²·h），而有研究表明同化系数随水体营养水平的改变而改变。鉴于同化系数与营养盐含量之间关系密切，本研究通过卡尔森营养状态指数明确了珠江口水体营养水平，并参考前人的研究，确定珠江口水域年平均同化系数（以碳计）为 6.03 mg/（m²·h）。

二、珠江八大口门水体初级生产力季节变化

珠江八大口门春、夏、秋、冬四季节水体初级生产力具有极显著性差异（$P < 0.01$，$n = 16$）：夏季水体初级生产力〔（29 635±7 557）mg/m³〕最高，显著高于其他季节，其次为春季，水体初级生产力为〔（24 171±9 546）mg/m³〕，再次为冬季〔（20 011±9 074）mg/m³〕，秋季最低〔（19 223±4 363）mg/m³〕，但是春、秋、冬三个季节两两间无显著性差异。内外河口两部分区域具有明显上述状况相似的分布特征。内河口区春、夏、秋、冬四季：夏季水体初级生产力〔（28 250±6 907）mg/m³〕最高，其次为春季，水体初级生产力为〔（24 153±9 322）mg/m³〕，再次为冬季〔（20 757±9 771）mg/m³〕，秋季最低〔（19 080±3 955）mg/m³〕，但是春、夏、秋、冬四个季节两两间无显著性差异。外河口区与内河口区春、夏、秋、冬四季水体初级生产力与内河口区略有不同，表现为：夏季水体初级生产力〔（31 021±12 370）mg/m³〕最高，其次为春季，水体初级生产力为〔（24 189±10 056）mg/m³〕，再次为秋季〔（19 366±6 040）mg/m³〕，冬季最低〔（19 265±8 837）mg/m³〕，但是春、秋、冬三个季节两两间无显著性差异。分别对内外八大口门水体初级生产力作统计分析（paired-samples test），结果表明，内河口与外河口水体初级生产力无显著性差异（$P > 0.05$，$n = 32$），然而，两者之间具有很强的相关性（$P < 0.01$，$n = 32$）。

三、水体初级生产力空间分布

珠江八大口门 2008 年 8 月至 2009 年 5 月水体初级生产力计算结果见图 3-29。八大河口区水体初级生产力年度均值为 23 260.04 mg/m³，变化范围为 16 028.66~27 351.29 mg/m³，其中崖门最高，洪奇门次之，为 26 839.60 mg/m³，鸡啼门略低于洪奇门，为 26 174.33 mg/m³，蕉门最低。

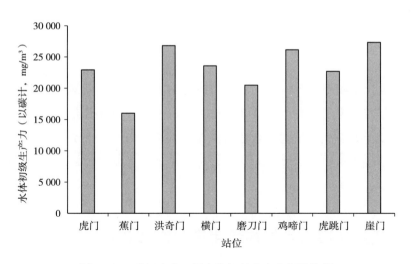

图 3-29　珠江八大口门水体初级生产力年度均值

　　珠江八大口门四个季节的水体初级生产力计算结果见图 3-30。夏季八大口门的水体初级生产力最高，均值为 29 635.38 mg/m³，变化范围为 19 259.75～42 987.09 mg/m³，其中，崖门最高、蕉门最低，虎门、鸡啼门和虎跳门相近，横门和磨刀门相近。其次为春季，均值为 24 170.89 mg/m³，变化范围为 7 605.40～31 887.58 mg/m³，其中虎跳门最高，横门、磨刀门和崖门相近，虎门最低。秋季和冬季水体初级生产力均值在 20 000 mg/m³ 左右，其中最高的为洪奇门 35 887.70 mg/m³（2009 年 2 月，冬季），最低为同季节的虎跳门 8 141.68 mg/m³，显示冬季水体初级生产力相差较大。相比冬季，秋季八大口门水体初级生产力相差较小，虎门和鸡啼门相近，在 25 000 mg/m³ 左右，蕉门为 19 074.33 mg/m³，洪奇门、磨刀门、虎跳门和崖门在 18 000 mg/m³ 左右，同期横门较低，为 11 931.10 mg/m³。

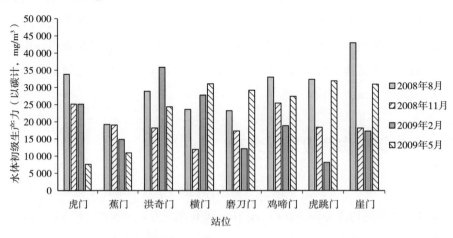

图 3-30　珠江八大口门水体初级生产力内外河口均值

第四章
珠江河口
浮游植物

第一节　河口浮游植物研究进展

　　河口是河流和海洋相互作用的复杂区域，在人类生存与发展过程中起着非常重要的作用。河口区域往往是人口密集和经济发达的地区，此外，也是重要的渔业水域。同时，河口可看作是淡水与海洋生物栖息地之间的生态交错区，该区域的环境因子变化与河流和海洋均有差异，具有自己的特殊性。河口浮游植物是河口水生生态系统的重要初级生产者，也是河口生态系统中食物链的重要环节，它们为水体和底栖的动物提供直接的食物来源，最终将影响渔业资源的输出，甚至整个水域生态系统的稳定。因此，河口浮游植物生态学研究具有十分重要的理论和现实意义。

　　河口区域又可分为上游河流区、河口最大浑浊带和下游外海区。上游河流区受淡水水流的影响较大，盐度较低，枯水期由于径流的减小也会受到咸潮的影响。河口最大浑浊带是指水体中悬浮颗粒物（suspended particulate matter，SPM）含量比上游河流区和下游外海区都要高，且在一定范围内有规律迁移的浑浊水体。在全世界不论高纬度地区或低纬度地区，各种气候和潮汐条件下的河口均有发现，尤其在部分混合型和垂向均匀混合型河口更为发育。最大浑浊带的发现和研究，初期都出现在河口沉积动力学领域中，后来发展到对其地球化学特征和规律的研究，最近又发展到对其生物地球化学性质的研究。下游外海区虽然偶尔也会受到河水径流的影响，但是总体来说盐度较高，且自上游至下游呈现一定的盐度梯度。

一、浮游植物种类组成

　　上游河流区由于持续受到河水冲刷的影响，浮游植物的重要类群为硅藻和绿藻，其次有裸藻和蓝藻，其他类群也有零星出现。在珠江河口上游的珠三角河网水域被鉴定的383种浮游植物（包括变种、变型）中，71%是硅藻和绿藻，27%是裸藻和蓝藻（王超等，2013）。径流被认为是影响浮游植物动态变化尤其是季节变动的最关键因素：①硅藻被认为是河流区的最重要类群，其种类丰富度和生物量在枯水期均占据绝对优势。②丰水期由于水流量增大，水位升高，导致沿江一些死水区域如水库、浅滩中的蓝藻、绿藻和裸藻涌入干流，导致硅藻的种类丰富度相对下降。③前期研究已表明，绿藻和裸藻的种类丰富度与生物量呈显著正相关关系，随径流的增大而增大；但是水流量增大，对浮游植物的最重要类群硅藻具有明显的稀释作用，最终导致浮游植物生物量明显下降。

　　潮汐河口最大浑浊带的出现，影响水体中许多生物过程。从食物链的基本观点出发，浮游植物光合作用对初级生产力的影响，对整个河口生态系统至关重要。许多研究结果显示，河口的营养物质较丰富，浊度对水体辐照度的限制，是控制河口初级生产力的重要因素（Cloern，1982；Alpine and Cloern，1992）。因此，普遍认为浑浊河口的初级生产力普遍较低。但是，Fichez et al（1993）对英国的 Great Ouse 河口的研究却发现，在最大浑浊带内发生了藻华。在混合良好的浅水最大浑浊带生态系统中，只要临界深度大于水深，浮游植物大量生长是完全有可能的。Irigoien et al（1997）对法国的 Gironde 河口研究发现，最大浑浊带内的叶绿素相当部分来自于微型底栖藻类的再悬浮。

许多研究认为，下游外海区重要的浮游植物有硅藻和甲藻，其次有绿藻和金藻等。在韩国 Naktong 河口被鉴定的 276 种浮游植物中，97.5% 是硅藻和甲藻（Chang-Huan and Sunghii，1988）。长江口区硅藻占藻类总数的 80%，其他为甲藻和少数金藻和蓝藻。而在印度 Dharamtar 河口湾浮游植物年度种类组成模式研究中，总共有浮游植物 58 属，硅藻占 46 属。同样的模式也出现在德国 Elbe 和荷兰 Schelde 河口，一些偶见种的存在则指示河口水体与潮间带水体的交换（Muylaert and Sabbe，1999）。北极有的河口浮游植物种类组成与一般河口有些不同，如美国阿拉斯加 Elson 潟湖（Bursa，1963）硅藻只占种群的 34%，而甲藻只占数量丰度的 4%。在 Siberian 河口尚可发现淡水浮游植物种类，而在 Svalbard 河口海洋和冰水浮游植物种类占优势。热带和亚热带河口因为很少受季节因子的影响和控制，浮游植物具有高度的多样性和相对的稳定性，但生物之间相互作用较复杂。浮游植物丰度大，在波多黎各的 Bahia Fosforescente 鞭毛藻（*Pyrodinium bahamence*）持续繁盛引起明显的生物荧光（Seliger et al，1970）。

（一）浮游植物时空分布

河口浮游植物由低盐度向高盐度其种类组成不断变化。在美国 Kennebec 河口，浮游植物种类集中于河口下段（Ming and Townsend，1999），种类组成与盐度梯度适应性相一致。1993 年春季，通过对 Elbe、Schelde 和 Gironde 河口浮游植物的调查研究发现，在 3 个河口的上段浮游植物丰度和物种多样性最低（Muylaert and Sabbe，1999）。在不同的季节，河口浮游植物种类组成、数量变化也十分明显，如 Naktong 河口（Chang-Huan and Sunghii，1988）硅藻在冬季、春季占优势，甲藻在夏季占优势。这一季节趋向在 Hudson 河下游（Malone and Chervin，1979）以及美国 Carmans 河口（Carperter and Dunham，1985）也可见到，其原因在于冬季类型（硅藻）具有低光选择性，生殖时间长，能量存储能力较强。夏季种类如甲藻有较高的光选择性，生殖时间较短，能运动。在浮游植物数量变化方面，Naktong 河口浮游植物数量 7 月最多，1 月最少（Chang-Huan and Sunghii，1988）。对长江口羽状锋浮游植物研究发现，丰水期浮游植物数量远较枯水期高。长江口浑浊带海区的浮游植物数量分布和变动，具有明显的潮周期性特征。枯、洪水期大潮的数量均明显大于小潮的数量。不同时间河口浮游植物的空间分布也各有特点。在长江口丰水期（6—9月），最高叶绿素 a 含量与浮游植物最大数量出现于长江口冲淡水区。冬季枯水期（11月至翌年4月），海水中叶绿素 a 含量和浮游植物密度由近岸向外海递减。浮游植物数量随深度的加深而逐渐减少。丰、枯水期长江口羽状锋浮游植物数量高密度区主要在锋面一带。长江口浑浊带海区大潮时浮游植物总数量的斑块分布现象也较小潮时明显。

（二）浮游植物初级生产力

浮游植物的初级生产是世界大多数河口生态系统初级食物能量的主要组成部分，浮游植物初级生产力从低纬度到较高纬度季节性改变。在巴西南部 Patos 潟湖，初级生产力最低值发生于冬季，最高值发生于春季和夏季（Abreu et al，1994）。美国 Kennebec 河口水体垂直混合良好，叶绿素 a 在冬季最低，在夏季最高（Ming and Townsend，1999）。近年来，随着表面荧光显微镜和流式细胞仪在水生生态学中的应用，使人们有可能对以前知之甚少的微型、超微型浮游生物进行研究，并成为当前海洋生态学研究的热点。研究表明，微型、超微型浮游植物在河口海岸生态系统初级生产力中占有重要地位。在美国 Neuse 河口微型、超微型浮游植物在夏季占优势，占浮游植物生物量的大部分（Pinckney et al，1998）。在墨西哥湾夏季大部分时间里，微型浮游植物是浮游植物群落初级生产者的主体（Claereboudt et al，1995）。在胶州湾超微型浮游植物占总初级生产力的34%。不同类型的河口浮游植物初级生产力还受诸多因子的影响。在许多浅水河口，夏季浮游植物繁荣也许被温度和营养循环所控制。在其他相对较深的河口则被春季径流所控制，并与营养盐输入相联系，使浮游植物的生产在夏季相对于春季趋向于减少（Malone and Chervin，1979）。在不完全分层河口，浮游植物最大生物量和初级生产力地区趋向于出现在河口的最大浑浊带。有些温带河口生态系统显示春季和秋季浮游植物出现峰值；而热带河口生态系统浮游植物峰值几乎不可预测季节性，这里的较高初级生产力往往与河流径流有关。

二、珠江口浮游植物生态学研究进展

针对珠江口海域的环境、资源和生态状况，国内学者已有大量研究。目前有关珠江口浮游植物的相关研究主要集中在下游海区水域。黄良民等（1997）探讨了珠江口及邻近海域环境动态与基础生物结构；钱宏林等（1999）报道了珠江及其邻近海域赤潮的研究概况；黄长江等（1999）研究了珠江口万山群岛、桂山岛网箱养殖区赤潮原因生物的形态分类和生物特征；刘玉等（2002）分析了珠江口近岸水域浮游藻类及其与关键水质因子的关系；颜天等（2001）探讨了中国香港及珠江口海域有害赤潮的发生机制；戴明等（2004）分析了珠江口近海浮游植物生态特征；蔡显明等（2002）研究了珠江口初级生产力和新生产力，以及生产力的粒级结构；李涛等（2007）分析了珠江口及毗邻海域

浮游植物群落结构特点并与周边海域进行了比较，发现珠江口海域以微型浮游植物为主，其他广东海域基本以小型浮游植物为主；崔伟中（2004）系统分析了珠江河口水环境时空变异对河口区生态系统的生态平衡的重大影响。

第二节　珠江河口浮游植物特征

一、材料与方法

（一）站位布设

2006 年 5 月至 2010 年 8 月，在珠江口设八个采样断面进行季节性调查，站位 S1～S8 分别位于虎门、蕉门、洪奇门、横门、磨刀门、鸡啼门、虎跳门和崖门。

（二）样本采集及处理方法

浮游植物样本取表层（离水面 0.5 m）水样 1 L 装入聚乙烯瓶中，立即用鲁格氏液固定，使其最终浓度为 1.5%。水样运回实验室后，立即移入标记刻度 1 000 mL 玻璃量筒内，加盖静置 24 h 后，用管口包裹筛绢的虹吸管或吸管小心吸去上清液。如此反复多次，直至将水样浓缩至 100 mL。

（三）数据收集及分析方法

样本分析时取均匀样品 1 mL 注入 Sedgewick-Rafte 浮游植物计数框中，在 Nikon TS100 倒置显微镜下进行浮游植物的种类鉴定和计数，种类鉴定参考国内相关志书和专业资料。浮游植物生物量的计算方法参照 Hillebrand et al（1999），通过体积法计算取几何近似值。优势种是指生物量在总种群中所占百分比大于 5% 的物种。

浮游植物群落时空分布特征图用 Origin 6.1 软件完成，而种类丰富度、生物量与环境因子之间的主成分分析（PCA）用 Canoco 4.5 软件完成，并得到二维降序图。

二、浮游植物种类组成及名录

调查期间共发现浮游植物 8 门 465 种，其中硅藻 40 属 197 种，占总种数的 42.37%；绿藻 49 属 134 种，占总种数的 28.82%；裸藻 12 属 99 种，占总种数的 21.29%；蓝藻 14 属 25 种，占总种数的 5.38%；甲藻 5 属 5 种；金藻 2 属 3 种；隐藻和黄藻各 1 种。

三、浮游植物的时间变化特征

调查期间，浮游植物种类丰富度和密度的时间变化分别如图 4-1 和图 4-2 所示。

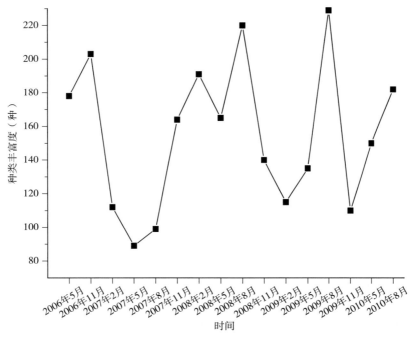

图 4-1 浮游植物种类丰富度的时间变化

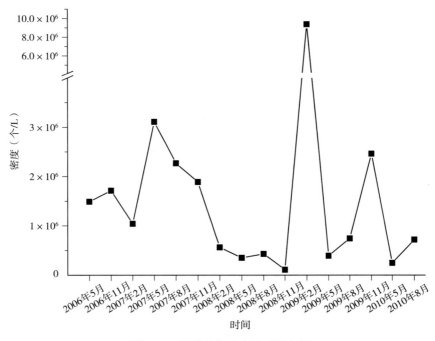

图 4-2 浮游植物密度的时间变化

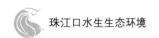

浮游植物种类丰富度的变化范围为 90～230 种，最小值出现在 2007 年 5 月，最大值出现在 2009 年 8 月。从季节分布特征看，2006 年和 2007 年枯水期（2 月和 11 月）的种类丰富度高于丰水期（5 月和 8 月）；2008 年和 2009 年丰水期的种类丰富度高于枯水期。

浮游植物密度的变化范围为 $0.1 \times 10^6 \sim 9.4 \times 10^6$ 个/L，均值为 1.7×10^6 个/L；最小值出现在 2008 年 11 月，最大值出现在 2009 年 2 月。年际变化特征显示，2008 年的密度明显偏低；季节变化特征显示，大多数年份枯水期的密度高于丰水期。

四、浮游植物种群的周年分布特征

（一）种类丰富度时空特征

从季节特征看，8 月种类丰富度明显高于其他季节（图 4-3），变动范围为 54～85 种，最大值出现在蕉门，最小值出现在鸡啼门。2 月种类丰富度最低，变动范围为 26～50 种，最大值出现在横门，最小值出现在虎跳门。从空间特征看，丰水期的空间特征显示，东四口门的种类丰富度明显高于西四口门（图 4-3），5 月的变动范围为 24～66 种，最大值出现在横门，最小值出现在鸡啼门；而枯水期的空间特征不明显，11 月的变动范围为 30～65 种，最大值出现在崖门，最小值出现在磨刀门。

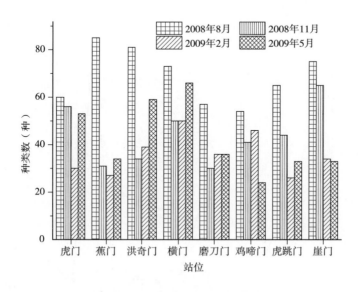

图 4-3　浮游植物种类数的时空特征

种类丰富度的相对百分组成结果显示，硅藻和绿藻是最主要组成类群（图 4-4）。丰水期绿藻的百分比组成明显高于枯水期，而丰水期硅藻的百分比组成则明显低于枯水期

（图 4-4）。空间分布特征未发现明显规律。

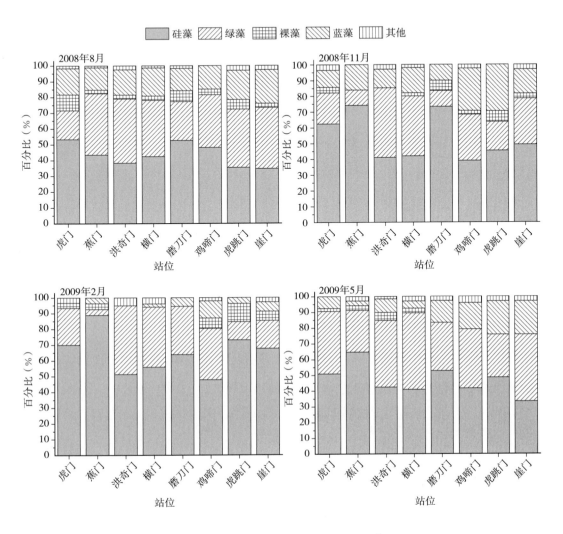

图 4-4　浮游植物种类丰富度的相对百分比

（二）种群密度时空特征

从季节特征看，2 月的密度明显高于其他季节（图 4-5），变动范围为 $0.31 \times 10^6 \sim$ 49.03×10^6 个/L，均值为 9.38×10^6 个/L。其次为 8 月，变动范围为 $0.09 \times 10^6 \sim$ 1.46×10^6 个/L，均值为 0.43×10^6 个/L。11 月的密度最低，变动范围为 $0.03 \times 10^6 \sim$ 0.22×10^6 个/L，均值为 0.11×10^6 个/L。空间分布特征未呈现明显规律。

种群密度的相对百分组成结果显示，硅藻、绿藻和蓝藻为主要类群（图 4-6）。2 月硅藻占据绝对优势，超过 95%。其他季节的规律性不明显。空间分布特征，仅见虎门的硅藻百分比组成优势显著，一般不低于 70%。

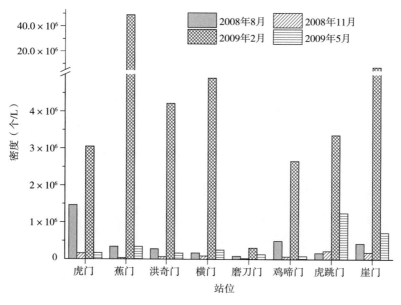

图 4-5 浮游植物种群密度的时空特征

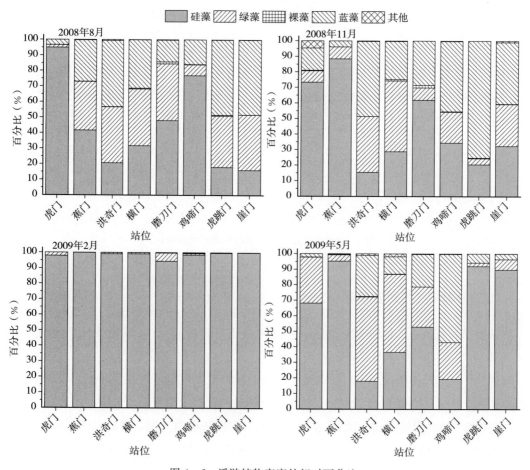

图 4-6 浮游植物密度的相对百分比

（三）与环境因子关系分析

用 Canoco 软件首先对 5 个浮游植物类群（硅藻、绿藻、裸藻、蓝藻和其他）的种类丰富度数据进行去趋势对应分析（detrended correspondence analysis，DCA），在所得的各特征值部分发现 4 个排序轴中梯度最大值小于 3，以此为依据选择线性模型中的间接梯度主成分分析（principal component analysis，PCA）模型对 5 个浮游植物类群的种类丰富度与 14 种环境因子（水温、盐度、透明度、pH、溶解氧、电导率、硅酸盐、高锰酸盐指数、磷酸盐、总磷、硝酸盐氮、亚硝酸盐氮、氨氮和总氮）进行相关分析。图 4－7 为所得到的种类丰富度与环境因子的 PCA 二维降序图。

对于浮游植物各类群种类丰富度而言，第一、第二排序轴之间的相关系数为 0，表明这两个排序轴所包含的信息是相互独立的；对于环境因子来说，前两个排序轴的累计贡献率分别为 62.2% 和 79.3%，这说明前两个排序轴约含有 14 种环境因子的 80% 的信息，所以可以用 PCA 二维降序图研究 14 种环境因子间的相互关系。各类群种类丰富度第一个排序轴与环境因子第一个排序轴的相关系数较高，为 0.90，各类群种类丰富度第二个排序轴与环境因子第二个排序轴的相关系数为 0.76，这表明 PCA 二维降序图可以较好地解释种类丰富度与环境因子之间的关系。

从 PCA 二维降序图可看出，浮游植物各类群种类丰富度主要与水温、硅酸盐和氮、磷营养盐有关。当水温和营养盐浓度高时，有利于各类群种类丰富度的增加。

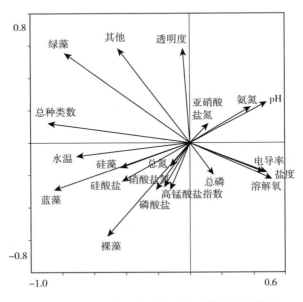

图 4－7　浮游植物种类丰富度与环境因子的关系

用 Canoco 软件对 5 个浮游植物类群密度数据进行分析处理的过程与种类丰富度的相同，最终得到各类群密度与环境因子的 PCA 二维降序图（图 4－8）。

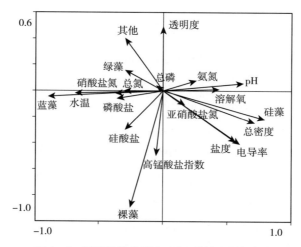

图 4-8　浮游植物类群密度与环境因子的关系

对于各类群生物量而言，第一、第二排序轴之间的相关系数为 0，表明这两个排序轴所包含的信息是相互独立的；对于环境因子来说，前两个排序轴的累计贡献率分别为 44.5% 和 68.9%，这表明基本上可以用二维降序图研究 14 种环境因子间的相互关系。浮游植物各类群密度第一个排序轴与环境因子第一个排序轴的相关系数为 0.91，各类群密度与环境因子第二个排序轴的相关系数为 0.81，这表明 PCA 二维降序图基本可以用来解释各类群密度与环境因子之间的关系。

PCA 二维降序图表明，浮游植物各类群生物量主要与水温、盐度、电导率和 pH 有关。当水温高，盐度小时，有利于蓝藻和绿藻的增长；而当盐度和电导率高时，对硅藻的增长有好处。

第三节　珠江河口球形棕囊藻赤潮

球形棕囊藻，隶属金藻门、定鞭藻纲，是一种广温广盐性的藻类，广泛分布于海洋生态环境中。该藻球形群体外围具有一层柔软的胶质被且藻体含多糖，当大量繁殖形成赤潮时，含胶质和糖的藻体便紧紧贴在鱼鳃上，影响鱼的呼吸和摄食，致使鱼类窒息缺氧而死亡；其次，该藻巨大的生物量（尤其是黎明和傍晚时）可造成水体缺氧导致灾害，再加上藻体死亡腐烂后会产生溶血毒素等有毒物质，对水体环境的破坏将持续一定时间，严重时会导致鱼类大面积死亡（黄长江 等，1999；赵雪 等，2009）。

珠江口是珠江的河口湾（刘玉 等，2002），为珠江流入南海的出海口，是南海北部陆源污染物的主要受纳水体，它与长江口、黄河口一起并称为中国三大河口，并以其不同于长江口和黄河口的河口过程和地理位置越来越受研究者们的重视（彭晓彤 等，

2003；岳维忠和黄小平，2005）。珠江口地处亚热带，是咸淡水交汇的海域，受珠江径流、广东沿岸流和外海水的综合影响，生态环境独特，生物多样性丰富，是幼鱼、幼虾的繁殖保护区，也是多种珍稀水生动物如中华白海豚、江豚、黄唇鱼等的栖息地和重要增养殖水域（刘玉 等，2002）。珠江河口水域区有着复杂的地理和水动力特征，河水在这片水域流经 8 个主要口门进入南海，其中 50％～55％的珠江水通过虎门、蕉门、洪奇门和横门 4 个口门汇入伶仃洋，其余 4 条通道直接朝向南海，占总流量的 45％～50％。珠江口属于典型亚热带季风气候带，一年可分为枯水期（10 月至翌年 3 月）和丰水期（4—9 月）两阶段（黄邦钦 等，2005）。河口近岸水域是陆海相互作用耦合带和生产力最高的区域，生源要素来源丰富，各种因素（包括水动力、生物地球化学过程及人类活动等）十分复杂，其生态环境和生物资源的变化与人类活动和经济发展关系密切（林以安等，2004）。河口因特殊的地理位置和水文条件，具有比海洋更为剧烈的物理化学和生物作用（岳维忠和黄小平，2005）。

据报道，我国广东沿海在 1997—2007 年间暴发球形棕囊藻赤潮达 17 次（赵雪 等，2009）。尽管自 2004 年珠江口水域首次发生球形棕囊藻赤潮以来，已有多次该藻在珠江口水域形成赤潮的报道，但均为新闻报道，缺乏科学的系统调研。2009 年 11 月中旬至 12 月初，珠江口发生一次球形棕囊藻赤潮，本研究对此次赤潮后期的浮游植物群落结构特征进行了现场监测，旨在补充该水域球形棕囊藻赤潮研究的空白。

一、材料和方法

（一）采样站位布设

调查期间在珠江口设八个采样断面，S1～S8 分别位于虎门、蕉门、洪奇门、横门、磨刀门、鸡啼门、虎跳门和崖门。

（二）采样与分析

本次调查时间为 2009 年 11 月 30 日至 12 月 2 日，每次采样在大潮前后 1.5 h 完成。

水体中肉眼可见球形棕囊藻球形群体的采样与计数用 5L 有机玻璃采水器，取表层（离水面 0.5 m）水样 20L 放入盆中进行现场计数，并对球形群体的直径范围进行测量。

水体中肉眼不可见的球形棕囊藻群体和其他优势种用 HQM－1 型有机玻璃采水器，取表层（离水面 0.5 m）水样各 1L 装入聚乙烯瓶中。水样采集后，立即用鲁格氏液固定，使其最终浓度为 1.5％。水样运回实验室后，立即移入玻璃量筒内，加盖静置 24 h 后，用包裹筛绢（网目孔径为 77 μm）的虹吸管或吸管小心吸去上清液。如此反复多次，直至将水样浓缩至 30～100 mL。分析时取均匀样品 1 mL 注入 Sedgewick-Rafte 浮游植物计数

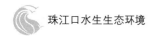

框中，在 Nikon TS100 倒置显微镜下进行浮游植物的种类鉴定和计数。

水温、盐度、透明度、溶解氧和水深用便携式水质分析仪（YSI6600 - 02，USA）进行现场测定。

（三）数据处理

数据处理和作图均用 Excel、Origin 和 R 软件完成。

二、结果

（一）调查过程与现场描述

据当地渔民反映，截至调查时间，水域球形棕囊藻赤潮持续约两周。由于本次调查采样按自西南向东北方向进行，因此现场观察到的赤潮现象在崖门和虎跳门水域比较严重。据广州海洋环境监测中心告知，11 月 30 日，在崖门和虎跳门进行监测的同时，虎门水域的球形棕囊藻赤潮现象严重。由于八大口门空间跨度较大，而且调查期间伴有降雨影响，待研究人员赶至其他水域时，赤潮已近结束。在崖门和虎跳门水域可明显看到球形棕囊藻球形群体随水流在水体表层呈集群性漂动，其他水域可见零星群体漂浮于水体中，群体颜色呈棕褐色。当地船员和渔民反映，在赤潮发生水域用水洗脸，眼睛有刺痛的感觉。

（二）水环境状况

本次调查的现场水环境数据见表 4 - 1。所调查水域的水深较浅，水体混合均匀，为咸淡水交汇的水域，盐度变动受潮水涨落的影响较大。调查时间正值秋末冬初，水温适中，这与珠江口亚热带气候有关。

表 4 - 1 现场监测水环境数据

站位	水深（m）	水温（℃）	盐度	pH	电导率（μS/m）	溶解氧（mg/L）	透明度（cm）
虎门	5.0	20.21	17.00	7.13	27.63	6.00	46
蕉门	3.5	19.72	11.62	7.68	19.47	8.72	40
洪奇门	4.4	19.92	4.06	7.92	7.56	5.80	55
横门	3.2	19.86	1.11	7.9	2.06	5.94	60
磨刀门	3.2	19.76	12.37	7.7	20.6	7.21	100
鸡啼门	3.8	21.46	12.02	7.67	20.11	6.44	57

（续）

站位	水深（m）	水温（℃）	盐度	pH	电导率（μS/m）	溶解氧（mg/L）	透明度（cm）
虎跳门	4.7	19.86	7.08	7.69	12.27	8.02	60
崖门	6.0	19.04	15.00	7.79	24.6	8.62	115

（三）浮游植物种类组成

调查期间共发现浮游植物（包括变种、变型）6门，57属，118种。其中，硅藻26属67种，占总种数的56.78%；绿藻19属33种，占总种数的27.97%；甲藻4属6种；蓝藻4属5种；裸藻2属5种；金藻2属2种。

（四）浮游植物群落空间分布

调查期间，浮游植物总种群的种类丰富度和浮游植物密度的空间分布均呈现东四口门高于西四口门的趋势（图4-9）。种类丰富度最大值为60种，出现在洪奇门；最小值为20种，出现在虎门。种群密度最大值为 $1.69×10^7$ 个/L，出现在蕉门；最小值为 $3.37×10^4$ 个/L，出现在崖门。

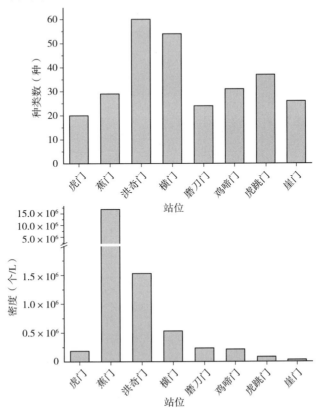

图4-9　浮游植物种类丰富度和浮游植物密度空间分布

（五）球形棕囊藻球形群体分布

调查期间，球形棕囊藻可视群体的直径范围为 0.5～2.5 cm。除横门外，其他调查水域均有球形棕囊藻群体出现。最大值为 6 000 个/m³，出现在崖门，最小值出现在横门，为 0，均值为 1 208 个/m³。镜检结果发现，洪奇门、横门和鸡啼门均未发现球形棕囊藻群体的存在，镜检的最大值出现在蕉门，密度约为 2.0×10⁶ 个/m³，均值约为 675 000 个/m³。崖门和虎跳门的镜检结果与现场观察的结果比较一致，有较大密度的球形棕囊藻群体出现（图 4 - 10）。

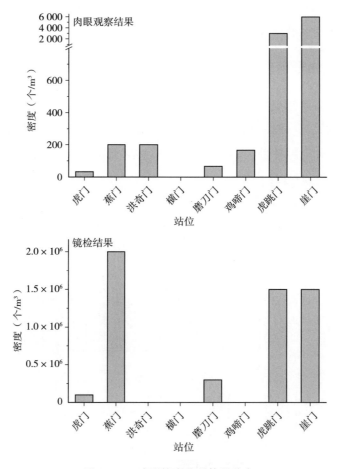

图 4 - 10　球形棕囊藻群体的分布

（六）其他优势种及分布

以在浮游植物总细胞数中所占百分比＞10％为标准划分优势种。调查期间的优势种有骨条藻、颗粒直链藻、新月菱形藻和三星裸藻（表 4 - 2）。其中，骨条藻在调查期间为绝对优势种，颗粒直链藻次之。

表 4-2 其他优势种分布

站位	优势种
虎门	骨条藻属一种 *Skeletonema* sp.，三星裸藻 *Euglena tritella*
蕉门	骨条藻属一种 *Skeletonema* sp.
洪奇门	骨条藻属一种 *Skeletonema* sp.，颗粒直链藻 *Aulacoseira granulata*
横门	骨条藻属一种 *Skeletonema* sp.，颗粒直链藻 *Aulacoseira granulata*
磨刀门	骨条藻属一种 *Skeletonema* sp.，颗粒直链藻 *Aulacoseira granulata*
鸡啼门	新月菱形藻 *Cylindrotheca closterium*
虎跳门	骨条藻属一种 *Skeletonema* sp.，颗粒直链藻 *Aulacoseira granulata*
崖门	骨条藻属一种 *Skeletonema* sp.，颗粒直链藻 *Aulacoseira granulata*

三、球形棕囊藻赤潮与水域环境关系

我国广东沿岸球形棕囊藻赤潮暴发时间一般在每年的 11 月至翌年 2 月，这主要与广东沿海位于亚热带气候区，冬季常出现骤然升温的现象有关。据当地渔民反映，截至调查时间为止，球形棕囊藻赤潮已持续约两周时间。郭瑾等（2007）研究发现，球形棕囊藻细胞进入衰亡期的时间最快只有 8d，最慢可以达到 25d 左右，本次赤潮的持续时间在此范围内。研究表明，温度是球形棕囊藻重要的生长限制因子之一（沈萍萍 等，2000；郭瑾 等，2007）。蒋汉明等（2005）发现，10～25 ℃等鞭金藻的生长随温度的上升明显加快。黄长江等（1999）也认为，厄尔尼诺现象引起的气温升高是导致棕囊藻赤潮暴发的主要原因。根据赤潮持续时间推算，本次球形棕囊藻赤潮的起始时间为 11 月中旬。如图 4-11 所示，广州市气温自 11 月中旬至下旬有一个急速升温的过程，周边城市和水域的温度变化应该有相近的趋势。因此，笔者认为水温急速升高是本次赤潮暴发的最主要原因。Medlin et al（1994）报道，球形棕囊藻易于在条件温和的热带水体中暴发，最适生长温度为 16 ℃，忍受水温范围为－0.6～22 ℃。本次调查的水温变化范围为 19.04～21.46 ℃，均值为 19.99 ℃，略高于最适水温。我国广东东部海域 1997 年暴发球形棕囊藻赤潮时，海域的表层水温为 18～24 ℃（陈菊芳 等，1999），与笔者的结果较为接近。Jahnke and Baumann（1987）的研究也发现，球形棕囊藻在 4～22 ℃时生长较好。

与其他调查水域相比，珠江口球形棕囊藻赤潮的群体密度处于中等水平（表 4-3），这与我们的调查时间处于赤潮发生的后期有关，而且调查站位空间跨度较大，无法做到连续性采样，对结果也有一定的影响。

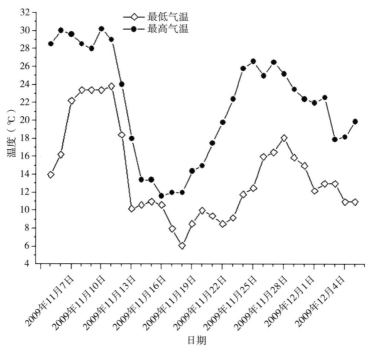

图 4-11 广州市气温变化

表 4-3 与其他水域的比较

地点	调查时间	群体密度（个/m³）	参考文献
德国 East Frisian 沿岸水域	1989 年	38 500 000（最大值）	Rahmel et al，1995
	1991 年	49 000 000（最大值）	
柘林湾	1997 年 12 月 20 日	183 000	蒋汉明 等，2005
南澳岛东南水域	1997 年 12 月 20 日	38 750	
汕头港及南澳岛	2007 年 2—3 月	3 000～5 000	林以安 等，2004
珠江口	2009 年 11 月 30 日至 12 月 2 日	676 208（0～2 000 200）	本研究

　　结果显示，肉眼观察和镜检所反映的球形棕囊藻群体的空间分布是比较一致的。从空间分布上看，溶解氧浓度较高的三个站位蕉门、虎跳门和崖门均出现高密度的球形棕囊藻群体。PCA 分析结果也显示，溶解氧与球形棕囊藻群体密度存在显著的正相关关系，这主要与球形棕囊藻群体光合作用过程中释放氧气有关（图 4-12）。因此，蕉门的溶解氧数值最大，与镜检结果的高密度有关。陈菊芳等（1999）报道我国首次球形棕囊藻赤潮时的溶解氧范围为 7.86～8.36 mg/L，本次调查的溶解氧变化范围为 5.80～8.72 mg/L，略高于其最大值。

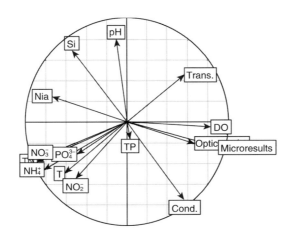

图 4-12 棕囊藻密度与环境因子关系分析

Opticresults. 可视群体密度　Microresults. 镜检群体密度　T. 水温　S. 盐度

pH. 酸碱度　Cond. 电导率　DO. 溶解氧　Trans. 透明度　PO_4^{3-}. 磷酸盐　TP. 总磷

TN. 总氮　NO_3^-. 硝酸盐氮，NO_2^-. 亚硝酸盐氮　NH_4^+. 氨氮　Nia. 非离子氨　Si. 硅酸盐

调查期间浮游植物种群的种类丰富度和密度均呈现东四口门高于西四口门的趋势，主要有以下两点原因：①东四口门靠近广州、东莞等工业发达、人口密集的城市，生产和生活的污水、废水排放导致了东四口门水体的富营养化程度远高于西四口门，而营养盐是决定浮游植物空间分布的一个重要因素；②从本次赤潮发生来看，西四口门水域比东四口门严重，由于在营养、溶解氧等生存要素方面的竞争，浮游植物的种群密度势必会受到影响。此外，受此次球形棕囊藻赤潮影响较小的洪奇门和横门的浮游植物种类数和总密度均较高，受影响较大的虎跳门和崖门的种群密度最低。据广州海洋环境监测中心现场观察，11 月 30 日，虎门水域球形棕囊藻群体密度较大。而当 12 月 2 日笔者赶至虎门水域时，赤潮几近结束，偶尔见零星球形棕囊藻群体，这可能与调查期间降雨天气有关。虎门水域的浮游植物种类数和密度均较低与之前赤潮现象较严重有关。

以往的研究发现，棕囊藻赤潮期间的伴随种主要为大型硅藻（如中华盒形藻、笔尖形根管藻等）和成链硅藻（如拟菱形藻、海链藻等）（Hansen et al，1991；徐宁 等，2003）。本次棕囊藻赤潮期间的优势种主要为链状的颗粒直链藻和骨条藻，此外个体较长的新月菱形藻在个别站位也形成较大优势，最高可达总密度的 63.28%。Rahmel et al（1995）对德国 East Frisian 沿岸水域的调查发现，棕囊藻赤潮期间的优势种中存在骨条藻；Davidson and Marchant（1992）对南极沿岸水域的调查发现，新月菱形藻可在棕囊藻赤潮期间达到最大密度，这与本研究结果较为相近。

第五章
珠江河口
浮游动物

第一节　河口浮游动物研究进展

一、河口浮游动物特征

河口是陆海相互作用的集中地带，物理、化学、生物和地质过程耦合多变，演变机制复杂，生态环境敏感脆弱。在河口生态系统中，浮游动物是一类重要生物类群，它是水生生物食物链的重要环节，其种类组成、数量的时空变化及其对浮游植物的摄食都对河口生态系统结构、功能运转，渔业资源和环境产生影响（杨宇峰 等，2006）。

由于径流和潮流的交汇作用，河口浮游动物既有淡水和海水种类，又有河口特有的半咸水种类，从而形成了一个复杂多变的生物群落，其种类组成在很大程度上取决于两股水流的强弱。径流增强，淡水种类随之增多；反之，潮流增强，海水种类就占优势。通常情况下，半咸水种类在河口浮游动物群落中占主要地位（郑重，1982）。

近年来，国内外学者在河口浮游动物生态学领域开展了许多卓有成效的工作。研究领域除种类组成、丰度和时空分布，还涉及食物链、生产力、能量流动、物质循环等，为河口生态系统研究奠定了基础，也极大地促进了浮游动物生态学的发展。

国外学者对不同类型河口的浮游动物群落进行了科学研究，取得了较为丰硕的研究成果。澳大利亚 Swan 河口和墨西哥 Bahia Magdalena 河口桡足类是浮游动物的主要优势种（Ricardo and Jaime，1996；Swadling and Bayly，1997）。南非的大部分河口永久性浮游动物的优势种是桡足类和糠虾，暂时性浮游动物中大部分种类是底栖无脊椎动物的幼体（Wooldridge，1999）。在美国 Mount Hope 湾和东北部的 Peconic 河口湾采样后分析发现，桡足类无节幼体是浮游动物的优势种类（Toner，1981；Turner，1982）。对法国吉伦特河口（Gironde estuary）浑浊度较大区域浮游动物群落结构长达 18 年的调查研究发现，桡足类为主要优势种，纺锤水蚤和糠虾在河口下游段达到较高密度（David et al，2005）。对法国塞纳河口（Seine estuary）的研究发现，这是一个中等潮汐的河口，影响该河口浮游动物水平分布的主要因素为盐度。海洋种 *Temora longicornis* 和藤壶幼虫（Barnacle larvae）分布在河口最外面，低盐区主要由近亲真宽水蚤（*Eurytemora affinis*）组成，中间的混合区域则是主要由近海种纺锤水蚤和近亲真宽水蚤组成。其中，近亲真宽水蚤全年丰度均较高，高峰出现在冬末春初，在初夏数量开始下降（Mouny and Dauvin，2002）。在 Kaw 河口，丰水期时浮游动物为淡水种，其中轮虫和枝角类占优势；枯水期阶段，浮游动物丰度达到较高水平，其中桡足类占优势（Hoai，

2006)。在德国的 Ems-Dollard 河口，浮游动物种类数较少，主要由桡足类（Calanoid）组成。根据各个种类分布的盐度不同，调查水域种类组成分成三个部分：区域Ⅰ盐度小于 20，主要由近亲真宽水蚤和汤氏纺锤水蚤（*Acartia tonsa*）组成；区域Ⅱ盐度为 20～28，双刺纺锤水蚤（*Acartia bifilosa*）为冬、春季的主要优势种；在区域Ⅲ盐度大于 28 的水域，没有明显的优势种。此外，浮游动物物种组成相对百分比的季节变化显著，在区域Ⅰ，碎屑食性的近亲真宽水蚤是冬季绝对的优势种。夏季，在盐度大于 10 的水域，近亲真宽水蚤被汤氏纺锤水蚤取代。在区域Ⅱ，春、夏季双刺纺锤水蚤和汤氏纺锤水蚤的更替明显。在区域Ⅲ，优势种没有显著的更替，全年的丰度均较高。从区域Ⅰ到区域Ⅲ，物理因素的变化变小，或者说是环境的稳定性越来越高，这在浮游动物的多样性上也有所反映（Baretta，1977）。日本有明湾河口的低盐区（最大浑浊带附近）和高盐区分布着完全不同的浮游动物群落。在低盐区主要是由中华哲水蚤构成，该种能够以碎屑为食，四季均为该水域的优势种。在高盐区，种类组成比较复杂，主要优势种包括 *Oithona davisae*，*Acartia omorii*，小拟哲水蚤（*Paracalanus parvus*）和 *Calanus sinicus*（Islam et al，2005）。对圣劳伦斯河口（St. Lawrence estuary）的研究发现，在不同季节存在不同稳定的类群交互演替（分别是受潮汐影响的淡水、河口和广盐的海洋浮游动物群落），其空间分布是盐度和垂直分层共同作用的结果。也就是，除了绝对盐度，盐度变化对河口浮游动物的分布和种类多样性也起重要作用（Laprise and Dodson，1994）。在南非 Kariega 河口，桡足类为主要优势种，浮游动物生物量在夏季达到最大值，冬季最低（Froneman，2001）。对澳大利亚季节性封闭河口的调查发现，其浮游动物丰度在仲夏期间丰度达到峰值，主要优势种为桡足类，纤毛虫和轮虫次之（Daniel and Ian，1995）。在布里斯托海峡（Bristol channel）和塞汶河口（Severn estuary），浮游动物主要由桡足类组成，在 7 月丰度和生物量达到全年的最大值。根据多元分析，浮游动物可以分为四个不同的类群，分别是河口、近海、广盐海洋和狭盐海洋群落。其代表种分别是近亲真宽水蚤（盐度低于 30），双刺纺锤水蚤（盐度 27～33.5），钩胸刺水蚤（*Centropages hamatus*）（盐度 31～35）和海哥兰哲水蚤（*Calanus helgolandicus*）（盐度大于 33）。盐度是造成这些类群差异的主要因素（Collins and Williams，1981，1982）。

国内河口区域大中型浮游动物的研究以长江口及邻近水域最为典型和全面（李自尚，2012）。1999—2000 年的研究表明，长江口区鉴定出浮游动物 87 种、桡足类 31 种（郭沛涌 等，2003）。由于调查海域面积不同，调查结果也必然存在差异。2006 年夏季，长江口及其邻近海域有浮游动物 322 种（包括 27 类幼体）、桡足类 102 种，相关分析表明盐度是影响浮游动物群落的最重要因子（陈洪举 等，2009）。对浮游动物生物量的变化趋势尚存在争议，王克等（2004）认为长江口 1999 年和 2001 年春季，浮游动物的生物量与 20 世纪 50 年代末期和 80 年代中期相同季节相比有明显增加，这可能反映长江口海区浮游动物的变化趋势。其他有关浮游动物与环境因子关系的研究结果，阐明影响长江口浮游动物主要的环境因子为盐度、温度和叶绿素（Gao et al，2008；朱延忠 等，2011）。更多学者对长江口及其内河段南北支水域浮游动物生态学进行较详细的研究，尤其是关于箭虫、浮游端足类、十足类莹虾和中华假磷虾对全球气候变暖的响应研究（李云 等，2009；周进 等，2009；Ma et al，2009；Gao et al，2011），为长江口浮游动物对气候变化的响应研究打下基础，具有重要科学意义。

另外，关于黄河口、九龙江口等重要河口的浮游动物也做了大量研究。马静（2012）开展了黄河口的调查研究，共发现浮游动物 52 种，其优势种多为桡足类，如小拟哲水蚤、中华哲水蚤和双刺纺锤水蚤，浮游动物的多样性指数在混合水域表现较高。郑重等鉴定了九龙江口浮游动物达 150 多种，其中甲壳动物 85 种，约占 56.7%，其中，桡足类 52 种，枝角类 11 种，糠虾 7 种；水母类 58 种，约占 38.7%（郑重和陈柏云，1982）。九龙江口浮游动物种类数表现为夏季最多，秋季次之，冬季最少，夏、秋季的浮游动物种类为暖水性种类，特别是高盐高温种类（黄加祺，1983）。陈剑分析比较了夏季闽江口和椒江口浮游动物群落结构和数量特征，发现在夏季，闽江口水域浮游动物种类数（37 种）要小于椒江口（43 种）；椒江口浮游动物平均丰度达到 281.17 个/m³，远大于闽江口渔场的平均丰度（110.19 个/m³）；暖温种中华哲水蚤成为椒江口绝对优势种，平均丰度达到 121.19 个/m³，闽江口最大优势种为体形较小的肥胖三角溞（*Evadneter gestina*），丰度仅为 45.63 个/m³（陈剑，2015）。

二、珠江河口的特征

珠江口是中国三大河口之一，地处亚热带，是咸淡水交汇的海域，珠江口受珠江径流、广东沿岸流和外海水的综合影响，生态环境独特、生物组成多样化。

对于珠江河口外水域浮游动物的研究，已有不少报道。李开枝等（2005）根据2002 年 4 月至 2003 年 6 月珠江口 10 个航次的调查资料，分析了丰水期（4—9 月）和枯水期（10 月至翌年 3 月）浮游动物的种类组成、优势种、群落结构、丰度和生物量的时空变化。经鉴定共有终生浮游动物 71 种和阶段性浮游幼虫 7 个类群。刺尾纺锤水蚤（*Acartia spinicauda*）是丰水期和枯水期皆出现的优势种。调查区的浮游动物可划分为河口类群、近岸类群、广布外海类群和广温广盐类群。丰水期浮游动物的平均丰度（1 131 个/m³）高于枯水期（700 个/m³），枯水期浮游动物的平均生物量（382 mg/m³）高于丰水期（203 mg/m³），浮游动物的丰度和生物量呈明显的斑块状分布。盐度是影响浮游动物种类、丰度和生物量分布的主要因素。方宏达等（2009）根据 2005 年 4 月至 2006 年 9 月珠江口 4 个航次 19 个站位的调查资料，分析了春季、夏季和秋季初期浮游动物的种类组成、优势种和个体数量等的时空变化。经鉴定共发现终生浮游动物

226 种和阶段性浮游幼体 5 个类群。优势种中，除了刺尾纺锤水蚤、强额拟哲水蚤
（*Paracalanus crassirostris*）和中华异水蚤等过去常见的优势种外，还出现枝角类和被囊
类的种类；夜光虫（*Noctiluca scintillans*）则是春季的第一优势种。调查海区的浮游动
物可划分为河口类群、近岸类群、大洋类群和广温广盐类群。2006 年浮游动物的平均
个体数量高于 2005 年，春季的平均个体数量高于同年夏季或秋季初期，空间分布则无
明显规律。

第二节　珠江河口浮游动物不同水文期变化特征

一、采样时间、地点及研究方法

（一）采样时间及采样点布设

于 2006 年丰水期、平水期，2007 年枯水期在珠江八个入海口门（虎门、蕉门、洪奇
门、横门、磨刀门、鸡啼门、虎跳门、崖门）分别布设 1 个采样点进行浮游动物的采
样调查。

（二）研究方法

浮游动物采集参照《淡水浮游生物研究方法》（章宗涉和黄祥飞，1995），小型浮游
动物定性样品用 25 号浮游生物网在水面按∞形移动拖取 3～5 min；定量样品于每个采样
点用采水器采集表层水样 1 L，现场加入福尔马林溶液固定（4%体积比）。大型甲壳类浮
游动物定性样品用 13 号浮游生物网，由底至表垂直拖拽得到；定量样品采用 HQM-1 型
有机玻璃采水器，取表层（离水面 0.5 m）和底层（离水底 0.5 m）水样各 5L 混合后用
25 号浮游生物网过滤，并用 5%的甲醛溶液固定，带回实验室镜检。生物量的测定是把同
一长度水平的个体放在已称至恒重的编号薄玻片上，并用滤纸将称重标本吸到没有水痕
的程度，迅速在电子天平上先称其湿重；然后将它们放入烘箱（约 60 ℃）中烘干 24 h，
放入干燥器中自然冷却至室温，最后在电子天平上称其干重。一般称重约 30 个，体长较
小则要称重 100 个以上。

浮游动物的优势度（Y）和生物多样性指数（香农威纳指数 Shannon-Wiener index，
H'）、均匀度指数（J'）采用以下计算公式：

$$Y = f_i n_i / N$$

式中，n_i 为第 i 种的丰度；f_i 是该种在各站位中出现的频率；N 为浮游动物总丰度

（徐兆礼 等，1995）。

$$H' = -\sum_{i=1}^{S}(n_i/N)\log_2(n_i/N)$$

式中，S 为种数；n_i 为第 i 种的个体数；N 为总个体数（Shannon and Weaver，1963）。

$$J' = H'/\log_2 S$$

式中，H' 为生物多样性指数；S 为种数（Pielou，1966）。

二、群落结构分析

（一）浮游动物种类组成

调查期间共鉴定浮游动物 94 种，浮游幼虫 10 类。甲壳动物占绝对优势，共鉴定 49 种，占总种数的 52.13%，其中桡足类 35 种，占总种数的 37.23%；其次为轮虫类，共鉴定 28 种，占总种数的 29.79%。此外，原生动物 6 种，被囊动物和糠虾类各 2 种，多毛类、螺类、水母类和异足类各 1 种，还有 3 种未知种类。

在 3 个水文期采样调查中均出现的浮游动物有 16 种，它们是中华异水蚤、短角异剑水蚤（Apocyclops royi）、指状许水蚤、火腿许水蚤（Schmackeria poplesia）、球状许水蚤（Schmackeria forbesi）、中华哲水蚤（Sinocalanus sinensis）、中华咸水剑水蚤（Halicyclops sinensis）、前节晶囊轮虫（Asplanchna priodonta）、萼花臂尾轮虫（Brachionus calyciflorus）、剪形臂尾轮虫（Brachionus forficula）、柯氏象鼻溞（Bosmina coregoni）、长额象鼻溞（Bosmina longirostris）等。

（二）浮游动物优势种

不同水文期调查浮游动物的优势种，根据每个种的优势度值来确定（郭沛涌 等，2003），优势度值大于 0.02 的种类为 3 次调查的优势种（表 5-1）。

表 5-1 不同水文期珠江口浮游动物优势种

时间	优势种	优势度
	中华异水蚤 Acartiella sinensis	0.224
	萼花臂尾轮虫 Brachionus calyciflorus	0.156
2006 年 8 月丰水期	镰状臂尾轮虫 Brachionus falcatus	0.064
	前节晶囊轮虫 Asplanchna priodonta	0.033
	长额象鼻溞 Bosmina longirostris	0.040

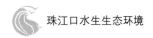

（续）

时间	优势种	优势度
2006 年 11 月平水期	指状许水蚤 Schmackeria inopinus	0.156
	中华窄腹剑水蚤 Limnoithona sinensis	0.042
	中华异水蚤 Acartiella sinensis	0.071
	短尾温剑水蚤 Thermocyclops brevifurcatus	0.019
2007 年 2 月枯水期	中华异水蚤 Acartiella sinensis	0.086
	指状许水蚤 Schmackeria inopinus	0.085
	中华窄腹剑水蚤 Limnoithona sinensis	0.063
	垂饰异足水蚤 Heterocope appendiculata	0.036
	短角异剑水蚤 Apocyclops royi	0.021
	萼花臂尾轮虫 Brachionus calyciflorus	0.075

由表 5-1 可见，各水文期浮游动物优势种大多为桡足类，而且多为河口特有的半咸水种（中国科学院动物研究所甲壳动物研究组，1979），如中华异水蚤、指状许水蚤、中华窄腹剑水蚤等。但在种类组成上，丰水期轮虫类和枝角类也比较丰富，在珠江口浮游动物组成上占有较大比例。

（三）浮游动物种类丰富度的时空分布

如表 5-2 所示，从采样时间看，三个水文期珠江口浮游动物种类丰富度的变化范围为 55～63 种，总值为 94 种。以平水期浮游动物种类最为丰富，其次为丰水期，枯水期种类最少。

在空间分布上，整个调查期间浮游动物种类丰富度的最大值出现在蕉门，为 57 种，其次是洪奇门和鸡啼门，分别为 55 种和 53 种，最低值出现在磨刀门（40 种）。

不同水文期浮游动物的 3 种主要类别种数分布如表 5-3 所示。平水期各采样点桡足类种类普遍较丰富，枯水期各采样点枝角类种类数较低。

表 5-2　三次采样珠江口浮游动物种类丰富度

（单位：种）

时间	采样点								总值
	虎门	蕉门	洪奇门	横门	磨刀门	鸡啼门	虎跳门	崖门	
2006 年 8 月	28	24	20	19	16	20	18	17	57
2006 年 11 月	24	36	33	31	26	29	20	26	63
2007 年 2 月	11	18	28	18	18	23	27	20	55
总值	46	57	55	45	40	53	49	48	94

表 5-3 不同水文期主要浮游动物的种数分布

(单位: 种)

采样点	丰水期			平水期			枯水期			总值
	桡足类	枝角类	轮虫类	桡足类	枝角类	轮虫类	桡足类	枝角类	轮虫类	
虎门	7	6	9	10	5	4	7	0	0	48
蕉门	9	5	4	24	4	4	11	0	2	63
洪奇门	7	2	5	12	8	5	10	2	9	60
横门	6	2	5	13	5	5	7	0	6	49
磨刀门	11	2	2	14	3	3	8	1	2	46
鸡啼门	8	2	4	17	2	4	11	0	6	54
虎跳门	8	2	4	12	1	2	10	0	6	45
崖门	12	1	2	15	2	3	9	1	5	50

(四) 浮游动物密度的时空分布

如图 5-1 所示, 调查期间珠江口浮游动物种群密度的变化范围为 $96.78 \times 10^3 \sim 199.78 \times 10^3$ 个/m³, 均值为 163.13×10^3 个/m³。种群密度最高值出现在枯水期, 最低为丰水期。

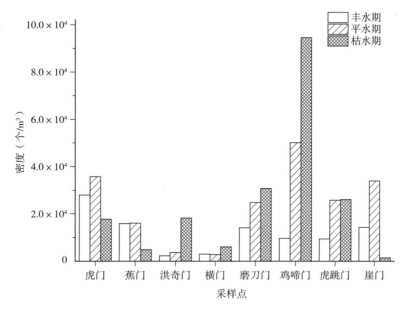

图 5-1 不同水文期各采样点浮游动物的种群密度

在空间分布上, 整个调查期间浮游动物种群密度的最大值出现在鸡啼门, 为 154.45×10^3 个/m³, 其次是虎门, 为 81.49×10^3 个/m³, 最低值出现在横门, 只有 11.84×10^3 个/m³。丰水期时浮游动物种群密度的最大值出现在虎门, 为 28.01×10^3 个/m³,

最低值出现在洪奇门，只有 2.29×10^3 个/m³。平水期浮游动物种群密度的最大值出现在鸡啼门，为 50.08×10^3 个/m³，最低值出现在横门，只有 2.81×10^3 个/m³。枯水期浮游动物种群密度的最大值出现在鸡啼门，为 94.60×10^3 个/m³，最低值出现在崖门，只有 1.43×10^3 个/m³。

（五）浮游动物生物量

调查期间珠江口浮游动物生物量的变化范围为 $0.100\ 4 \sim 0.498\ 5$ mg/L，均值为 $0.364\ 3$ mg/L。生物量最高值出现在枯水期，最低为平水期。

在空间分布上，整个调查期间浮游动物生物量最大值出现在崖门，为 $0.277\ 3$ mg/L，最低值出现在洪奇门，只有 $0.029\ 5$ mg/L。丰水期时浮游动物生物量的最大值出现在磨刀门，为 $0.132\ 9$ mg/L，最低值出现在洪奇门，只有 $0.010\ 0$ mg/L；平水期浮游动物生物量的最大值出现在崖门，为 $0.032\ 6$ mg/L，最低值出现在磨刀门，只有 $0.006\ 3$ mg/L；枯水期浮游动物生物量的最大值出现在崖门，为 $0.132\ 8$ mg/L，最低值出现在洪奇门，只有 $0.012\ 0$ mg/L。

（六）浮游动物物种多样性

采用 Shannon-Wiener 多样性指数（H'）和均匀度指数（J'）分别对珠江口 3 个水文期采样调查的生物多样性指数和均匀度指数进行了计算，结果如表 5-4 所示。

表 5-4 珠江口浮游动物生物多样性指数和均匀度指数

时间	多样性指数								总多样性指数	均匀度指数
	虎门	蕉门	洪奇门	横门	磨刀门	鸡啼门	虎跳门	崖门		
丰水期	3.228 2	3.530 3	3.148 2	3.173 3	2.125 1	3.014 2	2.640 6	2.479 7	2.917 5	0.673 2
平水期	2.906 9	3.295 8	3.585 8	3.579 6	3.522 7	3.321 8	2.584 3	2.591 8	3.173 6	0.660 9
枯水期	2.584 9	3.424 9	2.811 3	1.886 7	2.774 9	2.959 2	3.591 7	3.007 1	2.880 1	0.672 1

从表 5-4 可见，调查期间，珠江口平水期浮游动物的多样性指数高于丰水期和枯水期。

（七）浮游动物生态类群

参见第一章第五节浮游动物 4 个生态类群相关内容。

调查水域浮游动物虽 4 种生态类群共存，但以河口类群居主导地位。淡水种类也有一定的优势，常在内河口受径流冲击较大的区域形成优势。

三、珠江河口浮游动物不同水文期变化特征结论

调查期间共鉴定浮游动物 94 种，甲壳动物占绝对优势，占总种数的 52.13%，其中

桡足类 35 种，占总种数的 37.23%。而郭沛涌等（2003）对长江口的调查结果记录了浮游动物 87 种，在所有浮游动物中桡足类 31 种，占总种数的 35.63%。尹健强等（2004）对三亚湾的调查结果记录了浮游动物 118 种，桡足类占总种数的 42.64%。姜胜等（2002）对柘林湾的调查结果记录了 60 多种，桡足类占总种数的 66.25%。因此，相比国内其他河口海湾而言，珠江口的浮游动物种类多样性处于一个中等水平。种类构成与其他河口海湾相似，桡足类在所有浮游动物中占有优势。

各水文期浮游动物优势种大多为桡足类，以河口特有的半咸水种为主。而且从 3 个不同水文期的采样调查来看，珠江口浮游动物呈现各水文期优势种更替较大的特点。这与李开枝等（2005）在 2002—2003 年对珠江口海域进行的调查结果相似。丰水期珠江口各采样点浮游动物中占绝对优势的基本为中华异水蚤，而在平水期和枯水期珠江口浮游动物中指状许水蚤大量出现，中华异水蚤数量相对降低，个别采样点如鸡啼门平水期的优势种为中华窄腹剑水蚤，洪奇门和横门在枯水期的绝对优势种均为萼花臂尾轮虫。

珠江口 3 个不同水文期采样的调查结果表明，珠江八大入海口门丰水期的浮游动物密度都处于较低水平，平水期的浮游动物密度均处于较高水平，枯水期除虎门、蕉门和崖门浮游动物密度降低之外，洪奇门至虎跳门浮游动物的密度又有所提高。这与尹健强等（2004）和姜胜等（2002）的研究结果不同（从丰水期到枯水期密度下降）。根据亚热带海域浮游动物丰度周年变动的一般规律，浮游动物的夏季低谷是春末夏初对饵料浮游植物的过度消耗，引起夏季饵料供应不足所致（Pan and Rao, 1997；Dippner, 1998）。而大多采样点枯水期的浮游动物密度提高，是由于在枯水期这些采样点萼花臂尾轮虫等轮虫类的大量聚集所致。分析原因可能为在此期间该处水域受到较大污染。据研究，臂尾轮虫属常存在于富营养水体，而异尾轮虫属则几乎是纯寡营养性；萼花臂尾轮虫的生态耐性较强，能适应不同的污染度而生存。枯水期洪奇门至虎跳门萼花臂尾轮虫数量激增，其他臂尾轮虫的数量也较多，反映出这几个口门的水环境在该时期污染严重，水体富营养化水平较高。

调查发现珠江口丰水期和枯水期浮游动物的生物量相当，约为平水期的四倍，这与各种类在不同季节出现密切相关。珠江口浮游动物几大类出现的数量和生物量高峰不尽相同：丰水期大型桡足类占绝对优势，尤其是中华异水蚤的大量出现使珠江口的浮游动物生物量处于一个高峰；平水期虽然物种多样性较高，但群落构成以小型桡足类为主，而且各类幼体的较多出现使平水期珠江口浮游动物生物量处于一个低谷；枯水期出现的轮虫种类多且数量大，形成一个生物量高峰。生物量的高峰则与此时期个体较大的萼花臂尾轮虫数量激增有关。珠江口不同的采样点生物量的变化也大相径庭，这与水域环境的不同有很大关系。其中蕉门、磨刀门、鸡啼门、虎跳门和崖门的生物量处于一个较高水平，原因可能是蕉门陆源物纳污较多，水体有机质丰富，适宜多种浮游动物生活，故而物种多样性也处于较高水平。后四个采样点的较高生物量是由于其位于珠江口西四口

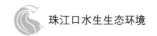

门，由此入海的珠江径流量较大，带来了丰富的供浮游动物生长的饵料之故。

一般情况下，自然界的生物群落往往由较多个体数的个别种类和较少个体数的多样种类组成。但在污染环境下群落中生物种类减少，耐污性种类个体数增多。因此，在受污染的环境中，群落的多样性少，而重复性高。根据多样性指数 1～2 为中等污染，2～3 为轻污染，大于 3 为未污染的标准来判定（沈韫芬 等，1990），丰水期和枯水期珠江口浮游动物多样性指数在 2～3，只有平水期多样性指数＞3，总体来说该水域为轻污染。从各个采样点来讲，只有蕉门在三个水文期的多样性指数均大于 3，表明此采样点在调查期间水域环境保护较好，水体未受较大污染，而其他 7 个采样点在不同水文期水体都有不同程度的污染。

第三节　珠江河口桡足类的季节特征

一、珠江河口桡足类季节特征的研究方法

（一）采样时间及站位布设

于 2007 年 5 月（春季）、8 月（夏季）、11 月（秋季）及 2008 年 2 月（冬季）进行了浮游动物的采样调查。站位布设参考本章第二节。

（二）样本采集及处理方法

参考本章第二节。

（三）数据收集及分析方法

季节更替率（R）的计算公式为：

$$R = m/M$$

式中，m 为两个季节间不相同的物种数；M 为两个季节总物种数。

二、珠江河口桡足类分布特征、优势种及影响因素分析

（一）分布特征

1. 种类组成与季节更替

调查期间共鉴定浮游桡足类 38 种，隶属 3 目 10 科 23 属。春季 25 种，夏季 28 种，

秋季 23 种，冬季 21 种。浮游桡足类从春季到夏季更替率为 56.76%，从夏季到秋季的更替率为 24.14%，从秋季到冬季的更替率为 8.70%，从冬季到春季的更替率为 60.61%。

2. 丰度的季节变化

春季浮游桡足类丰度最高，从图 5-2A 可见，八口门平均丰度达到 79.06 个/L。在虎门出现一个浮游桡足类的高密集区，丰度达到 305.96 个/L。其中，中华窄腹剑水蚤个体密度高达 203.31 个/L，占桡足类总丰度的 66.45%。鸡啼门也出现一个浮游桡足类的密集区，丰度达到 163.67 个/L。蕉门、洪奇门和横门浮游桡足类的丰度都处于较低水平，最低值出现在横门，丰度只有 7.22 个/L。春季浮游桡足类主要以中华窄腹剑水蚤和指状许水蚤为主。

夏季，在虎门和鸡啼门有两个明显的浮游桡足类高密集区出现，如图 5-2B 所示。夏季浮游桡足类在八口门的平面分布与春季相似，除了蕉门浮游桡足类丰度较低（7.41 个/L），其他 5 个口门丰度均在 20.82～64.53 个/L 范围内波动。常见种为中华异水蚤、指状许水蚤、广布中剑水蚤、短角异剑水蚤和中华窄腹剑水蚤等种类。

秋季浮游桡足类丰度低，无明显的密集区出现，丰度的相对高值位于磨刀门和鸡啼门，分别为 33.51 个/L 和 33.81 个/L。在磨刀门，中华异水蚤和指状许水蚤等种类对浮游桡足类总丰度做出了较大贡献，在鸡啼门中华窄腹剑水蚤为主要种类。从图 5-2C 可以看出，珠江口的东四口门从虎门到横门浮游桡足类丰度逐渐降低，在横门达到最低值，丰度只有 1.28 个/L，而西四口门浮游桡足类的丰度相对较高，磨刀门和鸡啼门的丰度水平相近，虎跳门和崖门浮游桡足类的丰度水平相近。

由图 5-2D 可见，冬季八大口门浮游桡足类平面分布和秋季基本一致。浮游桡足类的最高丰度出现在鸡啼门，其值为 28.39 个/L，在横门出现一个低丰度区，丰度值只有 1.47 个/L。常见种为中华异水蚤、指状许水蚤及中华窄腹剑水蚤等种类。

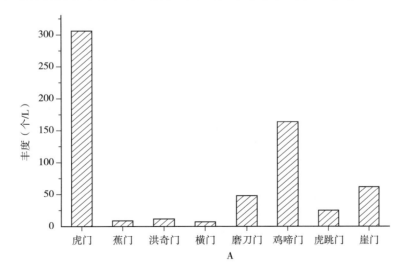

A

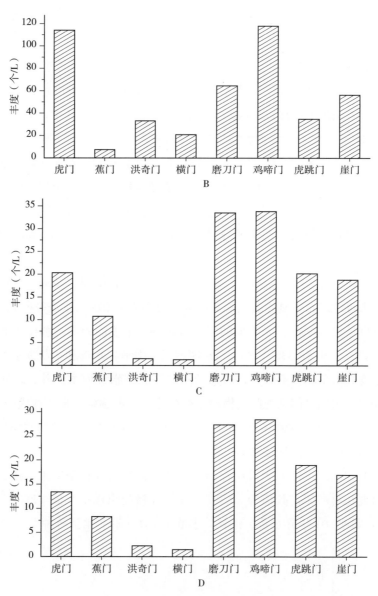

图 5-2 四季各站位浮游桡足类的种群丰度

A. 春季　B. 夏季　C. 秋季　D. 冬季

3. 浮游桡足类种类数、多样性与平均丰度的季节变化关系

如图 5-3 所示，珠江八大入海口门浮游桡足类四季种类数以夏季最高（28 种），春、秋季次之，分别为 25 种和 23 种，冬季最低只有 21 种。四季多样性指数值以夏季最高（2.89），冬季次之。浮游桡足类的平均丰度季节分布趋势与种类及多样性分布大不相同，春季最高（79.06 个/L），从春季至冬季平均丰度逐渐降低，冬季浮游桡足类的平均丰度只有 14.62 个/L。

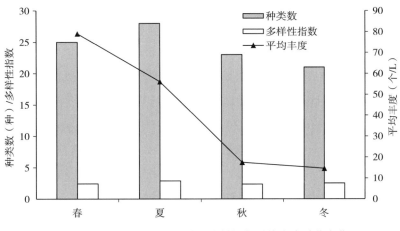

图 5-3　浮游桡足类种类数、多样性与平均丰度季节变化

（二）优势种分析

1. 优势种的季节变化

为明确珠江八大入海口门浮游桡足类的优势种类，将优势度不低于 0.02 的种类定为优势种。对各季节浮游桡足类的优势种进行分析（表 5-5）。结果表明，四个季节共有 7 个种类成为优势种，其中春季优势种为中华异水蚤、垂饰异足水蚤、中华窄腹剑水蚤、指状许水蚤；夏季优势种出现的种类最多，包括中华异水蚤、中华窄腹剑水蚤、指状许水蚤、短角异剑水蚤、广布中剑水蚤及短尾温剑水蚤 6 个种类；秋季优势种类相对较少，只有中华异水蚤、中华窄腹剑水蚤、指状许水蚤、短角异剑水蚤 4 个种类；冬季出现的优势种为中华异水蚤、中华窄腹剑水蚤、指状许水蚤、短角异剑水蚤和广布中剑水蚤。

表 5-5　浮游桡足类优势种的优势度

优势种	优势度			
	春季	夏季	秋季	冬季
中华异水蚤	0.030	0.074	0.133	0.158
垂饰异足水蚤	0.056	—	—	—
中华窄腹剑水蚤	0.159	0.135	0.086	0.095
指状许水蚤	0.048	0.143	0.129	0.118
短角异剑水蚤	0.005	0.040	0.034	0.024
广布中剑水蚤	—	0.024	0.019	0.025
短尾温剑水蚤	—	0.023	—	—

注："—"表示优势度值太小，不列入表中。

2. 优势种生态特征的季节变化

由表 5-6 可见，珠江八大入海口各个季节的优势种类在该季节均有较高出现率，出现率在 75.0%～100% 范围。其中，中华异水蚤和指状许水蚤作为最常见的浮游桡足种类在四个季节普遍出现，平均丰度值在 3.31～14.87 个/L。春季，中华窄腹剑水蚤有较高的聚集强度，平均丰度达到 35.26 个/L，对该季节浮游桡足类总平均丰度的贡献最大（占春季浮游桡足类总平均丰度百分比为 21.17%）。夏季，指状许水蚤占有较大优势，平均丰度值为 14.87 个/L，中华窄腹剑水蚤次之。秋季，该季节没有非常明显的优势种类，只有中华异水蚤和指状许水蚤丰度较高，平均值分别为 5.82 个/L 和 4.30 个/L。冬季和秋季的情况相似，种类数相对于春、夏两季较少，优势种群不突出，也无明显聚集现象。

表 5-6　浮游桡足类优势种的平均丰度、总平均丰度百分比和出现率

优势种	春季			夏季			秋季			冬季		
	$\bar{X}$	P	O	$\bar{X}$	P	O	$\bar{X}$	P	O	$\bar{X}$	P	O
中华异水蚤	4.97	3.48	87.5	7.68	7.39	100	5.82	15.24	87.5	4.43	15.81	100
垂饰异足水蚤	7.04	5.64	100	0.51	0.06	12.5	—	—	—	—	—	—
中华窄腹剑水蚤	35.26	21.17	75.0	14.02	13.48	100	3.76	9.86	87.5	3.47	10.84	87.5
指状许水蚤	7.81	5.47	87.5	14.87	14.30	100	4.30	12.87	100	3.31	11.80	100
短角异剑水蚤	2.32	0.93	50.0	4.19	4.03	100	1.47	3.84	87.5	0.86	2.70	87.5
广布中剑水蚤	0.64	0.19	37.5	3.20	2.70	87.5	0.65	1.95	100	0.91	2.86	87.5
短尾温剑水蚤	1.99	0.20	12.5	2.42	2.33	100	—	—	—	—	—	—

注：$\bar{X}$ 表示平均丰度，P 表示总平均丰度百分比，O 表示出现率。

（三）环境因子对浮游桡足类的影响

为研究珠江八大入海口门不同环境因子对浮游桡足类分布的影响，将浮游桡足类丰度与水温、pH、盐度、磷酸盐、总磷、总氮、高锰酸盐指数、硅酸盐、叶绿素 a 等水环境监测指标及浮游植物密度进行相关性分析，结果见表 5-7。

表 5-7　浮游桡足类与环境因子的相关分析

环境因子	浮游桡足类丰度			
	春季	夏季	秋季	冬季
水温	0.502	-0.067	0.072	0.248
透明度	-0.130	-0.633	-0.205	-0.205
盐度	0.521	0.605	0.315	0.500
pH	-0.275	0.348	-0.509	0.296

（续）

环境因子	浮游桡足类丰度			
	春季	夏季	秋季	冬季
溶解氧	−0.485	0.711*	−0.436	0.253
磷酸盐	−0.468	0.594	0.391	−0.574
总磷	−0.081	0.113	0.090	−0.548
总氮	−0.566	0.355	0.092	0.319
硝酸盐氮	−0.158	0.217	−0.343	−0.487
亚硝酸盐氮	0.174	−0.147	−0.047	−0.085
氨氮	0.540	0.549	0.094	0.336
高锰酸盐指数	0.902**	0.630	−0.251	0.403
硅酸盐	0.383	0.074	−0.707*	−0.396
叶绿素 a	0.036	0.327	−0.624	0.581
浮游植物密度	0.366	0.385	0.270	−0.457

注：* 表示显著水平（$P<0.05$），** 表示极显著水平（$P<0.01$）。

通过相关性分析，发现春、夏、秋、冬四个季节里对浮游桡足类的分布影响显著的环境因子存在一定差异。春季，高锰酸盐指数（COD_{Mn}）与浮游桡足类丰度呈极显著的正相关关系（$P<0.01$）；夏季，溶解氧与浮游桡足类丰度呈显著的正相关关系（$P<0.05$）；秋季，浮游桡足类分布和硅酸盐呈显著的负相关关系（$P<0.05$）；冬季则没有对浮游桡足类分布影响显著的环境因子。

三、水环境因子对浮游桡足类生态特征的影响探讨

（一）珠江八大入海口水环境因子对浮游桡足类的影响

春季，对珠江八大入海口门浮游桡足类分布影响极为显著的环境因子为高锰酸盐指数（COD_{Mn}）。高锰酸盐指数常被作为水体受还原性有机和无机物质污染程度的综合指标，能够指示水体受污染的程度。珠江八大入海口，以虎门尤为显著，由于口门周边陆域排放有机污染物质过多，导致水体有机污染严重，中华窄腹剑水蚤等较为耐污的浮游桡足类的数量激增，致使浮游桡足类的总丰度较高。

夏季，在珠江八大入海口门水域，对浮游桡足类的分布影响显著的环境因子为溶解氧。因为本研究水域属于亚热带，夏季水温处于较高水平，八口门平均水温达到28.6 ℃，水温高则氧含量低，使得溶解氧含量成为影响浮游动物生态分布的重要环境因素。据纪焕红等（2006）的研究结果，长江口的浮游动物分布与溶解氧也呈明显相关性。与本研

究结果较为一致。

秋季，对浮游桡足类的分布影响显著的环境因子为硅酸盐，它们之间的相关性是通过浮游藻类的间接作用实现的。营养盐硅决定浮游植物生长的生理特征和其集群结构的改变过程，浮游植物又会通过水生食物链对浮游动物产生影响，所以硅酸盐必然影响浮游桡足类的生态分布。

冬季，从相关性分析结果来看，没有对浮游桡足类分布影响显著的环境因子。这可能是由于冬季本研究水域的水环境条件较为稳定，没有影响浮游桡足类生态分布的限制因子。

（二）浮游桡足类生态特征及与外海水域的比较

1. 种数特征

本研究共发现浮游桡足类 38 种，隶属 10 科 23 属。据李开枝等（2007）的研究表明，靠近珠江河口以及伶仃洋海域的浮游桡足类有 65 种，隶属 16 科 26 属。两相比较，种类数相差较大，这与研究水域的不同有很大关系，本调查点分布在珠江八大入海口，四季的平均盐度值为 2.92，盐度在 0.01～12.2 范围内波动，基本属于淡水控制区。而李开枝等的研究水域平均盐度变化为 27.6～31.9（又可细分为淡水控制区、咸淡水混合区、外海水控制区），与本研究水域在沿外海方向盐度成梯度增加。

盐度是影响浮游桡足类分布的重要因素，不仅影响浮游动物的生长、发育和繁殖，而且也影响种类和数量的时空分布（杨东方，2008）。本研究水域的浮游桡足类种类数要远小于李开枝等的研究结果，印证了郑重等（1986）的关于河口浮游动物种类数随着盐度的降低，逆江河方向有逐渐减少的趋势，反之，愈接近海洋、盐度愈高，种数也愈多的研究结论。本研究显示春季浮游桡足类 25 种，夏季 28 种，秋季 23 种，冬季 21 种。分析可能由于本调查水域四季基本被淡水控制，温度和盐度等环境相对稳定，所以四季种类数相差不大。

2. 种类组成特征

本调查水域浮游桡足类四季优势种为中华异水蚤、指状许水蚤、中华窄腹剑水蚤等种类，基本属于淡水种和典型的河口种。由于受珠江径流的影响减弱，枯水期（秋季和冬季）调查水域的盐度有所升高，但升高的幅度不大，虽有些半咸水种或沿岸种进入内河口，但未形成优势种群。在李开枝等的研究中，随着盐度的增加，淡水控制区（盐度小于 25）的优势种主要由刺尾纺锤水蚤和火腿伪镖水蚤（*Pseudodiaptomus poplesia*）等河口种组成；咸淡水混合区（盐度大于 25 且小于 30）的优势种主要由亚强次真哲水蚤（*Subeucalanus subcrassus*）、小拟哲水蚤和锥形宽水蚤（*Temora turbinata*）等沿岸种组成；外海水控制区（盐度大于 30）为典型的外海种精致真刺水蚤（*Euchaeta concmna*）占优势。在本调查中，盐度对调查水域浮游桡足类种类组成的影响与国外其他河口（Mouny and Dauvin，2002）的研究结果较为一致，并与李开枝等的研究结果相互印证。

3. 丰度特征

本研究水域浮游桡足类的四季平均丰度为 41.83 个/L。由李开枝等（2007）的研究结果可知，其调查水域桡足类的年平均丰度为 118 个/m³，其中咸淡水混合区（165 个/m³）＞淡水控制区（129 个/m³）＞外海水控制区（62 个/m³）。珠江八大入海口浮游桡足类的丰度要远大于李开枝等的研究海域，与淡水浮游桡足类的丰度值水平相当（李共国和虞左明，2002），说明本研究水域具有典型的淡水生态系统特征，这一结果可能与本研究水域的营养盐丰富，环境相对稳定，为一些典型河口种的生长繁殖提供了充足的饵料有关。

近年来，珠江口沿岸经济发展迅速，围海造田、无序采沙、人工排污、人工养殖，越来越多的人为活动正在破坏珠江口水环境，以至于珠江口水域已成为严重污染区。

第四节　珠江河口黄茅海河口区浮游动物群落特征

一、珠江河口黄茅海河口区浮游动物研究方法

（一）采样时间及站位布设

于 2006 年 11 月及 2007 年 2 月、5 月、8 月在黄茅海河口区（113°00′～113°12′E、21°52′～22°13′N）即虎跳门水道和崖门水道各布设 1 个站位，进行了一周年四个航次浮游动物的采样调查。

（二）样本采集及处理方法

浮游动物样品的采集及处理方法参考本章第二节。

在浮游动物样品采集的同时，现场测量环境指标。采样点位置采用 eTrex Venture GPS 定位，水质指标 pH、温度、电导率、溶解氧等使用多参数水质监测仪现场测量。

（三）数据收集及分析方法

Jaccard 相似性系数（$K_{jaccard}$）计算公式为：

$$K_{jaccard} = c / (a + b - c)$$

式中，$K_{jaccard}$ 值为种相似度，a 为样本 A 的物种数，b 为样本 B 的物种数，c 为样本 A

和 B 共有物种种数（张镱锂和张雪梅，1998）。

二、浮游动物群落结构分析

（一）环境影响因子的变化

影响浮游动物分布的因素很多，如温度、盐度、径流、潮流等因子与浮游动物分布的特征关系密切。现将主要的水体理化指标及叶绿素 a 和浮游植物丰度的监测结果列于表 5-8。

表 5-8　两个口门 4 个航次的理化指标

项目	虎跳门		崖门	
	范围	均值	范围	均值
pH	7.26～7.93	7.61	7.30～7.78	7.50
温度（℃）	14.65～28.80	23.20	14.75～29.00	23.45
浊度（nephelometric turbidity unit，NTU）	56.5～143.0	93.0	54.0～159.0	88.7
盐度	0～9.15	2.68	0～9.40	2.94
溶解氧（mg/L）	4.43～9.35	6.17	4.43～9.06	5.98
总磷（mg/L）	0～0.091	0.045	0～0.108	0.062
总氮（mg/L）	1.348～2.930	2.055	1.602～2.662	1.936
叶绿素 a（μg/L）	7.47～41.26	20.05	13.49～38.17	22.24
浮游植物丰度（×10⁶ 个/L）	1.07～2.91	2.01	1.18～3.27	1.99

对水体理化指标及叶绿素 a 和浮游植物丰度的监测结果进行双样本 T 检验发现，各指标在两口门间差异均不显著（各指标 P 值均大于 0.05）。

以上分析可知，由于两口门位置相距较近，生境状况比较相似，两口门的水体理化因子和浮游植物的群落组成没有太大的差异。

（二）浮游动物的物种组成

调查期间共鉴定黄茅海河口浮游动物 50 种，桡足类最多，有 24 种；其次为轮虫类，为 12 种；枝角类和原生动物分别为 5 种；多毛类、异足类、糠虾类和螺类各 1 种。此外，还有桡足类幼虫以及未知种类 2 种。其中，虎跳门共检出 38 种，桡足类和轮虫类各占 39.47% 和 26.32%；崖门共检出 36 种，桡足类和轮虫类各占 50% 和 25%。

由两口门的种相似性系数（$K_{jaccard}=0.57$）可知，虎跳门和崖门的浮游动物群落种类组成有所差异，种相似性程度不高。

在调查过程中发现，中华异水蚤在两个口门的四个航次中均有出现，而中华窄腹剑水蚤、指状许水蚤和短角异剑水蚤等种类及桡足类幼体在两口门也有较大的出现频率。

（三）优势种

调查各口门浮游动物的优势种，根据每个种的优势度值来确定，优势度值不低于0.02的种类为两口门四次调查的优势种（表5-9）。

表5-9　四个航次黄茅海河口浮游动物优势种

采样时间	虎跳门		崖门	
	优势种	优势度	优势种	优势度
2006年11月	指状许水蚤 Schmackeria inopinus	0.036		
	中华异水蚤 Acartiella sinensis	0.031	桡足类幼虫 Copepod larvae	0.299
	桡足类幼体 Copepod larvae	0.141		
2007年2月	棘刺盾纤虫 Aspidisca aculeata	0.032	中华异水蚤 Acartiella sinensis	0.025
	桡足类幼体 Copepod larvae	0.039	棘刺盾纤虫 Aspidisca aculeata	0.027
			桡足类幼虫 Copepod larvae	0.127
2007年5月	桡足类幼体 Copepod larvae	0.605	桡足类幼虫 Copepod larvae	0.395
2007年8月	桡足类幼体 Copepod larvae	0.337	桡足类幼虫 Copepod larvae	0.302

按照优势度不低于0.02来确定优势种。由表5-9可见，在同期采样中，2007年5月和8月，虎跳门和崖门出现的优势类群都为桡足类幼体；在2006年11月和2007年2月，虎跳门和崖门出现的优势种类有所差异。

总体而言，黄茅海河口区浮游动物优势种主要是桡足类的中华异水蚤和指状许水蚤。桡足类幼体在两口门的四个航次中均为优势类群，在个别航次中优势度较大，说明虎跳门和崖门的浮游动物尤其是桡足类在四季均有繁殖。

（四）浮游动物密度、生物量及生物多样性指数的分析

图5-4显示了虎跳门和崖门一周年四个航次浮游动物的密度、生物量和生物多样性指数的具体分布。虽然虎跳门和崖门浮游动物的周年平均密度没有显著性差异，但在采样期四个航次出现的浮游动物密度的变化趋势不同。这可能是由于两口门在不同采样时期水环境因子的细微差异引起的。虎跳门从2006年11月到2007年8月浮游动物密度呈逐渐上升的趋势，在2007年8月浮游动物的密度达到最大值（133.77×10³ 个/m³）；崖门浮游动物密度的变化趋势先是经历了一个降低的过程，在2007年2月，浮游动物密度降到最低谷（1.43×10³ 个/m³），而后又在2007年5月升到最高峰（172.12×10³ 个/m³），在2007年8月，浮游动物的密度略有下降。

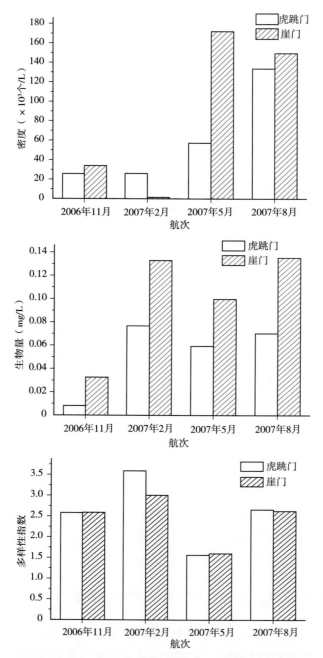

图 5-4　两个口门四个航次浮游动物的密度、生物量和多样性指数的分析

　　虎跳门和崖门在采样四个航次出现的浮游动物生物量大小的变化趋势很相似，都经历了先升后降再升这样一个变化过程，但虎跳门和崖门生物量最大值出现的航次不同。虎跳门生物量最大值出现在 2007 年 2 月 （0.076 7 mg/L），最小值出现在 2006 年 11 月，生物量仅为 0.008 1 mg/L；崖门浮游动物生物量最大值出现在 2007 年 8 月 （0.135 2 mg/L），最小值出现在 2006 年 11 月，生物量为 0.032 6 mg/L。

虎跳门和崖门在采样四个航次出现的浮游动物多样性指数的变化也呈现相似的趋势。两口门的浮游动物多样性指数在四个航次均经历了先升后降再升这样一个变化过程，虎跳门和崖门多样性指数最大值均出现在 2007 年 2 月（H' 值分别为 3.592 和 3.007），最小值均出现在 2007 年 5 月（H' 值分别为 1.563 和 1.601）。

（五）与环境因子的关系

对两口门浮游动物的密度、生物量及多样性指数等指标与水体理化因子进行相关性分析，相关系数列于表 5-10。可以看出，在虎跳门，浮游动物密度与浊度、叶绿素 a 含量在一定程度上具有相关性，生物多样性指数与溶解氧、总磷和总氮较为相关；在崖门，生物多样性指数与总磷在一定程度上具有相关性。

表 5-10　相关系数列表

项目	采样点	相关系数								
		pH	水温	浊度	盐度	溶解氧	总磷	总氮	叶绿素 a 含量	浮游植物密度
密度（$\times 10^3$ 个/m³）	虎跳门	0.388	0.255	0.084	0.459	0.573	0.518	0.541	0.096	0.572
	崖门	0.481	0.100	0.655	0.206	0.155	0.430	0.253	0.426	0.851
生物量（mg/L）	虎跳门	0.149	0.870	0.974	0.639	0.615	1.000	0.870	0.945	0.282
	崖门	0.322	0.899	0.832	0.622	0.705	0.625	0.910	0.816	0.516
多样性指数	虎跳门	0.487	0.256	0.748	0.166	0.091	0.050	0.076	0.905	0.254
	崖门	0.916	0.230	0.884	0.139	0.126	0.061	0.104	0.869	0.577

三、浮游动物群落特征结论

虎跳门和崖门作为黄茅海与珠江水系及潭江水系沟通的水道口门，汇集了潭江的全部径流和西江的部分径流。本研究通过对虎跳门和崖门浮游动物的生态学研究发现，在调查周期内，虎跳门和崖门浮游动物密度、生物量及多样性指数值差异均不显著，群落相似性较大。虽然两口门的水动力条件不同，但两口门间各水文特征指标及水体理化因子却不存在显著性差异，反映了研究水域水动力条件对水环境因子及浮游生物的影响较小。通过对环境因子的分析，可以看出黄茅海水域浮游动物分布与浮游植物密度、水温和溶解氧等的密切关系。

第六章
珠江河口大型底栖动物

第一节　国内外研究进展

河口大型底栖动物（macrobenthos）是指生活在河口水底的表面和沉积物中，营底栖生活的，并且采样分选时能够被 0.5～1 mm 孔径网筛留住的那部分动物（Holme，1971），多为无脊椎动物，主要包括腔肠动物（Coelenterata）、环节动物多毛类（Polychaeta）、软体动物（Mollusca），节肢动物甲壳类（Crustacea）和棘皮动物（Echinodermata）5 个类群。此外，常见的还有纽虫、苔藓虫和底栖鱼类等。底栖动物绝大多数是消费者，为异养型生物，按食性可划分为 5 种类型：浮游生物食性类群，依靠各种过滤器官滤取水体中微小的浮游生物，如许多双壳类、甲壳类（Crustacean）等；植食性类群，主要以维管束植物和海藻为饵料，如某些腹足纲（Gastropoda）、双壳纲和蟹类等；肉食性类群，捕食小型动物和动物幼体，如某些环节动物（Annelida）、十足类动物（Decapoda）等；杂食性类群，依靠皮肤或鳃的表皮，直接吸收溶解在水中的有机物，也可取食植物腐叶和小型双壳类、甲壳类，如某些腹足纲、双壳纲和蟹类等；碎屑食性类群，它们能摄食底表的有机碎屑，吞食沉积物，在消化道内摄取其中的有机物质，如某些线虫、双壳类等（朱晓君和陆健健，2003）。

一、国内外研究概况

河口大型底栖动物形成的庞大复杂的群落体现了河口生态系统的许多特征，具有重要的生态学功能，如群落的稳定性及对环境扰动的反应等。许木启等（2002）认为底栖动物种类多、数量大，并因理化环境与食物等生态因子和营养类型的差异而占据不同的生态位，发挥着不同的生态功能作用，直接或间接地影响其他较低等和较高等生物类群的分布和丰度。大型底栖动物是河口生态系统食物链的重要环节（Masero et al，1999），通过底栖动物的营养关系，水层沉降的有机碎屑得以充分的利用，促进了营养物质的分解，在河口食物网的能量流动和物质循环中起着重要的作用（Rhoads and Young，1970；Day et al，1989）。大型底栖动物也可以通过滤食或将污染物结合在体表来降低水体和沉积物中污染物的浓度（Bayne et al，1985）。底栖动物的潜穴、爬行、觅食、避敌等活动都能改变沉积物结构（Dahanayakar and Wijeyaratne，2006），甚至可以使层理变形或断裂以致移位（袁兴中和何文珊，1999），底栖生物的生物扰动作用和底质再沉降已是底栖生态学和沉积动力学研究的主要内容（李新正 等，2010）。例如，Ford et al（1999）发现幽灵虾 *Neocallichirus limosus* 和 *Biffarius arenosus* 以及心形海胆（*Echinocardium cordatum*）的掘穴行为对底-水界面溶解物质的转移起着重要作用。此外，大型底栖动物由于迁移能力有限，容易受各种环境条件的影响。敏感种和耐污种因此常被称为"水下哨兵"，能长期监测有机污染物慢性排放（刘建康，1999），可以根据其群落特征的变化了解周围环境的动态变化。这一特性被广泛地运用于河口和近岸海域的环境监测研究中（Ponti and Abbiati，2004；Munari and Mistri，2008）。

与国外对底栖生物的研究相比，我国起步较晚。20世纪20年代，我国的海洋科技工作者曾先后对北戴河、烟台、青岛、厦门、中国香港和海南等沿海潮间带进行调查，发表一些调查报告及研究论文。1957年，我国第一艘海洋科学考察船"金星号"服役，揭开了我国海洋底栖生物研究的大幕。自该船服役以来，先后参加1958—1959年中国近海海洋普查和1959—1962年南海北部湾海洋综合调查，获得了大量的生物标本和水文数据。进入20世纪70年代，我国对东海大陆架进行了全面、综合的调查，积累了大量的多学科基本资料；1980—1985年，我国在全国开展了海岸带和滩涂综合资源调查；1989—1993年，开展了全国海岛资源调查；1997—2000年，开展了大陆架专项调查。此外，我国于1980—1982年以及1985—1987年分别与美国合作，对长江和黄河的河口三角洲及邻近海域进行联合调查。2005年，我国启动了近海海洋综合评价调查（908专项）。近年来，"东、黄海生态系统动力学与生物资源可持续利用""中国近海水母暴发的关键过程、机理及生态环境效应"与"中国近海海洋综合调查与评价"等有关黄、东海的国家重点基础研究发展计划项目均将大型底栖生物生态学调查列为重要内容，旨在探索底栖生物生态学变化机理，进而全面深入研究我国近海海洋生态系统和环境变化的机制。另外，由我国自主研发的大型海洋科学考察船"大洋1号"和"科学号"的运行，标志着大型底栖生物研究由浅海走向大洋，深海底栖生物研究由此揭开了新的篇章。

二、主要研究内容

我国大型底栖生物的研究从沿海潮间带开始，主要研究内容涉及潮间带动物区系、底栖动物种类组成及分布（古丽亚诺娃 等，1958；张玺 等，1963；刘瑞玉和徐凤山，1963）。20世纪70年代至今，潮间带、河口和近海大型底栖生物的种群和群落生态学研究在我国广泛开展，不同海域大型底栖动物的分布、生境划分及动物区系研究较为详细，海洋科技工作者基本掌握我国近海大型底栖生物种类、分布和资源利用状况。在渤海，吴耀泉和张宝琳（1990）对经济无脊椎动物的生态特点进行研究，孙道元和刘银诚（1991）分析了渤海底栖生物种类组成和数量分布，于子山和张志南（2001）则对渤海大型底栖动物次级生产力进行了研究，韩洁和张于（2001，2003，2004）分别对渤海大型底栖生物现存量的数量特征、物种多样性以及群落结构进行了综合的研究。近年来，Zhou et al（2007）、刘录三等（2008）、王瑜等（2010）、冯剑丰等（2012）对渤海和渤海周边的河口及港湾的底栖生物群落结构及其与环境因子间的相互关系进行研究，为渤海生态环境监测和生物多样性研究提供了大量的基础资料。

珠江口是我国近海海洋经济社会活动和海洋科学研究的重要海域。近年来，一些学者对珠江口大型底栖动物群落生态特征研究较多（彭松耀　等，2010；张敬怀，2014）。这些研究内容多集中在群落特征、时空分布、群落结构、群落与环境、次级生产力、功能摄食类群、河口环境评价等方面，但是缺乏在连续性时空尺度上对底栖动物进行生态学研究。近年来，珠江口受人类胁迫较大，大型底栖动物作为河口生态系统的重要环节，其时空上的演变过程是对海洋环境长期变化的动态响应，且与珠江口渔业资源及生态环境有着直接或间接的联系。因而，综合分析珠江口底栖动物的群落特征及其与环境之间的相互关系，阐明珠江口大型底栖动物群落时空上的演变机理尤为必要。

国外底栖动物的研究始于动物分类学，著名的分类学家林奈对多种底栖动物进行描述。1872 年英国"挑战者"号进行环球调查，通过 4 年环球航行，该船获得大量的海洋底栖生物标本，让人们对海洋底栖生物有了直观的了解。此后，欧美各国相继展开大规模的海洋科学考察研究。与此同时，一批以海洋生物为研究对象的科研院所逐步建立，其中以英国的普利茅斯大学海洋研究所、美国伍兹霍尔海洋研究所较著名，它们的成立积极推动了海洋底栖生物研究的发展。

三、生物多样性指数及其延伸研究

自 1913 年皮特森采泥器问世，大型底栖动物进入了定量研究阶段，世界不同海域大型底栖动物的物种组成、数量分布和现存量等数量特征得以研究（Petersen，1913；Thorson，1957）。近年来，底栖生物采样工具不断更新，深海采样成为现实，且所获取沉积物受扰动更小，有利于进行底栖生物和沉积环境之间的关系研究。进入 20 世纪 70 年代，香农威纳指数（Shannon-Wiener index）（Shannon and Wiener，1949）被广泛运用于海洋底栖生物的研究，不同海域底栖生物多样性进行比较成为了现实。多样性指数反映了不同群落结构的特征，并且也被用于环境监测，不同的多样性数值范围可以有效指示群落生态状况（Molvær et al，1997）。此外，辛普森指数（Simpson，1949）、Margalef指数（Margalef，1958）和 Pielou 物种均匀度指数（Pielou，1966）等均被广泛运用于海洋底栖动物多样性的研究，并且对海洋生态健康状况进行评价。Hiddink et al（2008）指出生物多样性影响生态系统对环境变化的响应能力，并且巩固、支撑生态系统的功能，为人类社会提供物资及服务，如营养物质循环、供应食物及净化水环境。

传统的多样性指数计算均基于物种数和物种相对丰度，容易受到采样状况、栖息地及生物气候的影响（Magurran，1988；Gaston，1996；Gamitio，2011；Milošević et al，

2012）。分类多样性则弱化了物种丰富度以及采样工作影响。一些学者指出香农威纳指数等并不能表征物种的功能、物种间分类和系统发生的差异，因而有必要将物种间的差异纳入多样性的分析（Purvis and Hector，2000；Shimatani，2001；Petchey and Gaston，2002；Mason et al，2003；Mouillot et al，2005b）。1995 年 Warwick and Clarke（1995，1998），Clarke and Warwick（1998a，1999，2001）提出了分类多样性的概念（taxonomic diversity），将物种间的差异以权重（weighted）的形式进行衡量。一些研究者表示分类多样性指数并不依赖样本大小，能够准确反映环境状况（Rogers et al，1999；Clarke and Warwick，2001；Warwick et al，2002；Warwick and Light，2002）。Warwick and Clarke（1998）认为分类及功能结构与生物群落密切相关。Raut et al（2005）对印度科钦湾大型底栖动物进行历史对比研究（将 1958—1963 年的数据与 1995—1996 年数据进行对比），发现尽管群落结构发生了改变，且一些早期的物种被取代，但时间跨度上底栖生物分类多样性依然稳定。Mouillot et al（2005a）使用分类多样性指数对法国 Languedoc-Roussillon 区域 3 个潟湖的底栖动物进行研究，发现分类差异变异指数（variation in taxonomic distinctness）能有效指示潟湖的富营养化程度。大尺度上，Ellingsen et al（2005）使用平均分类差异指数（average taxonomic distinctness）分析挪威大陆架底栖生物的多样性，研究发现软体动物门分类多样性的格局与其他 2 个优势门类截然不同，不同门类分类多样性是对不同环境梯度的响应。Wildsmith et al（2009）则运用分类差异性指数（taxonomic distinctness）对 Peel-harvey 河口底栖生物进行研究，发现受富营养化影响，大型底栖生物物种组成发生明显变化，甲壳类物种和丰度趋于减少，而多毛类则呈相反的变化趋势。Arvanitidis et al（2009）基于 McroBen database，运用平均分类差异指数和分类差异变异指数评估底栖生物群落数据在欧洲海域生物地理学及生态管理上的使用效果。Renaud et al（2009）也进行了类似大尺度的研究。Brewin et al（2009）则研究海底山十足类和腹足类的分类多样性，旨在分析海底山时空尺度上海洋保留效应（oceanographic retention）。Warwick and Somerfield（2010）运用分类多样性指数预测潮汐坝对 Severn 河口大型底栖动物的结构和功能的影响，发现潮汐坝上游区域物种的多样性较高，原因是潮汐坝减弱了潮水对潮间带的影响。Bevilacqua et al（2011）认为人类的扰动并不是影响底栖生物群落分类多样性的唯一因素，生境的差异也是主要影响因素之一，并且指出分类多样性指数在指示近岸岩相潮间带生态状况时敏感度较低。分类多样性指数也被用于 β 多样性的研究，Izsak and Price（2001）基于分类多样性指数提出了分类类似性指数（taxonomic similarity index）用于空间尺度上多样性的研究。近年来，García-Arberas and Rallo（2002）以及 Gamito and Furtado（2009）从底栖生物功能角度出发，基于 Pearson and Rosenberg（1978）对底栖生物功能群的划分，提出食性多样性（feeding diversity）的概念，并且运用均匀度指数的计算公式来计算，以评价环境和底栖生物功能群之间的相互关系（Gamito et al，2011）。除了物种多样性，生境的多样性也是生物多样性的重要内容，目前生物多样性的研究多集中在 α 和 γ 多样性的研究（Soininen et al，2007），β 多样性则被忽略（Gray，2000）。β 多样性有助于理解生态系统形成和演化的过程（Velland，2010），尤其在理解大尺度上群落的交汇方面（Thrush et al，2010）作用显著，并且能反映沿生物地理区梯度上的环境变异（Ellingsen and Gray，2002）和评估生态系统均化过程与人类活动的相关性（Balata et al，2007；Bevilacqua et al，2012）。近年来，由于远洋科学考察船和深潜器的运用，深海底栖生物多样性引起了广大学者的关注。深海生物 β 多样性被认为是空间上物种沿垂直梯度 Carney（2005）和水平梯度（Mc-Clain et al，2012a）进行的更替。Brault et al（2012，2013）对北大西洋深海底栖动物 β 多样性进行研究，发现物种替代多发生在大陆架陡峭的边缘，新腹足目动物和双壳类软体动物的分布均受饵料和水深的限制。目前，有关底栖生物多样性的研究还有很多，主要集中在多样性的测度、人类活动及环境与生物多样性的关系研究、入侵种对生物多样性的影响研究（Buschbaum et al，2012）方面；宏观上则是全球气候变化对底栖生物多样性的研究，如海洋酸化（Kenchington and Hutchings，2012）、厄尔尼诺现象（Levin and Sibuet，2012）等对生物多样性的影响。区域上，深海底栖生物多样性研究将成为热点。

四、群落结构及其与环境因子的相互关系研究

近年来，群落结构及其与环境因子的相互关系研究成为大型底栖动物常规性的研究。多种多元统计方法的引入让群落结构的定量研究更为深入，进而更好地解析大型底栖动物物种间以及与环境间的相互关系。其中，最常见的方法是排序，指把一个地区内所调查的群落样地，按照相似度（similarity）来排定各样地的位序，从而分析各样地之间及其与生境之间的相互关系。采用坐标轴的属性，群落排序分为直接排序和间接排序：①以环境因素的改变为轴，可称之为直接排序，②以群落本身的组成改变为轴排序，称间接排序。当以环境因素为轴时，分析环境梯度对群落组成的影响；当以群落组成为轴时，其结果阐明群落组成在相似性基础上的空间排列。排序最早运用于陆生植物的研究，20世纪70年代以后被引入海洋生态学的研究，常见的研究方法有主成分分析、主坐标分析（principal coordinate analysis，PCoA）、典型对应分析（canonical correspondence analysis，CCA）、非度量多维度排序（non-metric multidimensional scaling，NMDS）以及聚类分析（Cluster）。Jackson（1993）较为系统地介绍了底栖动物群落数据的处理以及多元统计分析方法（排序方法）的适用性，他认为数据经标准化以后，Bray-Curtis 距离建立的物种相似性矩阵要优于欧式距离；对应分析（correspondence analysis，CA）不受数据标准化的影响。

近年来，多元统计分析广泛运用于底栖动物群落结构研究。例如，Selleslagh et al（2012）综合运用聚类和典型对应分析对法国 Canche、Authie and Somme 大型底栖动物

群落进行研究，聚类分析表明这 3 个河口底栖动物群落相似性较高，典型对应分析则表明盐度和沉积物类型是影响群落结构的主要环境因素。Schlacher et al（2011）运用了多元方差分析和生物环境分析方法研究溢油事故对澳大利亚东南热带沙滩底栖生物群落的影响。Botter-Carvalho et al（2011）运用多变量的统计方法研究河口低氧区发生时的底栖动物群落恢复状况，结果表明，群落恢复至少需要 5 个月的时间，并且群落恢复的速度与水深成反比。Dolbeth et al（2011）运用排序研究了多重胁迫下河口大型底栖动物次级生产力的变动，并指出气候的变化及富营养化是大型底栖动物次级生产力下降的主要因素。Link et al（2012）运用 PCA 和冗余分析（distance-based redundancy analysis，dbRDA）等方法对北极海域底栖生态系统的功能进行研究，指出预测海域沉积物氧含量和营养物质流的动态时必须要借助长期环境动态监测数据。Kamenev and Nekrasov（2012）将黑龙江河口底栖双壳类数据进行定性［物种质存在/缺失（presence/absence）］和定量转化（物种生物量数据 4 次方根转化）然后运用聚类和排序进行分析，发现该河口被划分为 6 个典型区域，生物环境分析表明水深、水温、底层水盐度和沉积物类型是影响双壳类分布的主要因素；Satheeshkumar and Khan（2012）对印度东南 Pondicherry 盐沼区域软体动物组成和分布也进行过类似的研究，发现沉积物有机质及硫化物含量、溶解氧以及盐度是重要的影响因子。

国外有关底栖生物群落结构以及与环境之间的关系研究还有很多，研究手段也极为相似，尤其是近年来，一些典型生态区域底栖生物群落特征研究受到广泛关注，如河口或海湾的低氧区研究。Baustian et al（2009）认为墨西哥湾低氧区影响底栖生物的物种组成和数量特征，致使导致底栖鱼类的饵料来源发生变化。Seitz et al（2009）发现切萨皮克湾低氧区导致底栖生物大量死亡，较高营养级次级生产力利用率急剧减少，进而影响到整个水域的生产力；Seo et al（2012）在韩国 Gamak 湾夏季低氧发生时也观察到类似的现象。Yoshino et al（2010）对日本 Ariake 湾低氧区底栖动物进行研究，发现引发底栖群落结构变化的主要因素是低氧区发生，而非沉积物有机碳富集；Kodama et al（2012）对东京湾也进行过类似的研究，认为沉积物有机质富集和底层水低溶解氧是影响底栖生物分布的主要因素。Inagaki et al（2012）对日本 Funka 湾底栖动物丰度年际变化进行研究，发现生活寿限较长的物种受低氧发生的影响，其丰度年际间变动不大。Colen et al（2010）则研究了低氧区发生后潮滩底栖动物群落的演替过程，发现频繁的扰动导致群落长期演替存在时滞且分布呈斑块状。Riedel et al（2012）就近岸水域底栖动物对低氧区的耐受性进行研究，发现低氧状况下软体动物、珊瑚虫和海鞘成活率较多毛类、十足类动物和棘皮动物高，底上动物较底内动物、迁移型较固着型底栖动物、捕食者较食泥者和滤食者对低氧的耐受性较弱。Timmermann et al（2012）运用 BALTSEM 模型对波罗的海底栖生物生物量与低氧发生及营养负荷的相关性进行了研究，结果表明营养负荷和低氧发生的减少导致底栖生物量的增加，且有利于底栖鱼类饵料的供应以及生态系统生物地化循环。

五、其他研究方向

近海水母暴发与底栖生物之间的关系研究也是近年海洋生态系统动力学研究的发展方向之一。目前，有关底栖生物群落与水母暴发联系的研究较少，仅有 Roohi et al (2010) 对里海南部 *Mnemiopsis Leidyi* 水母暴发区底栖生物群落的动态进行报道，其研究结果仅表明底栖甲壳动物数量减少而多毛类的数量增多，并没有清晰区分富营养化和水母暴发对底栖生物的影响程度。因而宏观上，水母暴发与底栖生物群落的相互关系研究还需要开展大量工作。

大型底栖动物群落功能研究是目前国外研究的热点之一，主要集中在底栖动物功能摄食类群（营养结构）层面，研究区域多位于近岸、河口和潟湖水域。Chardy and Clavier (1988) 对 New Caledonia 潟湖底栖功能群和生物量进行研究，发现底质类型与功能群的分布密切相关，其中表层食底泥者生物量与沉积物表层 ATP 成正相关关系，暗示食底泥者喜食活性沉积物颗粒（Living particles）。Gaston et al (1988) 发现沉积物和盐度的稳定是 Calcasieu 湖底栖功能群不存在时间格局的主要因素。Desrosiers et al (2000) 认为 St. Lawrence 湾和 Scotian 近岸海域食底泥者为主要优势类群，富营养化水域有机质含量较高是导致这一现象的主要因素。Brown et al (2000) 发现沉积物污染物累积导致底栖功能群多样性减少。Ysebaert et al (2003) 对 Schelde 河口底栖功能群进行研究，发现食底泥者为优势类群，潮间带区域各类群的生物量沿环境呈梯度分布，盐度是影响滤食者分布的主要因素。Pires-Vanin and dos Santos (2004) 发现食底泥者和肉食者是 Ubatuba 湾的优势类群，占物种丰度 81%；沉积物组成是影响功能群分布的主要因素。Carvalho et al (2005) 对 Óbidos 潟湖底栖功能群分布进行研究，发现食底泥者多分布在软底质区域，肉食者则分布在清洁的粗沙底质区域。Asmus and Asmus (2005) 认为滤食者的空间分布受水动力状况和滤食者物种多样性的影响。Gaudêncio and Cabral (2007) 认为盐度、水深和沉积物的组成是 Tagus 河口功能群分布的主要影响因素。

除了功能摄食类群研究，底栖生物生物学特征分析（biological traits analysis，BTA）也被用于海洋底栖生态功能的研究（Statzner et al，1994）。BTA 分析使用群落物种功能参数，如生活史、形态和行为特征。Pearson (2001) 将底栖动物的生态特征具体化，指出底栖生物的食性、运动特征（主要是沉积食性和掘穴行为）能够分解沉积物、增加沉积物溶解氧、使有机碎屑易于渗透，最终加速有机质的分解。其他的生物特征，如环节动物多毛类某些物种构建栖管就被认为是转移沉积物有毒物质的一种有效措施（Aller，1983）。BTA 分析就是根据不同生物学特征底栖类群的数量状况来反映外界胁迫对生态功能的影响（Jennings and Kaiser，1998），是深入了解底栖群落对环境变化响应状况的一

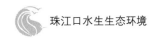

种有效的方式（Wan Hussin et al，2011）。例如，Pacheco（2011）根据不同生物学特征底栖生物的分布状况判断潮下带浅水和深水区域能量的移动方向（上行和下行）。Paganelli et al（2012）运用 BTA 分析研究了意大利 Emilia-Romagna 沿岸底栖生物群落的功能，发现机会种的生物学特征在扰动区域表现明显。BTA 分析能够有效指示不同环境状况下底栖群落的分布，但 BTA 分析前期工作即底栖生物生态特征选择尤为重要，Gayraud et al（2003）提出典型的、有价值的特征参数应为 BTA 分析首选。Bremner et al（2006）也针对这一关键问题进行详细介绍。

底栖动物的栖息密度、生物量、生物多样性及其群落结构的研究是底栖动物生态学的研究基础。河口大型底栖动物作为河口生态系统的重要组成部分，通过长期连续的观测可以更好了解底栖动物群落的结构和功能，可以发现生态系统对外界胁迫因子的响应与反馈机制，可以为全球变化提供数据。国内外的生态学家对不同河口的大型底栖动物的生物学特点、生态功能以及群落结构的演变等都做了大量的研究。关于珠江口的底栖动物的研究已有相关报道（彭松耀 等，2010；张敬怀 等，2014），但是对于珠江八大出海口的大型底栖动物的系统研究则未见报道。本章对珠江口八大出海口于 2008 年 8 月、11 月和 2009 年 2 月、5 月四个季节所采的样品的栖息密度、生物量以及时空变化进行了分析，为进一步研究底栖动物的群落结构和生物多样性打下基础。

第二节　珠江河口大型底栖动物

一、研究区域与站位设置

参见第三章。

二、取样与研究方法

珠江八大出海口地处广东大陆海岸线的中部，濒临南海。本研究在虎门、蕉门、洪奇门、横门、磨刀门、鸡啼门、虎跳门、崖门各设一个采样站，于 2008 年 8 月、11 月和 2009 年 2 月、5 月对大型底栖动物进行调查采样。

每个站位用 1/16 m² 彼得森采泥器重复采样 2 次，计算为一个样品，用孔径为 0.5 mm 的套筛筛选，所获样品用 75％的酒精固定后带回实验室，随后进行种类鉴定、个体计数、称重（使用 0.001 g 精度天平），并对所获数据进行统计分析。

电导率、盐度和水温用便携式水质分析仪（YSI6600 - 02，USA）测定。水深用测深锤测定。于每个采样点采集水样，带回实验室后测定其化学指标，包括总氮、总磷和叶绿素 a 等共计 5 个指标，所有样品分析均按照《海洋调查规范　第 6 部分：海洋生物调查》（GB/T 12763.6—2007）进行。

计算大型底栖动物次级生产力采用 Brey（1990）经验公式，公式如下：

$$\lg P = -0.4 + 1.007\lg B + 0.27\lg W$$

式中，B 为年平均去灰干重（ash free dry mass，AFDM）生物量，单位为 g/m^2；W 为个体年平均去灰干重，单位为 g/m^2；P 为次级年生产力，单位为 $g/(m^2 \cdot a)$。

由于 $W = B/A$。上述计算公式转换为：

$$\lg P = -0.4 + 1.007\lg A + 0.737\lg B$$

2008 年 8 月和 11 月、2009 年 2 月和 5 月分别代表夏季、秋季、冬季和春季，本文将 4 个季节的丰度和生物量平均，计算年平均丰度和年平均生物量。然后应用上述公式逐种计算年平均次级生产力，最后将所有种类的次级生产力相加，得到各站位大型底栖动物群落的年平均次级生产力。上述公式的质量均为去灰干重，大型底栖动物生物量湿重转换为干重的比例采用 5∶1，干重转换为去灰干重的比例采用 10∶9。

大型底栖动物年平均丰度、年平均生物量、次级生产力与环境因子的 Spearman 相关性分析检验在 R 语言环境中完成。

三、结果

（一）珠江口大型底栖动物的种类组成

调查共发现大型底栖动物 34 种，隶属 6 门 7 纲 21 科，其中多毛类最多，13 种，占 38.2%；软体动物 9 种，占 26.5%；节肢动物 5 种，占 14.7%；其他种类 7 种，包括寡毛类、摇蚊幼虫、星虫和鱼类，占总种数的 20.6%（图 6 - 1）。

夏季珠江口共采集到大型底栖动物 22 种，其中多毛类 10 种，占物种总数的 45.45%，是最大的类群；软体动物 5 种，占 22.73%；甲壳类动物 4 种，占 18.18%；其他类群 3 种包括寡毛类、鱼类和摇蚊幼虫，占 13.64%，是最小的类群。

各站出现的底栖动物种类数有较大的差异，出现种类数最多的是鸡啼门，有 16 种；而种类数最小则出现在横门和洪奇门，为 1 种和 2 种。

秋季珠江口共采集到大型底栖动物 21 种，其中多毛类 9 种，占物种总数的 42.86%，是最大的类群；软体动物 6 种，占 28.57%；甲壳类动物和其他类群动物各 3 种，分别占 14.29%，是最小的类群。

各站出现的底栖动物种类数最多的是磨刀门，有 8 种；而种类数最小则出现在虎跳

门，仅1种。

冬季珠江口共采集到大型底栖动物24种，其中多毛类13种，占物种总数的54.17%，是最大的类群；软体动物6种，占25%；甲壳类动物和其他类群动物分别为2种和3种，分别占8.33%和12.5%，是最小的类群。

各站出现的底栖动物种类数最多的是洪奇门，有14种；而种类数最小则出现在蕉门和横门，为3种和4种。

春季珠江口共采集到大型底栖动物25种，其中多毛类12种，占物种总数的48%，是最大的类群；软体动物8种，占32%；甲壳类动物和其他类群动物分别为1种和4种，分别占4%和16%，是最小的类群。

各站出现的底栖动物种类数最多的是鸡啼门，有13种；而种类数最小则出现在蕉门和崖门，各为5种。

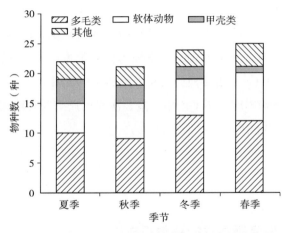

图6-1　珠江口大型底栖动物各类群物种数季节变化

(二) 珠江口大型底栖动物现存量

1. 夏季大型底栖动物现存量

夏季从主要类群的栖息密度组成上看，多毛类的栖息密度最高，为598个/m²，占到总栖息密度的86.29%；甲壳动物和软体动物相差不大，分别为45个/m²和47个/m²，占到总栖息密度的6.49%和6.2%；其他类群则最小，为7个/m²，占1.01%。

在生物量的组成上，软体动物占绝对优势，超过总生物量的一半还多，达2.07 g/m²，占到总生物量的63.13%，第二大类是多毛类，占到25.75%，为0.85 g/m²，甲壳类和其他类群较小，仅占7.08%和4.04%。

从空间尺度来看，夏季各站位物种栖息密度变化范围在96~1 408个/m²，平均693个/m²，最大栖息密度出现在鸡啼门，为1 408个/m²，最小站位是洪奇门，为96个/m²。生物量的变化范围在0.11~7.93 g/m²，平均为3.28 g/m²，生物量最大出现在蕉门，为7.93 g/m²；横门最小，为 0.11 g/m²（图 6 - 2A）。

在主要的类群组成上，多毛类的栖息密度以鸡啼门最大，为 1 328 个/m²，洪奇门最小，为 96 个/m²；多毛类的生物量以蕉门最大，为 2.72 g/m²，横门最小，为 0.11 g/m²。软体动物的栖息密度以蕉门最大，为 128 个/m²，洪奇门和横门最小，均为 0；其生物量则以虎跳门最大，为 3.57 g/m²，洪奇门和横门最小，均为 0。甲壳类栖息密度和生物量以蕉门最大，分别为 312 个/m² 和 1.74 g/m²。其他类群栖息密度和生物量以磨刀门最大，分别为 32 个/m² 和 1.03 g/m²。

2. 秋季大型底栖动物现存量

秋季从主要类群的栖息密度组成上看，多毛类的栖息密度最高，为 245 个/m²，占到总栖息密度的 89.42%；甲壳类和软体动物相差不大，分别为 15 个/m² 和 10 个/m²，占到总栖息密度的 5.47% 和 3.65%；其他类群则最小，为 4 个/m²，占 1.46%。

在生物量的组成上，其他类群最大，达 1.78 g/m²，占到总生物量的 75.82%；第二大类是软体动物，为 0.41 g/m²，占总生物量的 17.69%；多毛类和甲壳类较小，分别为 0.11 g/m² 和 0.03 g/m²，仅占 4.83% 和 1.67%。

从空间尺度来看，秋季各站位物种栖息密度变化范围在 40～840 个/m²，平均 274 个/m²；最大栖息密度出现在鸡啼门，为 840 个/m²，最小站位是虎跳门，为 40 个/m²。生物量的变化范围在 0.03～14.13 g/m²，平均为 2.34 g/m²；生物量最大出现在洪奇门，为 14.13 g/m²，虎跳门最小，为 0.03 g/m²（图 6 - 2B）。

在主要的类群组成上，多毛类的栖息密度以鸡啼门最大，为 816 个/m²，虎跳门最小，为 0；其生物量以蕉门最大，为 0.37 g/m²，虎跳门最小，为 0。软体动物的栖息密度以蕉门最大，为 32 个/m²；其生物量以蕉门最大，为 1.80 g/m²。甲壳类栖息密度以虎跳门最大，为 40 个/m²；其生物量最大为鸡啼门，为 0.17 g/m²。其他类群栖息密度和生物量以洪奇门最大，分别为 24 个/m² 和 13.95 g/m²。

3. 冬季大型底栖动物现存量

冬季从主要类群的栖息密度组成上看，多毛类的栖息密度最高，为 57.6 个/m²，占到总栖息密度的 90.73%；甲壳类和软体动物相差不大，分别为 23 个/m² 和 27 个/m²，占到总栖息密度的 3.61% 和 4.24%；其他类群则最小，为 9 个/m²，占 1.41%。

在生物量的组成上，其他类群动物生物量最大，为 2.29 g/m²，占到总生物量的 60.17%，底栖鱼类的贡献最大；其次是软体动物和多毛类，分别为 0.68 g/m² 和 0.57 g/m²，各占到总生物量的 17.95% 和 14.97%；甲壳类最小，为 0.26 g/m²，仅占 6.91%。

从空间尺度来看，冬季各站位物种栖息密度变化范围在 56～1 304 个/m²，平均 636.75 个/m²；最大栖息密度出现在虎门，为 1 304 个/m²，最小站位是崖门，为 56 个/m²。生物量的变化范围在 0.35～12.8 g/m²，平均为 3.81 g/m²；生物量最大出现在虎跳门，为 12.8 g/m²，横门和崖门最小，为 0.35 g/m²（图 6 - 2C）。

在主要的类群组成上，多毛类的栖息密度以虎门最大，为 1 232 个/m²，崖门最小，为 32 个/m²；多毛类的生物量以鸡啼门最大，为 1.65 g/m²，崖门最小，为 0.02 g/m²。软体动物栖息密度以洪奇门最大，为 96 个/m²；软体动物的生物量以虎跳门最大，为 2.20 g/m²。甲壳类栖息密度和生物量以虎门最大，分别为 56 个/m² 和 0.58 g/m²。其他类群栖息密度以洪奇门最大，为 56 个/m²；生物量则虎跳门最大，为 10.32 g/m²。

4. 春季大型底栖动物现存量

春季从主要类群的栖息密度组成上看，多毛类的栖息密度最高，为 665.5 个/m²，占到总栖息密度的 87.71%；甲壳类和软体动物相差不大，分别为 50 个/m² 和 35.25 个/m²，占到总栖息密度的 6.59% 和 4.65%；其他类群则最小，为 8 个/m²，占 1.05%。

在生物量的组成上，软体动物生物量最大，为 2.73 g/m²，占到总生物量的 54.26%；其次是其他类群动物，为 1.78 g/m²，占到总生物量的 35.48%；多毛类次之，为 0.46 g/m²，占 9.22%；甲壳类最小，为 0.05 g/m²，仅占 1.04%。

从空间尺度来看，春季各站位物种栖息密度变化范围在 152~1516 个/m²，平均为 758.75 个/m²；栖息密度最大出现在横门，为 2 456 个/m²，最小出现在虎跳门，为 152 个/m²。生物量的变化范围为 0.17~20.81 g/m²，平均为 5.03 g/m²；生物量最大出现在磨刀门，为 20.81 g/m²，蕉门最小，为 0.17 g/m²（图 6-2D）。

在主要的类群组成上，多毛类的栖息密度以横门最大，为 2304 个/m²；崖门最小为 8 个/m²；其生物量以鸡啼门最大，为 1.89 g/m²。软体动物的栖息密度以横门最大，为 152 个/m²；其生物量以磨刀门最大，为 20.07 g/m²。甲壳类栖息密度和生物量以洪奇门最大，分别为 144 个/m² 和 0.14 g/m²。其他类群的栖息密度以磨刀门最大，为 40 个/m²；其生物量崖门最大，为 14.27 g/m²。

5. 现存量季节动态

珠江口大型底栖动物的栖息密度以春季最高，为 758.75 个/m²；秋季最低，为 274 个/m²。夏季和冬季的栖息密度分别为 693 个/m² 和 636.75 个/m²。大型底栖动物平均每站生物量以春季最高，为 5.03 g/m²；秋季最低，为 2.34 g/m²。冬季和夏季的生物量分别为 3.81 g/m² 和 3.29 g/m²。

图 6-2 为珠江口各样点大型底栖动物各类群的栖息密度和生物量的季节变化以及分布状况。从图中可以看出在整个调查期间，珠江口大型底栖动物高栖息密度区主要分布在鸡啼门、横门，栖息密度高达 800 个/m² 以上。鸡啼门是由于采到较多的多毛类小头虫（*Capitella capitata*）与寡鳃齿吻沙蚕，而横门则是由于在春季采到较多的奇异稚齿虫。低栖息密度区则出现在秋季的虎门、虎跳门和崖门，其栖息密度低于 70 个/m²。珠江口大型底栖动物的高生物量区出现在春季的磨刀门和崖门，磨刀门是由于采到了较大个体的软体动物双壳类河蚬，而崖门则是由于采到了孔鰕虎鱼。低生物量区则出现在秋季的虎门和虎跳门，其生物量在 0.1 g/m² 以下。

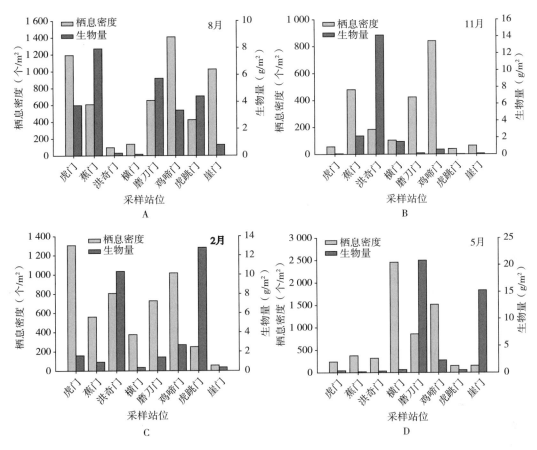

图6-2 珠江口各采样点大型底栖动物栖息密度和生物量的季节变化

A. 夏季 B. 秋季 C. 冬季 D. 春季

（三）功能摄食类群

根据四个季节所调查8个采样站的数据资料，珠江口水域大型底栖动物以食底泥者和肉食者占主要优势，其相对丰度分别为50.6％和43.3％，其次为浮游生物食者和滤食者，相对丰度分别为4.6％和1.3％。杂食者相对丰度最小，仅0.3％。对珠江口各季节大型底栖动物功能摄食类群相对丰度进行分析表明（图6-3），春季和夏季功能摄食类群的相对丰度最大的为食底泥者，分别为57.7％和56.4％；而杂食者未采集到。秋季功能摄食类群的相对丰度表现为肉食者最大，为56.6％；滤食者未采集到。冬季食底泥者的相对丰度最大，为49.1％；杂食者最小，为0.3％。对珠江口各采样站大型底栖动物功能摄食类群相对丰度进行分析发现，占优势地位的肉食者和食底泥者其相对丰度在蕉门和鸡啼门最高，分别为80.9％和65.2％；而浮游生物食者相对丰度最大则出现在横门，占9.77％。

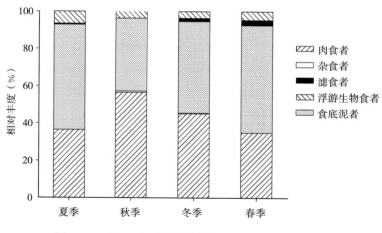

图 6-3 珠江口大型底栖动物功能摄食类群相对丰度

（四）群落的种类多样性

调查期间，研究区群落种类多样性分析结果见表 6-1。从表 6-1 中可以看出调查区内 Shannon-Wiener 多样性指数为 0～2.07，平均值为 1.13。横门和虎跳门的多样性均小于 1，表明这些站的底栖生物群落已处于比较脆弱的状态。调查区多样性指数值最高出现在 2009 年 2 月洪奇门。调查区丰富度指数为 0～1.94，平均值为 0.93；调查区的均匀度指数为 0～0.96，平均值为 0.61。三项指数的空间分布趋势较为一致，低值区要是位于横门，其他区域则没有显著的差异。从各个季节 3 项指数的平均值来看，多样性指数和物种均匀度指数的平均值最高出现在冬季，分别为 1.34 和 0.71；最低则出现在夏季，分别为 0.94 和 0.47。冬季由于水温偏低，采集到的样品种类数不多，但是各物种之间数量比较均衡，所以多样性指数较高。物种丰富度指数的平均值最高出现在冬季，为 1.32；最低则出现在秋季，为 0.70。单因素方差分析表明，珠江口大型底栖动物物种多样性、物种均匀度和物种丰富度指数在不同季节和不同站位之间差异不显著。

表 6-1　珠江口各站大型底栖动物物种多样性 （H'）、物种均匀度 （J'） 和丰富度指数 （D'）

时间	指数	采样站位							
		虎门	蕉门	洪奇门	横门	磨刀门	鸡啼门	虎跳门	崖门
2008 年 8 月	H'	0.54	1.84	0.29	0	1.05	1.53	1.21	0.66
	J'	0.37	0.77	0.41	0	0.51	0.58	0.58	0.41
	D'	0.42	1.56	0.22	0	1.08	1.79	1.16	0.58
2008 年 11 月	H'	0.96	1.22	0.84	1.26	1.22	1.01	0	1.32
	J'	0.87	0.68	0.60	0.79	0.59	0.56	0	0.95
	D'	0.50	0.81	0.58	0.86	1.16	0.74		0.72

（续）

时间	指数	采样站位							
		虎门	蕉门	洪奇门	横门	磨刀门	鸡啼门	虎跳门	崖门
2009 年 2 月	H'	1.10	0.99	2.07	0.44	1.72	1.79	0.85	1.55
	J'	0.57	0.91	0.78	0.32	0.69	0.75	0.53	0.96
	D'	0.84	1.94	1.94	0.51	1.67	1.44	0.73	0.99
2009 年 5 月	H'	1.55	1.05	1.29	0.66	1.36	1.64	1.56	0.94
	J'	0.79	0.65	0.72	0.37	0.70	0.64	0.87	0.59
	D'	1.10	0.67	0.87	0.64	0.89	1.64	1.00	0.79

（五）群落结构聚类分析和群落多维度排序分析

四个季节 8 个取样站群落结构等级聚类树枝见图 6 - 4。图中取样站生物群落的种类组成根据 Bray-Curtis 相似性系数关联起来。由图 6 - 4 可以看出，夏季 8 个群落样本可分为 3 组：A 组包括洪奇门与横门取样站的群落样本，本组群落主要由多毛类组成；B 组则包括虎门、磨刀门、虎跳门和崖门取样站的群落样本，虎跳门和崖门站的种类组成相似性高，首先聚在一起，然后再与虎门和磨刀门站聚在一起，该群落组成中多毛类和软体动物所占比例相对均匀；C 组由于蕉门和鸡啼门站相似性系数低于 50 最后被聚在一起。秋季 8 个群落样本群可分为 3 组：首先 A 组由虎门、蕉门、磨刀门和鸡啼门取样站的群落样本组成，该组群落主要由多毛类组成；B 组仅包括横门站；C 组包括洪奇门、虎跳门和崖门取样站的群落样本。冬季群落则划分为 4 组：A 组包括磨刀门和鸡啼门取样站的群落样本；B 组则包括虎门、蕉门和虎跳门取样站的群落样本；C 组仅有洪奇门站；D 组则由横门站和崖门站组成，该组群落种类的组成与其他群落差异较大所以被最后聚合。春季群落划分为 4 组：A 组包括虎门和虎跳门取样站的群落样本，该组群落组成中多毛类、软体动物和甲壳类动物比例均匀，两个群落相似程度很高（相似性系数为 73）；B 组则包括磨刀门和鸡啼门取样站的群落样本；C 组把蕉门、洪奇门和横门站聚在一起；D 组只包括崖门取样站的群落样本，因为该群落主要由甲壳动物钩虾属一种（Gammarus sp.）组成，与其他群落组成有很大差异。

各个季节多维度排序（multidimensional scaling，MDS）图结果与群落结构聚类分析结果一致，进一步印证了聚类分析的结果。

本次调查共获得大型底栖动物 34 种，种类组成以南亚热带种为主，亦有热带性种和广温性种；就适盐性而言，既有广盐性种，也有河口半咸水种，还有一些淡水种，与徐兆礼等（1995）对长江口大型底栖动物的生态类型研究结果较一致。所获大型底栖动物种数较少的结果与长江口的口内水域及其他地方类似，但是低于张敬怀等

（2014）的研究结果，这是因为底栖动物的物种丰富度通常随着从海水溯流进入低盐度水域而明显减少。此外，珠江口内水温和盐度的剧烈变化、复杂的水文特征和底质环境变动也可能会影响到大型底栖动物群落的稳定性。这也是河口区大型底栖动物生态类型丰富，种类数量却少的原因所在。

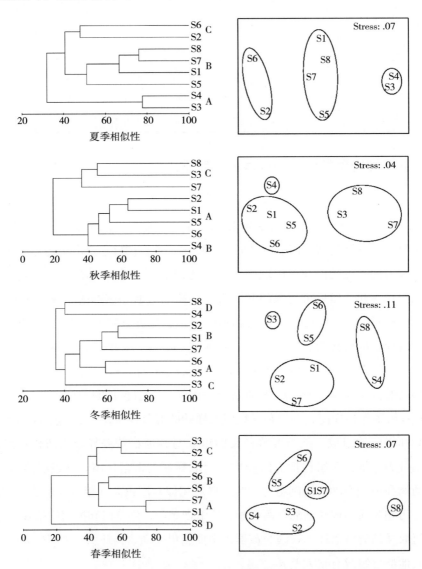

图 6-4　珠江口大型底栖动物群落结构等级聚类树枝和 MDS 排序分析

S1. 虎门　S2. 蕉门　S3. 洪奇门　S4. 横门　S5. 磨刀门　S6. 鸡啼门　S7. 虎跳门　S8. 崖门

环节动物多毛类和软体动物为调查水域中的优势类群，其个体小，数量却较大，多为 r 对策者，如小头虫、奇异稚齿虫和寡鳃齿吻沙蚕等。群落结构的特点与周围的生境密切相关，鸡啼门的平均栖息密度在调查站位中最大，为 1 195 个/m²，其中多毛类就占到平均栖息密度的 94.4%，主要包括寡鳃齿吻沙蚕、小头虫、丝异蚓虫，每次采样的底质也均为淤泥。王金宝等（2006）在讨论胶州湾多毛类优势种的分布时认为，在底质颗粒较细、有机质含量丰富的海域，寡鳃齿吻沙蚕、丝异蚓虫等数量较大，为现场优势种，而在水流湍急、底质为硬泥粗沙的区域则很少分布，反映底质对多毛类的分布有决定性的影响。小头虫通常被用作污染指示种，本次调查发现小头虫在虎门和鸡啼门优势度较高，栖息密度的峰值分别为 1 024 个/m² 和 728 个/m²，反映两个站位水域的环境状况不容乐观。周边城市群发展、人类的扰动、污水的大量增加以及珠江上游水利工程的建设对底栖动物群落的结构也有较大影响。

（六）珠江口大型底栖动物与环境因子之间的相互关系

为了解不同环境因子对各季节珠江口大型底栖动物群落结构的影响状况，对珠江口大型底栖动物群落结构与 pH、溶解氧、电导率、盐度、温度、透明度、总氮、硝酸盐氮、亚硝酸盐氮、氨氮、非离子氨、总磷、磷酸盐、硅酸盐、铜、铅、锌、镉、镍、叶绿素 a 20 个环境因子进行典型对应分析（CCA）（图 6 - 5）。

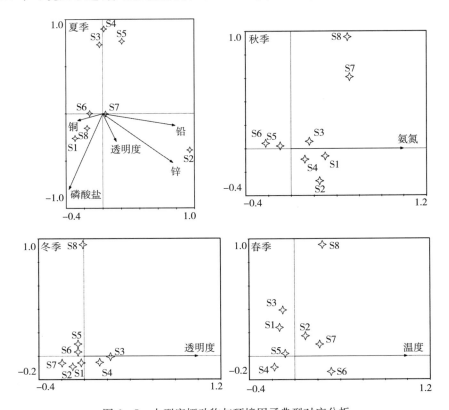

图 6 - 5 大型底栖动物与环境因子典型对应分析

S1. 虎门 S2. 蕉门 S3. 洪奇门 S4. 横门 S5. 磨刀门 S6. 鸡啼门 S7. 虎跳门 S8. 崖门

通过蒙特卡洛检验（Monte Carlo permutation test），排除贡献小的因子，发现夏季锌、铜、铅、磷酸盐和透明度 5 个因子与珠江口大型底栖动物群落相关性显著；秋季氨氮

与珠江口大型底栖动物群落相关性显著；冬季和春季则分别是透明度和温度与珠江口大型底栖动物群落相关性显著。不同季节影响珠江口大型底栖动物分布的主要因子的数目和种类明显不同，表明了珠江口大型底栖动物生境的时空差异性。

通过典型对应分析发现，研究区域内影响大型底栖动物分布的水体理化因子存在着季节变异。夏季，重金属铅、锌、铜等对底栖动物的影响可能是受河口水动力条件和沿岸人类活动的影响，铜和锌主要来自点源排放，铅则表现出非点源排放，主要的影响范围是东部航道和西部浅水区。珠江口水域为磷限制性的潜在富营养化，浮游植物的生长可能受限；此外，水色、溶解物质和悬浮物对光的吸收和散射导致透明度的下降，在营养盐充足的条件下浮游植物的光合作用可能受到限制，进而影响以浮游植物为食的底栖动物。秋季入海径流的减少削弱了河口水域水动力条件，减少了对污染物的稀释和扩散能力；此外，浮游植物经过夏季大量的繁殖和生长后开始死亡，导致水域氮的负荷量较高，对河口底栖动物构成了影响。春季，大型底栖动物开始繁殖，对温度升高比较敏感，此时大型底栖动物的活跃程度较高，需大量取食水体中的浮游植物，因此温度是研究区大型底栖动物的主要影响因素。底栖生物是河口食物网中重要的环节，是底层鱼类和其他经济动物的重要饵料，影响底栖生物的环境因子还有很多，如人为捕捞和养殖、潮汐海流、底泥中的叶绿素和 ATP 的含量、有机物的含量、颗粒有机碳（particle organic carbon，POC）的沉积速率、底水界面的碳通量等。对这些环境因子开展详细的研究，对了解河口底栖动物与环境因子之间的相互作用具有重要的意义。

（七）次级生产力

1. 大型底栖动物次级生产力

对 4 个季节珠江口大型底栖动物年平均丰度、年平均去灰干重生物量和去灰干重次级生产力进行计算，结果见表 6-2。珠江口大型底栖动物的年平均丰度为 4 725 个/m²，年平均去灰干重生物量为 5.21 g/m²，去灰干重次级生产力为 13.19 g/（m²·a）。

表 6-2　珠江口大型底栖动物各类群年平均丰度、年平均去灰干重
生物量、去灰干重次级生产力和 P/B 值

采样区域	年平均丰度（个/m²）	年平均去灰干重生物量（g/m²）	去灰干重次级生产力 [g/（m²·a）]	P/B 值
珠江口水域	4 725	5.21	13.19	2.53

对珠江口各采样点大型底栖动物的去灰干重次级生产力、年平均丰度、年平均去灰干重生物量进行计算，结果见表 6-3。各采样点年平均丰度为 216~1 195 个/m²，年平均去灰干重生物量为 0.11~1.27 g/m²。去灰干重次级生产力的范围为 0.48~2.74 g/（m²·a），其中磨刀门最高，横门最低。

表6-3　珠江口各采样站位的年平均丰度、年平均去灰干重生物量、去灰干重次级生产力和P/B值

站位	年平均丰度（个/m²）	年平均去灰干重生物量（g/m²）	去灰干重次级生产力［g/（m²·a）］	P/B值
虎门	698	0.26	0.86	3.33
蕉门	506	0.50	1.29	2.56
洪奇门	351.5	1.12	2.11	1.88
横门	768	0.11	0.48	4.24
磨刀门	666	1.27	2.74	2.17
鸡啼门	1 195	0.40	1.38	3.43
虎跳门	216	0.80	1.44	1.80
崖门	324.5	0.74	1.52	2.05

2. 珠江口大型底栖动物的 P/B 值

经计算，珠江口大型底栖动物的 P/B 值为 2.53（表 6-2）。珠江口各出海口大型底栖动物的 P/B 值在 1.8~4.24（表 6-3），其中横门最高，虎跳门最低。

3. 大型底栖动物年平均丰度、年平均去灰干重生物量、去灰干重次级生产力和环境因子的相互关系

对珠江口大型底栖动物年平均丰度、年平均去灰干重生物量、去灰干重次级生产力与水体电导率、盐度、总氮、总磷、叶绿素 a、水深和水温等进行相关分析（表 6-4）。结果表明，去灰干重次级生产力与年平均去灰干重生物量呈极显著正相关（$P<0.01$），相关系数为 0.95。去灰干重次级生产力、年平均丰度、年平均去灰干重生物量与上述环境因子无显著相关性。

表6-4　去灰干重次级生产力、年平均去灰干重生物量和年平均丰度与环境因子之间的相关性

参数	年平均丰度	年平均去灰干重生物量	去灰干重次级生产力	电导率	盐度	总氮	总磷	叶绿素 a	水深	水温
年平均丰度	1									
年平均去灰干重生物量	−0.62	1								
去灰干重次级生产力	−0.5	0.95**	1							
电导率	0.33	−0.43	−0.36	1						
盐度	0.26	−0.43	−0.43	0.95**	1					
总氮	0.1	−0.6	−0.48	0.67	0.67	1				
总磷	0.21	−0.19	−0.24	0.74*	0.83*	0.38	1			
叶绿素 a	0	−0.38	−0.26	0.74*	0.64	0.81*	0.38	1		
水深	0.1	−0.21	−0.1	−0.05	−0.29	−0.05	−0.62	0.14	1	
水温	−0.17	0.14	0.24	0.67	0.52	0.38	0.31	0.79*	0.19	1

注：＊表示显著相关（$P<0.05$），＊＊表示极显著相关（$P<0.01$）。

4. P/B 值及不同水域大型底栖动物次级生产力比较

P/B 值指示种群最大可生产量，反映群落内物种新陈代谢水平及世代更替速度（李新正 等，2010）。P/B 值与种群年龄结构、个体大小、捕食机制、采样手段、环境等因素密切相关，如温度影响种群增长率，采样手段影响样品个体大小。P/B 值存在一定规律性，多年一代的种类，P/B 值在 0～1；两年一代在 2～3；一年多代，P/B 值分布较分散，但主要在 3～13 区间均匀分布；多年一代的种类，P/B 值较小，主要在 0～1。珠江口水域大型底栖动物 P/B 值为 2.53，在 2～3，表明珠江口大型底栖动物平均更替速度约为两年一代。

丰度和生物量分布格局是次级生产力的主要影响因素。本研究珠江口水域大型底栖动物年平均丰度为 4 725 个/m^2，年平均去灰干重生物量为 5.21 g/m^2，去灰干重次级生产力为 13.19 g/（m^2·a），P/B 值为 2.53；与国内其他水域研究结果比较，年平均丰度、去灰干重次级生产力和 P/B 值较高。珠江口水域大型底栖动物群落结构较简单，年平均丰度和年平均去灰干重生物量的主要贡献者为一些小型的多毛类（如寡鳃齿吻沙蚕、海稚虫科种类和小头虫）和端足目蜾蠃蜚科种类［如日本大螯蜚（*Grandidierella japonica*）等］；这些物种局部丰度较大，生物量较其他物种大，为区域绝对优势种。胶州湾、莱州湾、厦门近海、深沪湾等水域的研究结果表明，区域绝对优势种菲律宾蛤仔（*Ruditapes philippinarum*）、凸壳肌蛤（*Musculus senhousia*）、紫壳阿文蛤（*Alvenius ojianus*）、光滑河篮蛤（*Potamocorbula laevis*）和小亮樱蛤（*Nitidotellina minuta*）等是次级生产力主要贡献者。本研究对珠江口大型底栖动物年平均去灰干重生物量与去灰干重次级生产力进行相关分析，结果表明年平均去灰干重生物量与去灰干重次级生产力呈显著正相关，进一步印证了优势种丰度是次级生产力主要影响因素（表 6-5）。

表 6-5　珠江口与其他水域的大型底栖动物去灰干重生物量和去灰干重次级生产力比较

调查水域	调查时间	年平均丰度（个/m^2）	年平均去灰干重生物量（g/m^2）	去灰干重次级生产力［g/（m^2·a）］	P/B 值	参考文献
珠江口	2008—2009 年	4 725	5.21	13.19	2.53	本研究
胶州湾	1998—1999 年	381.7	22.22	18.65	1.05	李新正 等，2010
	2000—2004 年	304.6	16.3	3.41	1.05	
长江口	2004 年	394.7	2.58	3.52	1.53	刘勇 等，2008
长江口	2005—2006 年	146.4±22.3	2.31±0.41	2.48±0.38	1.48±0.06	刘录三和郑丙辉，2010
三都澳	2009—2010 年	121.52	1.26	1.67	1.42	周进和纪炜炜，2012
深沪湾	2009 年	255.4	0.71	0.599	1.061	林和山 等，2009
莱州湾	2011 年	3057.69	3.45	5.6	1.59	李少文 等，2014
厦门近海	2013 年	732	6.77	9.68	1.43	刘坤 等，2015

5. 次级生产力的空间格局

大型底栖动物次级生产力与生境的异质性密切相关，如水生植被类型、底质特征等。本研究珠江口各出海口去灰干重次级生产力平均值为 1.47 g/（m² · a）。沉积物类型为淤泥，可能是主要的影响因素。对盐沼大型底栖动物次级生产力的研究结果表明，泥沙质底底栖动物的次级生产力要高于淤泥质底。珠江口各出海口大型底栖动物去灰干重次级生产力最高出现在磨刀门，为 2.74 g/（m² · a），这主要与磨刀门底质类型为泥沙质有关。此外，磨刀门是西江出海口，西江径流携带大量的营养物质，为底栖动物提供了丰富的饵料。虎门和横门次级生产力较低，分别为 0.86 g/（m² · a）和 0.48 g/（m² · a），其底质类型为淤泥，航道运输对水体频繁扰动是大型底栖动物次级生产力较低的主要因素。

6. 次级生产力与环境关系

大型底栖动物次级生产力与底栖动物生态特点及所处环境密切相关。多种因素协同影响大型底栖动物的次级生产力。有研究报道叶绿素、底质类型、水文、水深、水温、盐度、水体营养程度是大型底栖动物次级生产力的主要影响因素。本研究选取总氮、总磷、电导率、盐度、叶绿素 a、水深、水温与大型底栖动物次级生产力进行相关分析，结果表明上述环境因子与大型底栖动物去灰干重次级生产力等无显著相关性。这可能与研究水域环境异质性较低，环境梯度变化不明显，大型底栖动物群落结构单一有关；且缺乏对一些影响大型底栖动物群落结构的主要因素分析（如底层水的溶解氧及悬浮物浓度、沉积物类型、沉积物粒径、营养程度及底栖硅藻丰度）。此外，一些反映河口环境的重要指标，如沉积物持久性有机污染物浓度、重金属浓度与大型底栖动物去灰干重次级生产力的关系亟待研究。

7. 次级生产力计算方法

Brey 经验公式能较好估算大型底栖动物的次级生产力，实用性强。在此公式的基础上对不同大型底栖动物类群进行计算，加入水温和水深等环境因子均取得较好效果。影响大型底栖动物次级生产力的因素很多，如何与 Brey 经验公式进行耦合，并衡量公式的优良性有待研究。

第七章

珠江河口重金属污染及其对渔业资源的影响

第一节　珠江河口重金属污染检测与评价方法

一、水体重金属含量检测与评价方法

水样参照《海洋监测规范　第 2 部分：数据处理与分析质量控制》（GB 17378.2—2007）于每个站位采集水面 0.5 m 以下的水样，装入预先浸泡硝酸清洗干净的 1 000 mL 聚乙烯塑料瓶，加入 2 mL 浓硝酸摇匀固定样品，带回实验室，按照《海洋监测规范　第 4 部分：海水分析》（GB 17378.4—2007）的方法处理，分别采用原子吸收分光光度法测定 Cu、Zn、Pb、Cd、Ni、Cr 浓度和用原子荧光法测定 As、Hg 浓度。

为防止和控制渔业水域水质污染，保证水生生物正常生长、繁殖和水产品的质量，《渔业水质标准》（GB 11607—1989）对水体重金属含量进行了规定。标准中各金属元素的标准限值分别为：Cu≤0.01 mg/L，Zn≤0.1 mg/L，Cr≤0.1 mg/L，Ni≤0.05 mg/L，Pb≤0.05 mg/L，Cd≤0.005 mg/L，Hg≤0.000 5 mg/L，As≤0.05 mg/L。以超标倍数评价各金属指标的污染情况；超标倍数以 $(C_i - S_i)/S_i$ 计算，C_i 为介质中 i 元素的测定值，S_i 为 i 元素的标准值。

二、沉积物重金属检测与评价方法

沉积物样品用 1/16 m² 改良彼得森采集器于每个站位采集 2 次，样品的保存、处理、分析均按照《海洋监测规范　第 4 部分：海水分析》（GB 17378.4—2007）和《海洋监测规范　第 5 部分：沉积物分析》（GB 17378.5—2007）所规定的要求和分析方法进行，分别采用原子吸收分光光度法测定 Cu、Zn、Pb、Cd、Ni、Cr 含量和用原子荧光法测定 As、Hg 含量。

《海洋沉积物质量》（GB 18668—2002）对沉积物中重金属含量进行了规定，以防止和控制海洋沉积物污染，保护海洋生物资源（表 7 - 1）。参照该标准的第一类标准限值，以超标倍数评价各金属指标的污染情况，超标倍数计算方法参考水体重金属含量超标倍数计算方法。

珠江口重金属污染调查研究始于 20 世纪 80 年代（郑建禄 等，1984），主要集中在珠江口伶仃洋以外的海域，且主要以沉积物重金属污染生态研究为主（何清溪 等，1988；邱礼生，1989；刘芳文 等，2002；彭晓彤 等，2003；刘芳文 等，2003），只有少部分关于珠江口鱼类、底栖贝类重金属含量调查（陆超华 等，1990；方展强，2003；王艳等，2005；张敬怀和欧强，2005）。事实上，珠江流域产生的重金属随河流迁移至河口区，对河口生物及生态系统也产生了长期的潜在危害，从而使珠江流域及珠江口重金属污染得到广泛的关注。

表 7-1　每千克干重样品中重金属规定限值

（单位：mg）

元素	第一类	第二类	第三类
Cu	≤35.0	≤100.0	≤200.0
Zn	≤150.0	≤350.0	≤600.0
Cr	≤80.0	≤150.0	≤270.0
Pb	≤60.0	≤130.0	≤250.0
Cd	≤0.5	≤1.5	≤5.0
Hg	≤0.2	≤0.5	≤1.0
As	≤20.0	≤65.0	≤93.0

三、生物样品检测与评价方法

从当地渔船购买、收集足量的鱼类、虾类等装入封口袋后带回实验室按照《海洋监测规范 第6部分：生物体分析》（GB 17378.6—2007）规定的方法处理，采用原子吸收分光光度法和原子荧光法测定 Cu、Zn、Pb、Cd、Ni、Cr、As、Hg 含量。

《无公害食品 水产品中有毒有害物质限量》（NY 5073—2006）对水生生物样品中重金属含量限值进行了相关规定。每千克湿重样品中各元素的限量分别为：Cu≤50 mg，Pb≤0.5 mg（鱼类、甲壳类），Cd≤0.1 mg（鱼类）或≤0.5 mg（甲壳类），As≤0.1 mg（鱼类）或≤0.5 mg（其他动物性水产品），甲基汞≤0.5 mg（所有水产品，不包括食肉鱼类）。各种类金属元素的超标倍数计算方法参考水体重金属含量超标倍数计算方法。

此外，国内外对食品中重金属的健康风险评估采用健康风险评价模型（危害商数，hazardous quotient，HQ）进行评价。其计算公式为：

$$HQ = \frac{C \times IR \times ED \times EF}{BW \times AT \times 365 \times RfD}$$

式中，C 为每千克湿重样品中每种金属元素的实测平均含量，单位为 mg；IR 为摄取速率，单位为 kg/d，广东普通人群人均对水产品的摄入量为 0.033 kg/d，渔民为 0.079 kg/d；ED 为暴露持续时间，单位为年，成年人以 30 年计，儿童以 70 年计；EF

为暴露频率，单位为 d/a，以 365 d/a 计；BW 为评价对象体重，单位为 kg，成人以 60 kg 计，儿童以 30 kg 计；AT 为平均暴露时间，单位为年，以平均寿命 70 年计；RfD 为各金属元素的口服参考剂量（reference dose）。

根据美国国家环境保护局（U. S. environmental protection agency，USEPA）发布的暴露参数手册中数据，各金属元素的口服参考剂量 RfD 分别为：Cu 0.04 mg/（kg・d）、Zn 0.3 mg/（kg・d）、Cr 0.003 mg/（kg・d）、Ni 0.011 mg/（kg・d）、Pb 0.004 mg/（kg・d）、Cd 0.001 mg/（kg・d）、Hg 0.000 3 mg/（kg・d）、As 0.000 3 mg/（kg・d）。将所有重金属元素的 HQ 加和为 THQ，如果 THQ 小于 1，说明食用相应水产品发生重金属毒害而造成等效死亡的终生危险度低；反之，相关暴露人群就会有健康风险。

第二节　珠江河口重金属污染状况

河口环境中的重金属问题已成为近几十年的研究热点，并在全球范围内开展广泛的研究（Birch et al，1996；Feng et al，1998；Hardisty et al，1974；Zhang，1999）。从水、沉积物到生物体、食物链以及食物网（Attrill and Thomes，1995；Saiz-Salinas et al，1996），从总量分析到各种存在形态以及生物有效性等方面（Batley，1987；Szefer et al，1995），人们对重金属污染的认识正在逐步深入。世界河口地理、气候特征差异，以及受人类活动的影响程度不同，均会对重金属的含量分布产生影响；且重金属污染不仅表现出区域地理差异，更存在金属种类的差异，不同区域相同金属含量可能相差高达 2～3 个营养级，不同金属种类之间的差异更大（顾家伟 等，2013）。因此，对区域重金属含量的监测，有利于判明重金属污染属于自然来源还是人为来源，并进一步判别具体的人为来源方式，从而有助于对区域重金属污染进行防控。

珠江口是径流、海洋、大气、生物、地质过程和人类活动等诸多因素相互作用最活跃的耦合带，其生态环境较脆弱，易受台风、洪水、围垦、排污等自然及人类活动的影响。其中，重金属是一类自身不能降解，只能在水体、沉积物和生物体介质中迁移和传递的污染物。一方面，河口环境介质中高含量的重金属会影响水生生物生长、种群繁殖甚至群落的平衡和可持续发展；另一方面，环境介质中的重金属可通过水生食物链富集和放大，威胁到食物链顶端的生物体及食用这些生物的人类的健康。

珠江流域渔业生态环境监测中心于 2006—2010 年对珠江河口水体、沉积物及生物体中 Cu、Zn、Pb、Cd、Ni、Cr、As 和 Hg 等重金属含量分布情况进行了调查，综合分析了水体、沉积物和生物体中重金属的含量分布特征，及时反馈、评价了珠江河口重金属污染状况。

一、水体重金属含量、分布及污染特征

（一）水体重金属污染年际变化特征

2006—2010 年的 5 年间，珠江八大入海口的年际水体各重金属浓度均值变化及其与渔业水质标准的比较结果如图 7 - 1 所示。各金属浓度变化如下：

铜含量年度均值变化范围为 0.005 5～0.014 2 mg/L，呈逐年上升的趋势，且在 2007 年、2009 年和 2010 年超出渔业水质标准限值，最大超标情况出现在 2009 年，超出标准限值 0.42 倍。

铅含量年际均值变化范围为 0.023～0.040 mg/L，2006—2010 年呈先升后降的趋势，但整体均未超标。

锌含量年际均值变化范围为 0.006～0.022 mg/L，呈逐年下降的趋势，且整体均未超标。

镉含量年际均值变化范围为 0.000 2～0.011 6 mg/L，年际变化波动较大，趋势不明显，2007 年、2009 年珠江口水体镉含量超标，最大超标出现在 2009 年，超标倍数为 1.32 倍。

镍含量年际均值变化范围为 0.010～0.044 mg/L，呈逐年上升趋势，但整体均未超标。

铬含量年际均值变化范围为 0.002～0.106 mg/L，年际变化波动较大，大致呈先升高后下降的趋势，最高值出现在 2009 年，且超标 0.06 倍。

汞含量年际均值变化范围为 0.000 05～0.000 56 mg/L，汞含量除 2007 年最高，并超标 0.12 倍外，其余年份差异不大，且均在标准限值以下。

砷 * 含量年际均值变化范围为 0.002～0.007 mg/L，5 年变化趋势不明显，且均远低于标准限值。

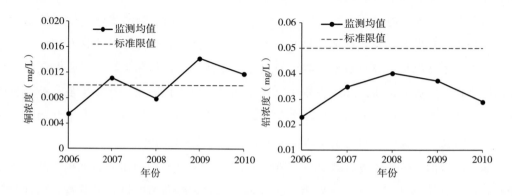

---

　*：砷（As）是一种类金属元素，具有金属元素的一些特性，在环境污染研究中通常被归为重金属，本书在相关研究中也将砷列为重金属予以分析。

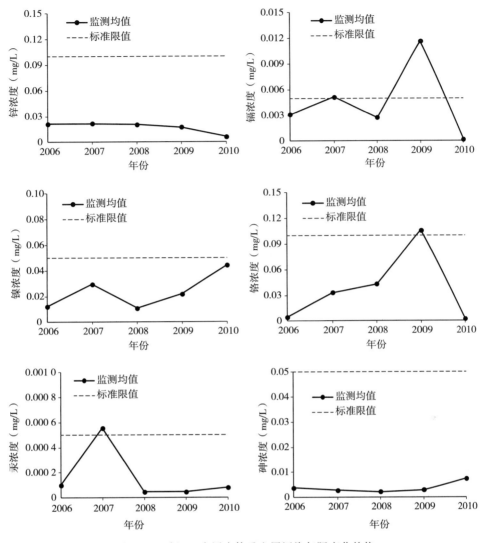

图 7-1　珠江口表层水体重金属污染年际变化趋势

(二) 水体重金属污染季节变化特征

于 2008 年 2 月 (冬季)、5 月 (春季)、8 月 (夏季) 和 11 月 (秋季) 对珠江八大入海口表层水体重金属含量进行了监测，各月重金属含量均值及其与相应标准限值比较如图 7-2 所示。各金属浓度变化如下：

铜含量各季节均值变化范围为 0.008～0.037 mg/L。夏、秋季含量不超标，冬、春季含量超标，最大超标 2.7 倍，出现在冬季。各季节含量依次为：冬季＞春季＞秋季＞夏季。

铅含量各季节均值变化范围为 0.006～0.341 mg/L，夏、秋季节含量未超标，冬、春季含量超标，最大超标 5.82 倍，出现在冬季。各季节含量依次为：冬季＞春季＞夏季＞秋季。

锌含量各季节均值变化范围为 0.020～0.052 mg/L，各季节含量均未超标。各季节含量依次为：冬季＞春季＞秋季＞夏季。

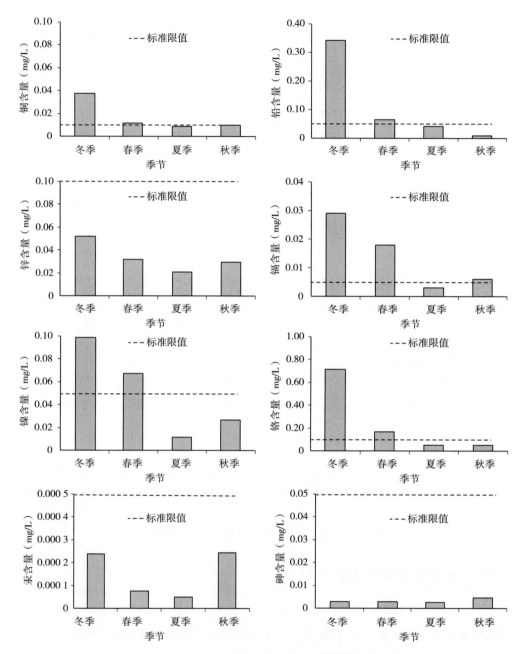

图 7-2　珠江口水体重金属含量季节分布

镉含量各季节均值变化范围为 0.006～0.029 mg/L，除夏季外，其余季节均超标，最大超标 4.8 倍，出现在冬季。各季节含量依次为：冬季＞春季＞秋季＞夏季。

镍含量各季节均值变化范围为 0.011～0.098 mg/L，夏、秋季节含量未超标，冬、春季节含量超标，最大超标 0.96 倍，出现在冬季。各季节含量依次为：冬季＞春季＞秋季＞夏季。

铬含量各季节均值变化范围为 0.04～0.71 mg/L，夏、秋季节含量未超标，冬、春季节含量超标，最大超标 6.1 倍，出现在冬季。各季节含量依次为：冬季＞春季＞秋季＞夏季。

汞含量各季节均值变化范围为 0.000 05～0.000 24 mg/L，各季节含量未超标，且各季节含量秋、冬季大于夏、春季。

砷含量各季节均值变化范围为 0.002～0.004 mg/L，各季节含量未超标，且各季节含量差别不明显。

（三）水体重金属空间变化特征

对 2008 年 2 月、5 月、8 月和 11 月对珠江八大入海口表层水体重金属含量的结果进行分析，各站位重金属含量均值及其与相应标准限值比较如图 7-3 所示。各金属浓度变化如下：

各站位铜含量均值变化范围为 0.010～0.025 mg/L，均超渔业水质标准限值，最大超标 1.5 倍，出现在鸡啼门。各站位铜含量均值由大到小依次为：鸡啼门＞虎门＞蕉门＞虎跳门＞洪奇门＞横门＞崖门＞磨刀门。

各站位铅含量均值变化范围为 0.030～0.227 mg/L。除横门和洪奇门外，其余 6 站位均超渔业水质标准限值，最大超标 3.54 倍，出现在虎门。各站位铅含量均值由大到小依次为：虎门＞鸡啼门＞蕉门＞虎跳门＞磨刀门＞崖门＞洪奇门＞横门。

各站位锌含量均值变化范围为 0.023～0.045 mg/L。各站位锌含量均值均未超标，其含量均值由大到小依次为：蕉门＞虎门＞虎跳门＞鸡啼门＞洪奇门＞崖门＞横门＞磨刀门。

各站位镉含量均值变化范围为 0.004～0.025 mg/L。除横门外，其余 7 站位均超渔业水质标准限值，最大超标 4 倍，出现在崖门。各站位镉含量均值由大到小依次为：崖门＞虎门＞鸡啼门＞虎跳门＞蕉门＞磨刀门＞洪奇门＞横门。

各站位镍含量均值变化范围为 0.018～0.138 mg/L。虎门、蕉门、鸡啼门和虎跳门站位已超标，最大超标 1.76 倍，出现在鸡啼门。各站位镍含量均值由大到小依次为：鸡啼门＞虎门＞虎跳门＞蕉门＞崖门＞磨刀门＞洪奇门＞横门。

各站位铬含量均值变化范围为 0.033～0.509 mg/L。除洪奇门和横门外，其余站位均超标，最大超标 4.09 倍，出现在虎门。各站位铬含量均值由大到小依次为：虎门＞鸡啼门＞虎跳门＞蕉门＞磨刀门＞崖门＞洪奇门＞横门。

各站位汞含量均值变化范围为 0.000 09～0.000 23 mg/L，各站位含量均值均未超标，其含量均值由大到小依次为：崖门＞蕉门＞虎门＞虎跳门＞鸡啼门＞磨刀门＞洪奇门＞横门。

各站位砷含量均值变化范围为 0.002 3～0.003 3 mg/L，各站位含量均值均未超标，其含量均值由大到小依次为：磨刀门＞鸡啼门＞虎门＞洪奇门＞蕉门＞虎跳门＞横门＞崖门。

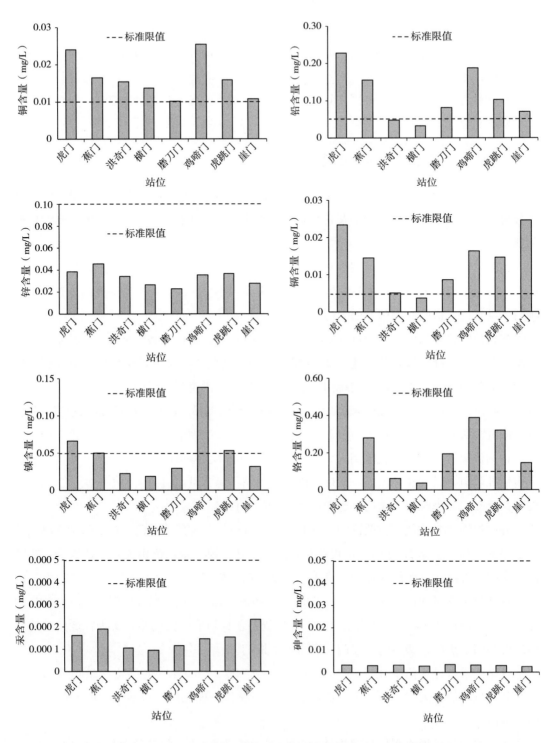

图 7-3 2008 年珠江各入海口表层水体不同重金属含量空间分布

二、沉积物重金属含量及风险评价

（一）沉积物重金属污染年际变化特征

2006—2010 年 5 年间，珠江八大入海口年均表层沉积物各重金属浓度均值变化及其与海洋沉积物质量一类标准相应值的比较如图 7-4 所示。每千克干重样品中各金属含量情况如下：

铜含量年度均值变化范围为 64.7～93.4 mg，超海洋沉积物质量标准一类限值，最大超标 1.67 倍，出现在 2006 年，2007—2010 年则保持相对稳定的含量。

铅含量年际均值变化范围为 51.8～125.8 mg，2006—2009 年期间铅含量较平稳，但均已超标，最大超标 1.10 倍，出现在 2009 年，其后铅含量下降至一类标准限值以下。

锌含量年际均值变化范围为 143～511 mg，除 2006 年略低于一类标准限值，其余年份均超标，最大超标 2.41 倍，出现在 2009 年，其他年份变化趋势不明显。

镉含量年际均值变化范围为 1.96～7.11 mg，均超一类标准限值，为超标最为严重的金属种类，最大超标 13.2 倍，出现在 2008 年。镉含量均值在 2006—2009 年间变化波动不大，但 2010 年含量下降了 70% 左右。

镍含量年际均值变化范围为 62.2～77.4 mg，由于无相应海洋沉积物质量标准进行比较，故无法分析其超标情况。整体而言，珠江口表层沉积物镍含量在 2006—2010 年间变化趋势不明显。

铬含量年际均值变化范围为 90.6～195.0 mg，均超出一类标准限值，且 2006—2010 年间年际变化波动较大，大致呈先升高后下降的趋势，最高值出现在 2008 年，超标 1.44 倍。

汞含量年际均值变化范围为 0.17～0.33 mg，汞含量除 2009 年外，其余年份均超标，最大超标 0.65 倍，出现在 2007 年，其余年份差异不大。

砷含量年际均值变化范围为 12.4～40.8 mg，5 年期间砷含量基本呈下降趋势，在 2006—2009 年含量超一类标准限值，最大超标 1.04 倍，出现在 2008 年，2010 年砷含量低于一类标准限值。

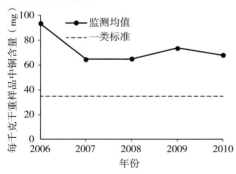

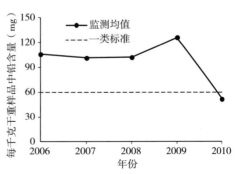

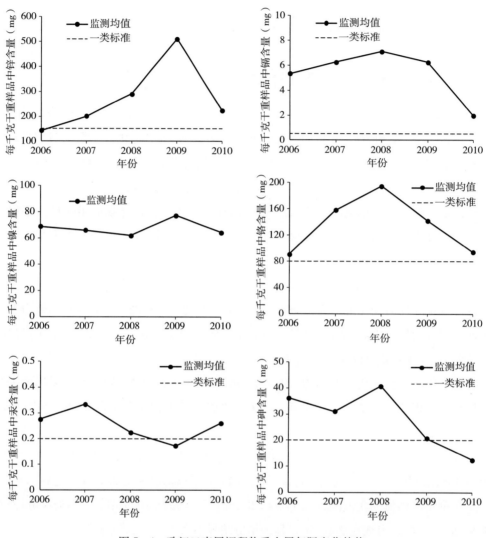

图 7-4 珠江口表层沉积物重金属年际变化趋势

（二）沉积物重金属空间变化特征

对 2008 年 8 月珠江八大入海口表层沉积物重金属含量的结果进行分析，各站位重金属含量均值及其与相应标准限值比较如图 7-5 所示。每千克干重样品中各金属浓度变化如下：

各站位铜含量变化范围为 38.3～87.2 mg，以鸡啼门最高，虎门最低。各站位铜含量由大到小依次为：鸡啼门＞崖门＞横门＞洪奇门＞蕉门＞虎跳门＞磨刀门＞虎门。

各站位铅含量变化范围为 71.7～160.7 mg，以横门含量最高，崖门含量最低。各站位铅含量由大到小依次为：横门＞虎门＞洪奇门＞鸡啼门＞虎跳门＞磨刀门＞蕉门＞崖门。

各站位锌含量变化范围为 137～446 mg，以洪奇门含量最高，崖门含量最低。各站位锌含量由大到小依次为：洪奇门＞横门＞磨刀门＞虎门＞鸡啼门＞蕉门＞虎跳门＞崖门。

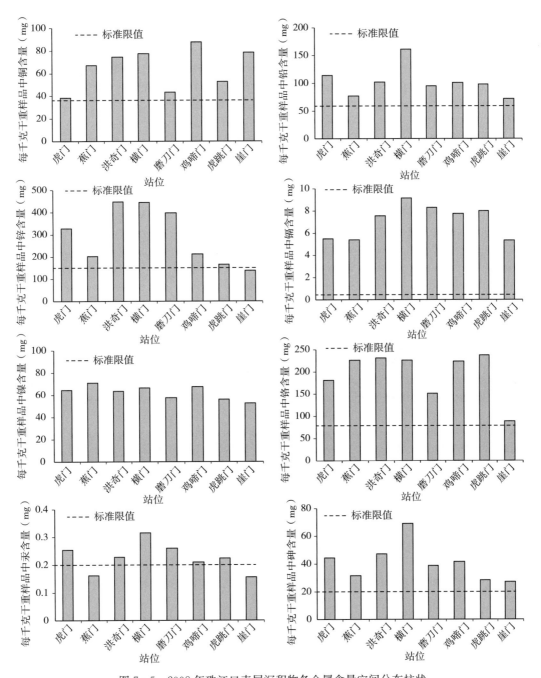

图 7-5　2008 年珠江口表层沉积物各金属含量空间分布柱状

各站位镉含量变化范围为 5.33～9.14 mg，以横门含量最高，崖门含量最低。各站位镉含量由大到小依次为：横门＞磨刀门＞虎跳门＞鸡啼门＞洪奇门＞虎门＞蕉门＞崖门。

各站位镍含量变化范围为 52.3～71.0 mg，以蕉门含量最高，崖门含量最低。各站位镍含量均值由大到小依次为：蕉门＞鸡啼门＞横门＞虎门＞洪奇门＞磨刀门＞虎跳门＞崖门。

各站位铬含量变化范围为 88～237 mg，以虎跳门含量最高，崖门含量最低。各站位铬含量由大到小依次为：虎跳门＞洪奇门＞横门＞蕉门＞鸡啼门＞虎门＞磨刀门＞崖门。

各站位汞含量变化范围为 0.155～0.314 mg，以横门含量最高，崖门含量最低。各站位汞含量由大到小依次为：横门＞磨刀门＞虎门＞洪奇门＞虎跳门＞鸡啼门＞蕉门＞崖门。

各站位砷含量变化范围为 27.0～69.1 mg，以横门含量最高，崖门含量最低。各站位砷含量由大到小依次为：横门＞洪奇门＞虎门＞鸡啼门＞磨刀门＞蕉门＞虎跳门＞崖门。

沉积物各金属元素超标情况见表 7-2。从站位的角度看，横门的超标情况最严重，Pb、Cd、Hg 和 As 的最大超标情况均出现在横门；此外，鸡啼门的 Cu 超标最严重，洪奇门以 Zn 超标最严重，而虎跳门的 Cr 超标最严重。从超标率看，Cu、Pb、Cd、Cr 和 As 超标率均达到 100%，其他元素超标率由高到低依次为 Zn（87.5%）＞Hg（75%），Ni 无相应标准限值。超标倍数最大的元素为 Cd，高达 17.3 倍，其他元素由高到低依次为 As（2.46）、Zn（1.97）、Cr（1.96）、Pb（1.68）、Cu（1.49）、Hg（0.57）。

表 7-2　2008 年珠江八大入海口表层沉积物重金属超标情况

金属种类	超标率	最大超标倍数	超标站位排序
Cu	100%	1.49	鸡啼门＞崖门＞横门＞洪奇门＞蕉门＞虎跳门＞磨刀门＞虎门
Pb	100%	1.68	横门＞虎门＞洪奇门＞鸡啼门＞虎跳门＞磨刀门＞蕉门＞崖门
Zn	87.5%	1.97	洪奇门＞横门＞磨刀门＞虎门＞鸡啼门＞蕉门＞虎跳门
Cd	100%	17.3	横门＞磨刀门＞虎跳门＞鸡啼门＞洪奇门＞虎门＞蕉门＞崖门
Cr	100%	1.96	虎跳门＞洪奇门＞横门＞蕉门＞鸡啼门＞虎门＞磨刀门＞崖门
Hg	75%	0.57	横门＞磨刀门＞虎门＞洪奇门＞虎跳门＞鸡啼门
As	100%	2.46	横门＞洪奇门＞虎门＞鸡啼门＞磨刀门＞蕉门＞虎跳门＞崖门

综合上述各种金属元素的超标情况可见，2008 年珠江八大入海口沉积物中重金属的污染情况颇为严重，尤其以横门最严重。表层沉积物中重金属污染一方面可能直接影响底栖或底内生物的生长存活，另一方面河口处于径流和潮汐活跃结合带，其频繁的水体交换易使得沉积物中重金属元素解吸，重新溶出，将对其他水生生物资源构成危害。因此，在加强对珠江八大入海口及邻近水域水体重金属污染长期监测的同时，也应保持一定频率监测表层沉积物中重金属污染状况，从根本上保证水生生物环境的健康，从而维持渔业资源的可持续健康发展。

三、主要渔业经济种类重金属累积及风险评估

(一) 不同经济种类重金属残留年际变化特征

1. 鱼类重金属残留年际变化

珠江口监测鱼类种类包括鲬、鲻、七丝鲚、黄鳍鲷、海鲈、广东鲂、鲤、鲮、赤眼鳟、鳗、中华海鲇、虾虎鱼、棘头梅童鱼、花鰶等种类，每年检测样本数10～25不等。2006—2010年，每年检测鱼类重金属残留情况见图7-6。珠江口鱼类每千克湿重肌肉样品中各金属含量均值变化如下：

铜含量年度均值变化范围为0.29～0.72 mg，远低于水产品中有毒有害物质限量（50 mg）。其中，鱼类肌肉中铜含量在2009年均值显著高于其他年份，达0.72 mg，而其他年份均值在0.29～0.38 mg。

铅含量年际均值变化范围为0.20～2.32 mg。鱼类肌肉中铅含量在2009年最高，其次是2006—2008年，含量均值范围在0.55～0.58 mg，这三年差异不显著，而2010年含量最低，为0.20 mg，显著低于其他年份（$P<0.05$）。除2010年外，其余年份鱼类铅含量均值均大于水产品中有毒有害物质限量（0.5 mg），最大超标情况出现在2009年，平均超标3.64倍。

锌含量年际均值变化范围为4.94～8.44 mg，各年含量均值以2009年最高，达8.44 mg，2010年含量最低，为4.94 mg，2006—2008年期间鱼类肌肉锌含量均值差异不显著（$P>0.05$）。

镉含量年际均值变化范围为0.09～0.51 mg。鱼类肌肉中镉含量在2009年最高，均值达0.51 mg，显著高于其他年份，其次为2010年，达0.38 mg，而2006—2008年镉含量为0.09～0.17 mg，差异不显著。鱼类肌肉镉含量除2006年均值未超标外，其他年份均超水产品中有毒有害物质限量（0.1 mg），最大超标倍数为4.1倍，出现在2009年。

鱼类肌肉中镍含量在2006—2009年年际均值变化范围为0.33～0.78 mg。其中，2006年最高，为0.78 mg，显著高于其他三年均值。

鱼类肌肉中铬含量年际均值变化范围为0.38～5.73 mg。其中，2008年含量均值最高，达5.73 mg，其次为2007年和2009年，分别为3.97 mg和2.89 mg，最低为2006年和2010年，分别为0.61 mg和0.38 mg。

鱼类肌肉中汞含量年际均值变化范围为0.005～0.037 mg。汞含量在2006年最高，达0.037 mg，其他年份含量在0.005～0.010 mg，差异不显著。

鱼类肌肉中砷含量年际均值变化范围为0.075～0.224 mg，且2006—2010年间砷含量均值差异不显著。

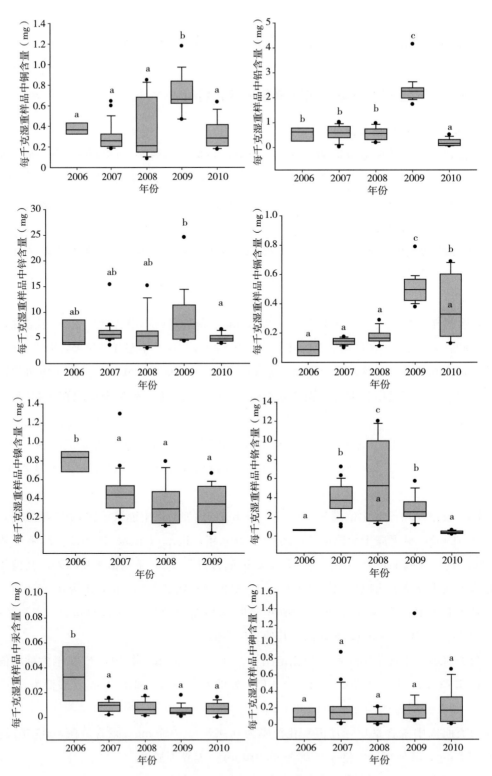

图 7-6　珠江口鱼类肌肉重金属残留年际变化

注：图中不同字母 a、b、c 表示差异显著，$P < 0.05$

2. 虾类重金属残留年际变化

珠江口监测虾类种类包括近缘新对虾、刀额新对虾、脊尾白虾、日本沼虾等种类，每年检测样本数为1~3个，主要是将每种种类的所有个体混合为一个样本进行检测分析。2006—2010年间每年所检测虾类每千克湿重样品中重金属残留均值情况如表7-3所示。

其中，铜的含量范围为6.16~8.43 mg，未超标准限值。铅含量范围为0.15~2.19 mg，除2006年和2010年检测含量未超标准值以外，2007—2009年间虾类体内铅含量均超标，最大超标3.38倍，出现在2009年。锌含量范围在9.48~14.11 mg波动，但变化趋势不明显。镉含量在0.069~0.549 mg变动，从2006—2009年间呈现逐年升高，并在2009年达到最高值0.549 mg，超标0.1倍，而在2010年突然下降至0.069 mg。镍含量在0.39~1.10 mg变动，其中，2006年最高，达1.10 mg，其后几年变化不显著。铬含量在0.31~6.31 mg变动，呈先升高后降的趋势，并在2008年达到最高值，为6.31 mg，而2010年降至最低值。汞含量在0.002 7~0.015 0 mg变动，以2006年含量最高，达0.015 0 mg，而2007—2010年含量变动较小。砷含量在0.031~0.387 mg变动，2007年、2009年和2010年高于2006年和2008年含量近1个数量级。

表7-3 2006—2010年珠江口虾类每千克湿重样品中重金属残留均值

（单位：mg）

年份	Cu	Pb	Zn	Cd	Ni	Cr	Hg	As
2006	7.30	0.15	9.48	0.146	1.10	1.03	0.015 0	0.052
2007	6.81	0.55	14.11	0.365	0.55	2.59	0.003 4	0.364
2008	8.43	0.64	11.99	0.430	0.39	6.31	0.003 3	0.031
2009	6.16	2.19	11.96	0.549	0.40	2.84	0.002 7	0.201
2010	6.36	0.19	13.59	0.069	—	0.31	0.006 2	0.387
标准限值	50	0.5	—	0.5				

3. 贝类重金属残留年际变化

珠江入海口监测贝类种类包括背角无齿蚌、文蛤、丽文蛤、河蚬等，每年检测样本数为1~4个，主要是将每种种类的所有个体混合为一个样本进行检测分析。2006年、2008年两年未采集到贝类样品，故仅统计2007年、2009年和2010年间贝类重金属残留均值情况，如表7-4所示。

表7-4 2007年、2009年、2010年珠江口贝类每千克湿重样品中重金属残留均值统计表

（单位：mg）

年份	Cu	Pb	Zn	Cd	Ni	Cr	Hg	As
2007	3.85	1.14	24.10	0.262	0.62	0.78	0.009 2	0.175

（续）

年份	Cu	Pb	Zn	Cd	Ni	Cr	Hg	As
2009	6.65	3.22	23.03	0.874	1.82	4.99	0.010 4	0.857
2010	4.99	0.29	18.60	0.558	—	0.65	0.004 7	1.344
标准限值	50	0.5	—	0.5	—	—	—	—

其中，铜的含量范围为 3.85～6.65 mg，未超标准限值。铅含量范围为 0.29～3.22 mg，2007 年和 2009 年超标准值，最大超标 5.44 倍，出现在 2009 年。锌含量范围在 18.60～24.10 mg 波动，但变化趋势不明显。镉含量在 0.262～0.874 mg 变动，2009 年、2010 年超标，并在 2009 年超标最大，超标 0.75 倍。镍含量在 0.62～1.82 mg 变动。铬含量在 0.65～4.99 mg 变动，2009 年含量高于其他 2 年份 5 倍以上。汞含量在 0.004 7～0.010 4 mg 变动，但变化幅度不大。砷含量在 0.175～1.344 mg 变动，呈上升趋势。

（二）主要渔业经济动物重金属残留食用风险评估

以 2008 年珠江口经济动物种类重金属残留情况为例，评估珠江口经济动物种类食用风险情况。2008 年珠江口经济鱼、虾类每千克湿重肌肉样品中不同重金属含量见表 7-5。不同鱼类肌肉 Cu 含量在 0.141～1.41 mg，均值为 0.46 mg；而虾类均值高达 8.43 mg。不同鱼类 Zn 含量在 3.14～14.75 mg，均值为 6.01 mg；而虾类均值为 11.99 mg。不同鱼类 Ni 含量在 0.15～0.60 mg，均值为 0.33 mg；而虾类均值为 0.39 mg。不同鱼类 Cr 含量在 1.65～8.27 mg，均值为 5.23 mg；而虾类均值为 6.31 mg。不同鱼类 Pb 含量在 0.04～0.63 mg，均值为 0.36 mg；而虾类均值为 0.35 mg。不同鱼类 Cd 含量在 0.14～0.28 mg，均值为 0.21 mg；而虾类均值为 0.43 mg。不同鱼类 Hg 含量在 0.000 2～0.015 4 mg，均值为 0.005 9 mg；而虾类均值为 0.003 3 mg。不同鱼类肌肉中 As 含量在 0.000 3～0.232 9 mg，均值为 0.053 8 mg；而虾类均值为 0.031 4 mg。在有相应标准限值的元素中，Cu 元素无种类超标，Pb 的种类超标率为 29%，Cd 的种类超标率为 100%，As 的种类超标率为 14%。

表 7-5　2008 年 8 月珠江八大入海口采集生物每千克湿重肌肉样品中重金属含量

（单位：mg）

种类	样本	Cu	Zn	Ni	Cr	Pb	Cd	Hg	As
广东鲂	4	0.201±0.065	4.42±2.25	0.442±0.180	7.38±5.06	0.437±0.158	0.194±0.035	0.008 1±0.002 2	0.000 3±0.000 1
赤眼鳟	5	0.302±0.141	5.04±1.38	0.358±0.173	3.89±1.60	0.221±0.136	0.201±0.048	0.006 3±0.003 8	0.008 7±0.012 1

（续）

种类	样本	Cu	Zn	Ni	Cr	Pb	Cd	Hg	As
鲤	3	0.192± 0.015	5.59± 0.81	0.179± 0.151	4.76± 3.26	0.318± 0.252	0.153± 0.013	0.015 4± 0.003 7	0.027 2± 0.006 0
草鱼	1	0.207	4.53	0.199	2.02	0.565	0.220	0.004 7	0.059 4
七丝鲚	5	0.479± 0.173	5.36± 1.22	0.434± 0.088	5.04± 2.73	0.625± 0.498	0.281± 0.029	0.002 9± 0.000 8	0.046 5± 0.012 4
花鰶	7	0.667± 0.110	6.09± 1.29	0.280± 0.104	6.01± 4.00	0.535± 0.361	0.232± 0.064	0.001 9± 0.001 4	0.232 9± 0.079 3
鲻	5	0.217± 0.095	3.14± 0.34	0.440± 0.171	5.73± 2.72	0.271± 0.201	0.225± 0.031	0.011 2± 0.009 9	0.122 7± 0.078 2
海鳗	3	0.704± 0.251	14.75± 0.63	0.596± 0.303	8.27± 3.40	0.579± 0.490	0.171± 0.027	0.006 1± 0.002 6	0.026 9± 0.013 5
花鲈	4	0.141± 0.053	4.35± 1.13	0.278± 0.243	3.51± 4.78	0.389± 0.338	0.144± 0.073	0.011 4± 0.002 6	0.037 9± 0.014 2
黄鳍鲷	2	0.268± 0.068	4.68± 0.14	0.335± 0.030	5.31± 5.30	0.303± 0.388	0.206± 0.016	0.004 5± 0.001 3	0.055 3± 0.009 3
棘头梅童鱼	2	0.384± 0.0211	3.66± 0.23	0.148± 0.044	7.15± 1.90	0.216± 0.277	0.213± 0.009	0.001 9± 0.000 3	0.021 8± 0.000 9
中华海鲇	2	0.315± 0.015	9.00± 0.60	0.403± 0.230	1.65± 0.26	0.044± 0.034	0.256± 0.032	0.005 8± 0.006 8	0.083 2± 0.007 2
蝦虎鱼	1	1.413	6.33	0.161	5.13	0.299	0.219	0.002 3	0.017 2
丝鳍鲔	1	0.917	7.21	0.386	7.33	0.199	0.283	0.002 3	0.013 2
鱼类		0.458	6.01	0.331	5.23	0.357	0.214	0.005 9	0.053 8
限量a		≤50	—	—	≤0.5	≤0.1	甲基汞≤0.5		无机砷≤0.1
虾类	3	8.43± 1.97	11.99± 3.31	0.388± 0.092	6.31± 5.08	0.354± 0.514	0.430± 0.084	0.003 3± 0.001 4	0.031 4± 0.016 2
限量b		≤50	—	—	≤0.5 (甲壳类)	≤0.5 (甲壳类)	甲基汞 ≤0.5		无机砷 ≤0.5

注：a 为《无公害食品 水产品中有毒有害物质限量》（NY 5073—2006）对鱼类的规定限值；b 为对鱼类以外其他生物类群的规定限值。

　　根据珠江口鱼、虾两大主要经济动物类群肌肉中各种重金属含量的均值，对不同类群人群的食用健康风险进行评估，其结果如图 7-7 所示。珠江口鱼、虾中累积的重金属被普通成人食用的总危害商数（THQ）均低于 1，说明对于普通成人而言，食用珠江口鱼、虾造成等效死亡的终生危险度较低。但是，渔民和儿童食用珠江口鱼、虾类的 THQ 均高于 1，危险系数高。主要原因是渔民对水产品的摄取速率（0.079 kg/d）高于普通人群（0.033 kg/d），而儿童终生暴露时间（以平均 70 年计）要高于成人（以平均 30 年计），这是渔民和儿童成为高受威胁人群的主要原因。如图 7-8 所示，在所分析的重金属元素中，Cr 和 Cd 的风险分担率之和占总危害商数的 85％以上。

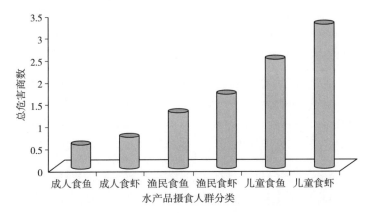

图 7-7　珠江口鱼、虾类重金属富集对不同人群的食用风险

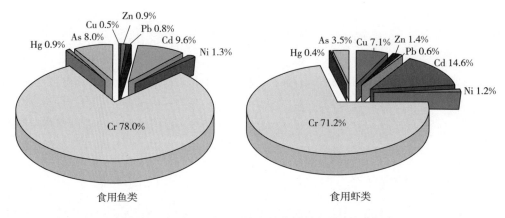

图 7-8　食用不同类群生物各重金属元素的风险分担率

虽然在我国《无公害食品　水产品中有毒有害物质限量》（NY 5073—2006）中无 Cr 限值的规定，但在《食品安全国家标准　食品中污染物限量》（GB 2762—2017）中对 Cr 的规定限值是不高于每千克湿重样品 2.0 mg，据该标准，93％的鱼类种类远超该标准值。因此，尤其要重视水产品中 Cr 和 Cd 这两种元素的影响及潜在危害的跟踪监测和研究。

第三节　铜、镉对珠江河口鱼类早期阶段的毒性毒理影响

珠江河口是许多江河、近海鱼类繁殖、早期育肥的主要场所，研究重金属对鱼类早

期阶段的毒性毒理影响是对珠江及河口生态资源保护的基础（曾艳艺 等，2014a，2014b）。西江是珠江的最主要干流，自广西梧州、桂平至广东封开、德庆等江段一带形成规模大小不一的鱼类产卵场，其中包括广东鲂国家级水产种质资源保护区及广东鲂产卵场。在西江上游繁殖产生的鱼卵、仔鱼等鱼类早期资源群体随水流进入珠三角河网及河口水域育肥生长到幼鱼、成鱼阶段，循环补充当地鱼类资源群体。其中，鲴类、赤眼鳟和广东鲂是珠江尤其是西江中下游江段的主要鱼类早期资源组成，占据年鱼苗总量的70％以上（谭细畅 等，2010）。但自 20 世纪 80 年代以来，珠江及河口鱼类资源急剧下降（陆奎贤，1990），除航道建设、采砂、水坝等工程项目破坏鱼类固有的栖息地及阻断洄游通道外，水环境污染可能也是重要的原因（李捷 等，2010）。

此外，河流重金属污染及其对水域生态系统的危害日益严重，已引起全球范围的普遍关注（Sikder et al，2013）。鱼类作为河口生态系统的重要组成部分，在受重金属污染时，其氧化应激响应指标比形态可见症状的反应要灵敏、迅速，可作为污染指示。在受重金属胁迫的氧化压力下，鱼类为保护自身免受氧毒性损伤启动一套抗氧化防御系统，以维持体内活性氧代谢的平衡。鱼类的抗氧化防御系统包括小分子非酶抗氧化剂如谷胱甘肽、维生素 C、维生素 E 及超氧化物歧化酶、过氧化氢酶、过氧化物酶、谷胱甘肽还原酶等抗氧化物酶（Martinez-Alvarez et al，2005）。以往的大量研究结果表明，重金属胁迫下，鱼类的抗氧化防御响应在不同鱼及其发育生长阶段的差异性显著（Giari et al，2007；Asagba et al，2008；Atli and Canli，2010；Liu et al，2011；曹亮，2010）。

珠江流域渔业生态环境监测中心经长期跟踪监测珠江中下游及珠三角河网水环境状况发现，铜和镉是该水域特征重金属污染物，这主要与珠江上游重金属相关工、矿业迅猛发展过程中废液、废渣等排放有关。这些重金属污染物大部分沉积于江底，随江水、洪水冲刷向下游迁移，并在河口富集，而河口又是珠江鱼类早期生长育肥的场所，长此以往，必然对当地鱼类，尤其是对重金属敏感的仔稚幼鱼产生毒性效应。此外，谢文平等（2014）对珠三角鱼类养殖池塘水和底泥的调查，亦发现铜、镉污染的情况较为严重。然而，国内外有关环境污染因子对珠江特有鱼类，尤其是广东鲂的生态毒理研究资料缺乏，仅有少量报道（许淑英 等，1998；李琳 等，2013；Zeng et al，2014）。此外，现有的渔业水质标准一直沿用的是 1989 年颁布的《渔业水质标准》（GB 11607—1989），该标准是否足以保护现有的鱼类资源值得重新探讨。因此，笔者以珠江肇庆江段采集的仔鱼及驯化养殖 60 d 以上的幼鱼为试验对象，探讨铜和镉对这些天然鱼类仔、幼鱼时期的毒性效应及其潜在生态风险；另一方面，以该流域特有种类广东鲂幼鱼为试验对象，进一步开展了铜、镉亚急性单一和联合胁迫对其氧化应激效应的研究，以期找出适宜的生物标记物，完善珠江流域污染评价与预警体系，从而为珠江鱼类资源的保护提供科学依据。

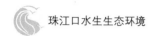

一、重金属对鱼类早期资源的毒性和毒理研究方法

（一）铜、镉对优势鱼类早期阶段的毒性效应

利用定置漂流性鱼卵、仔鱼定量采集网于西江肇庆江段采集天然仔鱼，带回实验室驯化暂养 24 h 后，分别挑出 2 种优势鲤科鱼种赤眼鳟（*Spualiobarbus curriculus*）、鲴属一种（*Xenocypris sp.*）仔鱼和广东鲂（*Megalobrama terminalis*）幼鱼单独分于不同鱼缸充气驯养以备试验。将挑出的赤眼鳟和鲴投喂熟蛋黄粉（实验室自备，将购自超市的生态土鸡蛋煮熟，剥取蛋黄后用单层纱布包裹浸入养殖水中，轻轻揉捏两下，蛋黄粉逐渐分散）暂养 2 d 后作为仔鱼急性毒性的试验对象，而广东鲂前期投喂熟蛋黄粉，后期投喂鳗饲料（"大昌"牌，并根据鱼体大小研磨成适口小颗粒）驯养 60 d 后作为幼鱼急性毒性的试验对象。为避免投喂重金属超标的饵料对试验对象产生影响，饵料备用前都做了重金属残留的检测分析，确认符合相关标准要求方供使用。受试生物在试验前一天停止喂食，但仍保持充气，驯养期间受试生物的死亡率＜10%。急性毒性试验期间，两种仔鱼体长为（1.2±0.1）cm；幼鱼体长（3.7±0.2）cm，体重（1.05±0.10）g。

急性毒性溶液使用分析纯药品 $CuSO_4 \cdot 5H_2O$ 和 $CdCl_2 \cdot 2.5H_2O$ 以去离子水配制贮备液，铜和镉的贮备液浓度（均为离子质量浓度）分别是 5 g/L 和 50 g/L。试验时以预先经过曝气 24 h 的自来水配成所需的试验浓度。

仔鱼试验容器为 1 L 烧杯，试验前经泡酸后用自来水冲洗干净使用，试验水体 1 L。根据预试验结果对不同的试验对象设置不同试验梯度。对赤眼鳟，铜的试验梯度为 0.01 mg/L、0.05 mg/L、0.10 mg/L、0.50 mg/L 和 1.0 mg/L；镉的试验梯度为 0.5 mg/L、1.0 mg/L、2.0 mg/L、4.0 mg/L 和 8.0 mg/L。对鲴，铜的试验梯度为 0.005 mg/L、0.01 mg/L、0.02 mg/L、0.04 mg/L 和 0.08 mg/L；镉的试验梯度为 0.2 mg/L、0.4 mg/L、0.8 mg/L、1.6 mg/L 和 3.2 mg/L。经曝气的自来水为对照组。各试验组和对照组分别设三个平行。各梯度组溶液配置好后，利用自制的小型水生动物捕获简易装置收集受试生物到烧杯中以备快速分配到各试验容器中，其中每个烧杯放入约 40 尾游泳活跃的个体。试验期间，水温为（25.0±0.5）℃，pH 为 7.50±0.30，水质硬度为（60.0±2.0）mg /L（以 $CaCO_3$ 计）。试验期间不扰动。每隔 6 h 挑出死亡个体，统计死亡个体数。考虑到仔鱼空腹试验时间过长产生的试验误差，只观察记录 48 h，分别统计 24 h 和 48 h 后的死亡率。在试验开始及结束时利用原子吸收光谱仪（北京瑞利 WFX - 120A）分别检测试验水体的相应金属浓度。

幼鱼试验容器为 5 L 烧杯，试验水体 4 L。根据预试验结果，铜对广东鲂幼鱼的试验浓度梯度设为 0.02 mg/L、0.08 mg/L、0.32 mg/L、1.28 mg/L 和 5.12 mg/L；镉的试验浓度梯度设为 0.5 mg/L、2.0 mg/L、8.0 mg/L、32.0 mg/L 和 128.0 mg/L。经曝气的自来水为对照组。各试验组和对照组分别设三个平行。各梯度组溶液配置好后，用捞网捞取大小规格一致的幼鱼个体 20 尾放入各试验容器中。试验期间，水温为（26.0±0.5）℃，pH 为 7.50±0.30，水质硬度为（63.5±2.0）mg/L（以 $CaCO_3$ 计）。试验期间不扰动，为避免死亡个体影响水质，试验第一天每隔 3 h 观察记录并捞出死亡个体，统计死亡个体数，第二天后每隔 6 h 观察记录并捞出死亡个体。连续观察记录 96 h，分别统计 24 h、48 h、72 h 和 96 h 后的死亡率。在试验开始及结束分别检测试验水体的相应金属浓度。

试验结束后金属对受试生物的 LC_{50} 及 95％置信区间参照文献（曾艳艺和黄小平，2011）计算。根据试验对象的敏感性不同，由仔鱼试验推导的安全浓度依据文献（周永欣和章宗涉，1989；周立红 等，1994）的经验公式：安全浓度 $= \dfrac{48\ \text{h}\ LC_{50} \times 0.3}{(24\ \text{h}\ LC_{50}/48\ \text{h}\ LC_{50})^2}$ 计算；由幼鱼试验推导的安全浓度则依据常规方法，以受试动物的 96 h LC_{50} 浓度乘以应用系数 0.1 计算（刘大胜 等，2010）。

（二）广东鲂幼鱼对铜、镉胁迫的氧化应激响应

广东鲂成鱼生活在水体中下层，喜栖息于江河底质多淤泥或石砾的缓流处，以水生植物及软体动物为食。自然种群的成鱼在每年的 3—4 月产卵，仔、幼鱼以浮游生物为食，人工养殖幼鱼可以人工饲料等为食。本次试验广东鲂幼鱼购自广州市吉鲳水产鱼苗繁殖基地，以曝气 2 d 以上的自来水在实验室内暂养以供试验。鱼苗平均体长（2.5±0.2）cm，体重（0.35±0.07）g。在室内自然光照下暂养，水体 pH7.6～7.8，水温 26～28 ℃，硬度 126～138 mg/L（以 $CaCO_3$ 计），溶解氧 7.20～7.85 mg/L。暂养条件下鱼苗自然死亡率＜2％，试验前一天停止喂食。

使用分析纯药品 $CuSO_4 \cdot 5H_2O$、$CdCl_2 \cdot 2.5H_2O$ 分别以去离子水配制浓度为 1 g/L（均为离子质量浓度）的铜、镉贮备液浓度，试验时以预先经过曝气 48 h 的自来水配成所需的试验浓度。

以 48 h 致半数广东鲂死亡的暴露浓度（48 h LC_{50}）为 1 个毒性单位，以计量单位 TU 表示。根据等毒性法设置低、中、高三个浓度效应组的铜、镉单一亚急性毒性及联合毒性胁迫广东鲂幼鱼试验，其中联合毒性以 1∶1 毒性单位配比法设置。预先对该批广东鲂幼鱼进行单一铜、镉 48 h 急性毒性试验，得出铜的 48 h LC_{50} 及其 95％置信区间为 0.8（0.6～1.0）mg/L，镉的 48 h LC_{50} 及其 95％置信区间为 1.4（1.2～1.7）mg/L。《渔业水质标准》（GB 11607—1989）中相应浓度限值（铜为 0.01 mg/L，镉为 0.005 mg/L），由于该标准是基于多种水生标准测试生物毒性结果制定的安全浓度值，理论上其毒性单位数为 1％ LC_{50}，可认为这两个浓度值对广东鲂的毒性单位数均为 0.01 TU，由此确定低

铜、镉浓度组；中、高暴露浓度组则根据对广东鲂 48 h LC_{50} 的 1/30 和 1/9 设置；铜、镉的联合胁迫组以铜、镉各贡献一半毒性单位数的配比方式分别设置低、中、高效应浓度值，故低、中、高暴露浓度分别为 0.01 TU、0.03 TU 和 0.11 TU，各组浓度的配制如表 7-6 所示。

表 7-6 广东鲂幼鱼暴露浓度 (TU) 设置及试验始末铜、镉浓度

（单位：mg/L）

编号	试验组	暴露浓度	试验设置值		起始测定值		结束测定值	
			Cu^{2+}	Cd^{2+}	Cu^{2+}	Cd^{2+}	Cu^{2+}	Cd^{2+}
C	空白对照组	0	0	0	<0.001	<0.001	<0.001	0.001
1	低浓度铜暴露组	0.01	0.01	0	0.012	0.001	0.009	0.001
2	中浓度铜暴露组	0.03	0.03	0	0.032	<0.001	0.025	0.001
3	高浓度铜暴露组	0.11	0.09	0	0.092	0.001	0.083	0.001
4	低浓度镉暴露组	0.01	0	0.005	0.001	0.005	0.001	0.005
5	中浓度镉暴露组	0.03	0	0.04	0.001	0.038	0.001	0.044
6	高浓度镉暴露组	0.11	0	0.16	<0.001	0.163	<0.001	0.138
7	低浓度铜、镉联合暴露组	0.01	0.005	0.002 5	0.004	0.002	0.004	0.003
8	中浓度铜、镉联合暴露组	0.03	0.015	0.02	0.014	0.019	0.015	0.022
9	高浓度铜、镉联合暴露组	0.11	0.045	0.08	0.045	0.079	0.043	0.078

由于鱼样品氧化应激指标的测定可能受检测过程中的处理温度和指标分析时限影响较大，因此在试验中分预试验和正式试验进行。预试验的目的是为了确定样品的组内个体差异值范围，分别在玻璃缸中仅以所设的三个中浓度组，试验组 2、5 和 8（表 7-6）配制体积为 20 L 的水体，每个浓度的缸里放入 30 尾试验鱼，静置试验。分别在试验第一、第四和第七天从每个缸里取 5 尾鱼，每尾鱼分别进行蛋白质（Pr）含量，超氧化物歧化酶（superoxide dismutase，SOD）和过氧化氢酶（catalase，CAT）活性，总抗氧化能力（total antioxidant capacity，T-AOC），谷胱甘肽（glutathione，GSH）和丙二醛（malondialdehyde，MDA）含量等氧化应激指标分析。结果确定了每组样品所测指标的个体之间的差异 <10%（$n=5$）。

正式试验时，在水体体积为 10 L 的玻璃养殖系统中进行。每个试验组放入 10 尾广东鲂幼鱼，静置试验。试验期间不投饵、不充气，自然光照，水体理化指标保持与暂养条件相同。正式试验开始后，分别在第一、第四、第七和第十四天分别从各处理组中取出 2 尾鱼，用超纯水冲洗后吸干，将样品存放于−20 ℃超低温冰箱，并在 2 h 内匀浆，匀浆样品 4 ℃保存以待各氧化应激指标分析，其中，CAT、GSH 和 T-AOC 在 4 h 内分析完毕，SOD 和 MDA 在 6 h 内分析完毕。此外，在试验初始及试验结束时分别从各处理组取

上层水样，以石墨炉原子吸收分光光度法测定其中铜、镉浓度。根据《渔业水质标准》（GB 11607—1989）规定的方法利用 Agilent AA DUO 原子吸收光谱仪测定。

取样时，全鱼样品去鳍后（每尾质量约 0.3 g）放入小烧杯，以质量体积比约为 1∶9 的比例先加入 0.86% 冰冷生理盐水 2/3，用洁净小剪迅速将鱼体剪碎成小组织块，将剪碎的组织与生理盐水混合液倒入玻璃匀浆器，再加入余下的 1/3 生理盐水润洗小烧杯将组织液全量转移至玻璃匀浆器，在冰上研磨 5～8 min 使组织匀浆化，制成 10% 左右的匀浆液。将制好的匀浆转移至洁净离心管，在 4 ℃、3 000 r/min 离心 10 min，弃沉淀留上清液保存在 4 ℃，以待进行以下各氧化应激指标测定。

Pr 含量，T-AOC、SOD、CAT 活性及 GSH、MDA 含量是利用购自南京建成生物工程研究所的试剂盒，结合紫外可见分光光度计测定。其中，Pr 测定采用考马斯亮蓝法，用小牛血清蛋白做标准曲线；采用黄嘌呤氧化酶法测定 SOD 活力，每毫克蛋白在 1 mL 反应液中 SOD 抑制率达 50% 时所对应的 SOD 量，为 1 个 SOD 活力单位；采用 H_2O_2 分解法测 CAT，每毫克蛋白中 CAT 每秒钟分解吸光度为 0.50～0.55 的底物中的 H_2O_2 相对量，为一个 CAT 活力单位；T-AOC 采用 Fe^{3+} 还原法测定，37 ℃时，每分钟每毫克组织蛋白使反应体系的吸光度值增加 0.01 时为一个 T-AOC 单位；采用二硫代二硝基苯甲酸法测定 GSH 含量，以 Pr 计，单位为 mg/g；采用硫代巴比妥酸法（TBA）测定丙二醛（MDA）含量，以 Pr 计，其单位为 nmol/mg。各指标的测定步骤参照南京建成生物公司的试剂盒说明书。

利用单因素方差分析（ANOVA）和 Duncan 多重比较不同暴露时间各响应指标之间的均值差异；经 K-S 检验确定各变量服从正态分布后，利用 Excel 软件对铜、镉胁迫下广东鲂幼鱼氧化应激效应进行毒性单位与效应关系分析并作图；采用相关分析判别广东鲂幼鱼各响应指标之间的相关性。除特别注明外，统计分析均在 SPSS16.0 for Windows 下进行。

二、铜、镉对优势鱼类早期阶段的毒性效应及其潜在生态风险

（一）急性毒性效应

赤眼鳟仔鱼在铜、镉不同浓度下暴露 24 h、48 h 的死亡率如图 7-9 所示。在铜浓度低于 0.50 mg/L 或镉浓度低于 4.0 mg/L 时，赤眼鳟仔鱼的死亡率随着铜、镉浓度的增加而增加，且铜、镉对赤眼鳟的毒性效应随着暴露时间的延长而增强。

鲷仔鱼在铜、镉不同浓度下暴露 24 h、48 h 的死亡率如图 7-10 所示。在铜浓度低于 0.08 mg/L 或镉浓度低于 3.2 mg/L 时，鲷的死亡率随着铜、镉浓度的增加而增加，且铜、镉对鲷的毒性效应亦随着暴露时间的延长而增强。

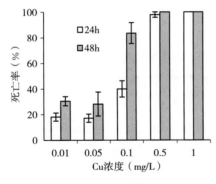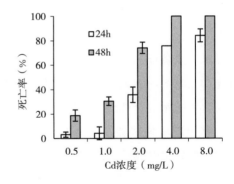

图 7-9　赤眼鳟仔鱼在铜、镉不同浓度暴露 24 h、48 h 后的死亡率

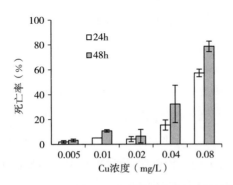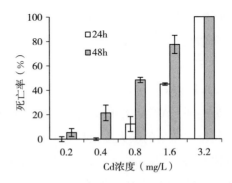

图 7-10　鲷仔鱼在铜、镉不同浓度暴露 24 h、48 h 后的死亡率

广东鲂幼鱼在铜、镉不同浓度下暴露 24 h、48 h、72 h 和 96 h 的死亡率如图 7-11 所示。在铜浓度低于 1.28 mg/L 或镉浓度低于 8.0 mg/L 时，广东鲂的死亡率随着铜、镉浓度的增加而增加，与赤眼鳟和鲷仔鱼相似，铜、镉对广东鲂幼鱼的毒性效应亦随着暴露时间的延长而增强。

铜、镉对珠江天然赤眼鳟和鲷仔鱼以及广东鲂幼鱼的 LC_{50} 及其 95% 置信区间范围、安全浓度如表 7-7 和表 7-8 所示。铜对受试的 3 种天然鱼类早期发育阶段的半致死浓度比镉的低一个数量级以上，表明铜对这 3 种天然仔鱼和幼鱼的毒性强于镉。随着暴露时间的延长，尤其是对幼鱼的试验结果可见，其 LC_{50} 变化趋势减小。由 LC_{50} 计算得出铜对以上 3 种受试鱼的安全浓度分别为 0.006 mg/L、0.010 mg/L、0.010 mg/L，而镉的安全浓度分别为 0.163 mg/L、0.077 mg/L、0.320 mg/L，显然镉的安全浓度在不同种类及发育阶段的变异系数大于铜。

表 7-7　铜对珠江天然仔鱼、幼鱼的 LC_{50} 及安全浓度

（单位：mg/L）

鱼种类/规格	LC_{50}	安全浓度
赤眼鳟/仔鱼	24 h：0.122（0.075～0.199）	0.006
	48 h：0.066（0.055～0.080）	

（续）

鱼种类/规格	LC_{50}	安全浓度
鲷/仔鱼	24 h：0.071（0.058～0.087） 48 h：0.055（0.044～0.069）	0.010
广东鲂/幼鱼	24 h：0.20（0.12～0.34） 48 h：0.12（0.07～0.20） 72 h：0.12（0.06～0.24） 96 h：0.10（0.04～0.27）	0.010

注：《地表水环境质量标准》Ⅱ类相应浓度限值为 1.0 mg/L；《渔业水质标准》相应浓度限值为 0.01 mg/L。

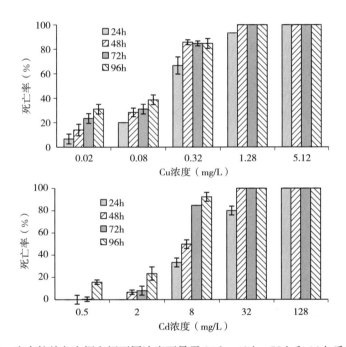

图 7-11　广东鲂幼鱼在铜和镉不同浓度下暴露 24 h、48 h、72 h 和 96 h 后的死亡率

表 7-8　镉对珠江天然仔鱼、幼鱼的 LC_{50} 及安全浓度

（单位：mg/L）

鱼种类/规格	LC_{50}	安全浓度
赤眼鳟/仔鱼	24 h：1.99（1.61～2.46） 48 h：1.29（0.90～1.80）	0.163
鲷/仔鱼	24 h：1.49（1.30～1.71） 48 h：0.83（0.68～1.01）	0.077

（续）

鱼种类/规格	LC_{50}	安全浓度
广东鲂/幼鱼	24 h：13.30（8.54～20.70） 48 h：7.45（5.09～10.90） 72 h：4.45（3.23～6.14） 96 h：3.20（1.97～5.19）	0.320

注：《地表水环境质量标准》Ⅱ类相应浓度限值为 0.005 mg/L；《渔业水质标准》相应浓度限值为 0.005 mg/L。

（二）潜在生态风险分析

重金属对鱼类早期发育阶段的毒性效应受到多种因素的影响，包括鱼类种类、发育生长阶段等生物自身因素，以及温度、水质硬度、pH、溶解氧、溶解有机质等环境因素。本研究结果表明，相同环境条件下，同一发育阶段的仔、幼鱼群体对铜和镉的毒性均随着暴露时间的延长而增强。这与以往对其他水生试验生物的研究结果一致（Bambang et al，1994；Kousar et al，2012）。但在一定浓度范围内，随着暴露时间的延长，其毒性增加趋势减小，可能与受试生物对毒性物质产生耐受性有关。

半致死浓度 LC_{50} 是指示受试生物对毒性物质敏感性的指标，其值越小，则受试生物对该物质越敏感，即物质对该生物的毒性越强。不同鱼类仔、幼鱼阶段对铜的耐受性在种间差异极大。与其他淡水鱼类早期发育阶段比较，本研究中铜对赤眼鳟和鲥仔鱼 24 h LC_{50} 或 48 h LC_{50} 低于大银鱼（戈志强 等，2004）、唐鱼（陈国柱 等，2011）、鲃鲫（Zhu et al，2011）、锦鲤（Wai et al，2011）、鳙（Huang et al，1987）等的仔鱼，但略高于石宾光唇鱼（*Acrossocheilus paradoxus*）（Chen and Yuan，1994）；而铜对广东鲂幼鱼的 24 h LC_{50}、48 h LC_{50} 和 96 h LC_{50} 亦低于中华鳑鲏（杨建华和宋维彦，2010）、孔雀鱼（刘大胜 等，2010）、台湾铲头鱼（Shyong and Chen，2000）等幼鱼，略高于台湾马口鱼幼鱼（Shyong and Chen，2000）。从本研究的两种仔鱼和一种幼鱼结果可见，西江这几种天然鱼类早期资源对铜的敏感性强，在现有研究报道中属于最为敏感的几个种类之一（图 7-12）。

镉对赤眼鳟和鲥仔鱼 24 h LC_{50} 或 48 h LC_{50} 低于唐鱼、鲃鲫、锦鲤、鳙等仔鱼，但略高于大银鱼，而镉对广东鲂幼鱼 24 h LC_{50}、48 h LC_{50} 或 96 h LC_{50} 亦低于中华鳑鲏、台湾铲头鱼、斑马鱼和孔雀鱼等幼鱼，但要高于剑尾鱼（沈节 等，2012）、台湾马口鱼等幼鱼。与其他淡水鱼类相似发育阶段比较，西江赤眼鳟和鲥仔鱼对镉的敏感性极强，但以广东鲂为代表的西江幼鱼对镉的耐受性较高，在现有研究结果中耐受性居中，如图 7-12 所示。

毒性物质对鱼类的毒性强度可根据鱼类出现急性中毒效应的 96 h LC_{50} 值划分为 4 个等级：小于 0.1 mg/L 为剧毒，0.1～1.0 mg/L 为高毒，1.0～10.0 mg/L 为中毒，而大于 10.0 mg/L 则为低毒（张志杰和张维平，1991）。本研究中，铜对赤眼鳟和鲥仔鱼的 48 h LC_{50} 均小于 0.1 mg/L，对广东鲂幼鱼的 96 h LC_{50} 值为 0.1 mg/L，可见，铜对西江主要仔鱼群体是剧毒的；而镉对赤眼鳟和鲴仔鱼的 $48\ h\ LC_{50}$ 在 $1.0\ mg/L$ 左右，对广东鲂幼鱼的 $96\ h\ LC_{50}$ 值为 $3.2\ mg/L$，可见，镉对西江主要鱼苗群体呈现中毒至高毒毒性。

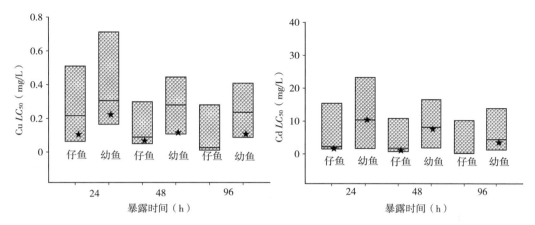

图 7 - 12　铜和镉对珠江天然鱼类与其他区域淡水鱼类早期发育阶段 LC_{50}

注：★为本研究值，仔鱼以西江赤眼鳟、鲴 LC_{50} 平均值表示，幼鱼以广东鲂 LC_{50} 值表示

目前，国际上对由毒理试验结果推算安全浓度的方法难以统一。最广泛使用的是由美国 EPA 推荐的方法，即通过少量生物种群毒理试验数据 LC_{50}、EC_{50} 等乘以安全系数（应用系数或急慢性比率）获得。应用系数则从 $0.01 \sim 0.1$ 范围选择，因此推算的安全浓度存在较大的差异。其中，加拿大管理机构对持久性和非持久性毒性物质所批准的应用系数分别为 0.01 和 0.05；欧盟推荐的应用系数为 0.01（王兆生，2007）。此外，美国 EPA 对水质基准值中铜、铅、镍、银等的规定则以当地敏感种类的 $96\ h\ LC_{50} \times 0.1$ 获得（EPA，1976）。但上述的试验对象多为广泛应用的水生实验动物，在由常规实验动物的毒理试验结果推广到生物发育的敏感阶段或是更敏感的生物时，对应用系数的选择要比直接利用敏感种类的要小，这与陈锡涛所述观点一致（陈锡涛，1991）。总体而言，若以水生动物极其敏感的发育阶段试验时，一般以经验公式 $\dfrac{48\ h\ LC_{50} \times 0.3}{(24\ h\ LC_{50}/48\ h\ LC_{50})^2}$ 计算安全浓度；若以生长或发育良好的水生动物试验时，则一般根据 $96\ h\ LC_{50} \times 0.1$（或 0.01）计算安全浓度。因此，本研究中根据受试生物的特征在计算铜和镉对仔鱼的安全浓度时以 $\dfrac{48\ h\ LC_{50} \times 0.3}{(24\ h\ LC_{50}/48\ h\ LC_{50})^2}$ 公式计算，而对生长趋于稳定的幼鱼则以 $96\ h\ LC_{50} \times 0.1$（或 0.01）计算（杨丽华 等，2003）。本研究中铜对 3 种受试鱼的安全浓度计算值均十分接近《渔业水质标准》的规定，表明根据该方法计算水体重金属的安全浓度较为合理。

我国《渔业水质标准》适用于鱼、虾类的产卵场、索饵场、越冬场、洄游通道和水产养殖区等海、淡水的渔业水域；而《地表水环境质量标准》依据水环境功能划分Ⅱ类水质对应的水体为集中式生活饮用水地表水源地一级保护区、珍稀水生生物栖息地、鱼虾类产卵场、仔稚幼鱼的索饵场等。本研究中铜对西江占优势的几种天然鱼类早期资源的安全浓度低于或接近我国现有的《渔业水质标准》，且低于《地表水环境质量标准》Ⅱ类对铜的规定一个数量级以上。从该角度看，现有的相关标准，尤其是《地表水环境质量标准》对铜的规定在保护西江现有优势鱼类早期资源群体上存在风险，这与其他研究中提出的国家《地表水环境质量标准》对铜的要求偏低一致。本研究中镉对西江占优势的几种天然鱼类早期资源的安全浓度远高于相关标准对镉的规定值，潜在生态风险较低。

三、广东鲂幼鱼对铜、镉胁迫的氧化应激响应及其指示意义

（一）氧化应激响应

广东鲂幼鱼各氧化应激指标随试验暴露时间的变化如表 7-9 所示。正式试验期间所有处理组 MDA 含量（以 Pr 计）在 $1.08\sim7.34$ nmol/mg。暴露第一天后即达高值，极显著高于第四、第七、第十四天（$df=3$，$F=38.60$，$P<0.001$）；其后，随暴露时间的延长而下降，并保持相对恒定。这意味着广东鲂受亚急性铜、镉浓度暴露后，很快表现出氧化损伤，但随着机体启动抗氧化防御系统后，氧化损伤程度有所下降。GSH 含量（以 Pr 计）变化较大，在 $0.44\sim22.82$ mg/g。其中暴露第一天后迅速至高值，极显著高于第四、第七、第十四天（$df=3$，$F=31.99$，$P<0.001$），其后均随暴露时间的延长而下降，并保持相对恒定；意味着广东鲂受亚急性铜、镉浓度暴露后，随着体内氧化压力的产生，机体首先启动以 GSH 为代表的第一道抗氧化防御防线来清除氧自由基，GSH 含量迅速增加，但随着暴露时间的延长，对 GSH 消耗增加，GSH 含量很快降低。T-AOC 是机体总抗氧化压力的指标，T-AOC 活力（以 Pr 计）在 $0.10\sim1.32$ IU/mg 变化，亦是暴露第一天达高值，极显著高于第四、第七、第十四天（$df=3$，$F=22.02$，$P<0.001$），随后第四、第七天逐渐下降，而在第十四天又有所回升。SOD 活性（以 Pr 计）在 $2.45\sim13.24$ IU/mg 变动，随着暴露时间的延长，SOD 活性在第四天极显著高于其余时间（$df=3$，$F=67.64$，$P<0.001$），且仅在第四天铜、镉不同浓度暴露胁迫组与对照组的 SOD 水平差异较大，其他时间差异不明显。CAT 活性（以 Pr 计）变化范围为 $0.01\sim0.09$ IU/mg，其与 SOD 活性变化趋势相似，亦在第四天极显著高于其他时间（$df=3$，$F=24.81$，$P<0.001$）。

表 7-9 广东鲂幼鱼各氧化应激指标随试验暴露时间的变化响应统计描述

指标		第一天	第四天	第七天	第十四天
MDA	范围	$2.52\sim7.34$	$2.25\sim3.63$	$1.08\sim2.46$	$1.29\sim2.95$
(nmol/mg)	M±SD	4.88 ± 1.51^c	2.99 ± 0.41^b	1.68 ± 0.51^a	1.91 ± 0.57^a
GSH	范围	$1.61\sim22.82$	$0.56\sim3.21$	$0.44\sim2.39$	$1.50\sim5.58$
(mg/g)	M±SD	10.76 ± 5.94^b	1.70 ± 1.01^a	1.07 ± 0.66^a	2.81 ± 1.33^a

（续）

指标		第一天	第四天	第七天	第十四天
T-AOC	范围	0.15～1.32	0.23～0.67	0.10～0.21	0.24～0.68
(IU/mg)	M±SD	0.82±0.43^c	0.28±0.38^b	0.13±0.04^a	0.36±0.13^b
SOD	范围	2.45～4.04	5.06～13.24	3.14～4.23	6.53～9.83
(IU/mg)	M±SD	3.04±0.44^a	9.96±2.27^c	3.51±0.32^a	8.07±1.04^b
CAT	范围	0.009 5～0.012 5	0.021 3～0.093 9	0.016 6～0.038 2	0.039 6～0.058 2
(IU/mg)	M±SD	0.010 9±0.001 1^a	0.059 4±0.023 8^d	0.028 6±0.007 6^b	0.046 9±0.006 4^c

注：M±SD 指同一天不同浓度组均值±标准差；同行 M±SD 值的不同上标字母表示不同暴露时间差异显著（$P<$ 0.05）。

　　试验第一天时 GSH、T-AOC 和 MDA 达高值，且各处理组与对照组之间存在明显的差异，故对铜、镉胁迫下第一天的 GSH、T-AOC 和 MDA 响应值与暴露浓度（以 TU 计）进行剂量-效应关系分析，曲线回归分析结果如图 7-13 所示。曲线关系式表示为：

$$y = A(c-B)^2 + C$$

　　式中，y 为各氧化应激响应指标，A 为系数，c 为暴露浓度（以 TU 计），B 为相应氧化应激响应指标达到最大时对应的暴露浓度，C 为相应氧化应激指标的最大值。

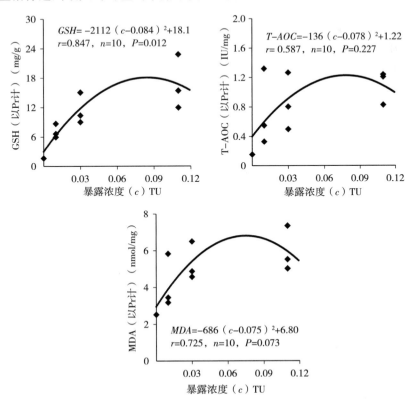

图 7-13　铜、镉暴露浓度与广东鲂幼鱼 GSH、T-AOC、MDA 水平的剂量-效应关系

广东鲂幼鱼 GSH 与暴露浓度之间呈显著（$P<0.05$）的二次曲线关系（$P=0.012$），且在暴露浓度为 0.084 TU 时 GSH 含量最高，对应于铜、镉单一因子暴露的浓度分别为 0.067 mg/L、0.118 mg/L，对应的联合暴露浓度为 0.034 mg/L 铜与 0.059 mg/L 镉。尽管 T-AOC 和 MDA 与暴露浓度呈一定的二次曲线关系，但在统计学上不显著（$P>0.05$）。

试验第四天时 SOD 和 CAT 达到最大，且各处理组与对照组之间存在明显的差异，从而对铜、镉胁迫下第四天的 SOD、CAT 活性与铜、镉暴露浓度（以 TU 计）进行剂量-效应回归分析，结果如图 7-14 所示。广东鲂幼鱼 SOD 和 CAT 活性与暴露浓度呈显著（$P<0.05$）的二次曲线关系，P 值分别为 0.014 和 0.006。SOD 在暴露浓度为 0.059 TU 时达到最大，对应的铜、镉单一因子暴露浓度分别为 0.047 mg/L 和 0.082 mg/L，对应的联合暴露浓度为 0.024 mg/L 铜与 0.041 mg/L 镉；CAT 在暴露浓度为 0.056 TU 时达到最大，对应的铜、镉单一因子暴露浓度分别为 0.045 mg/L 和 0.078 mg/L，对应的联合暴露浓度为 0.022 mg/L 铜与 0.039 mg/L 镉。

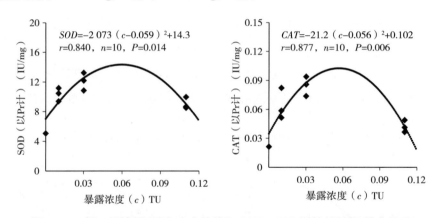

图 7-14　铜、镉暴露浓度与广东鲂幼鱼 CAT、SOD 活性的剂量-效应关系

由于各指标值不完全服从正态分布，其两两间采用 Spearman 相关分析，结果如表 7-10 所示：广东鲂幼鱼 SOD 与 CAT 活性呈极显著的正相关关系，但 SOD 与其他三个指标无显著的相关性；MDA 含量与 T-AOC、GSH 含量亦呈极显著的正相关关系，同时 T-AOC 与 GSH 含量亦呈极显著的正相关关系；但 CAT 活性与 MDA 和 GSH 含量存在显著的负相关关系，而其他指标两两之间的线性关系不显著。

表 7-10　铜、镉胁迫下广东鲂幼鱼氧化应激指标两两间的 Spearman 相关系数

氧化应激响应指标	SOD	CAT	MDA	T-AOC
CAT	0.87**			
MDA	−0.14	−0.31*		
T-AOC	−0.03	−0.18	0.66**	
GSH	−0.31	−0.36*	0.57**	0.84**

注：* 表示显著水平 $P<0.05$；** 表示极显著水平 $P<0.01$；$n=40$。

（二）应激响应的指示意义探讨

重金属胁迫下，鱼类往往会产生不同程度的氧化应激响应，这时机体活性氧自由基增多，超出自身清除能力，导致机体氧化和抗氧化系统失衡，表现在维生素 C、维生素 E、GSH 等非酶抗氧化产物，SOD、CAT 等抗氧化酶等被诱导或消耗（Martinez-Alvarez et al，2005）。此时，机体往往伴随着不同程度的脂质过氧化损伤，MDA 是机体内活性氧自由基（ROS）攻击生物膜中的多不饱和脂肪酸形成的脂质过氧化物，MDA 的量可反映机体内脂质过氧化的程度，间接地反映出机体氧化损伤的程度（Guel et al，2004）。

现阶段的研究表明，鱼类氧化应激响应在鱼的不同种类中呈现特定的时间变化趋势（Srikanth et al，2013）。一般情况下，鱼体率先利用维生素 C、维生素 E、GSH 等小分子非酶抗氧化产物清除过多的 ROS，构成鱼类抗氧化防御的第一道防线，当这些非酶抗氧化产物不足以清除过多的 ROS 时，鱼体则启动合成抗氧化酶以减少超负荷的氧化压力，达动态平衡（Martinez-Alvarez et al，2005）。广东鲂幼鱼暴露于亚急性铜、镉后第一天，其 GSH 含量快速增加，MDA 水平也快速增加，表明在亚急性铜、镉胁迫下广东鲂幼鱼较快产生氧化压力，而机体也快速启动第一道防线；此外，广东鲂幼鱼的总抗氧化能力 T-AOC 在第一天快速增加亦可作为广东鲂幼鱼机体快速启动抗氧化防御的佐证。随着暴露时间的延长，GSH 的消耗量增大，广东鲂幼鱼体内的 GSH 水平迅速降低，相反 SOD、CAT 酶等活性增强（在第四天最强），此后的 14 d 内，广东鲂的氧化压力与抗氧化防御响应达到较稳定的动态平衡状态，氧化损伤与各抗氧化应激指标均有所下降（表 7-9）。而 Pandey et al（2008）对翠鳢（*Channa punctate*）的研究发现，在重金属暴露 30 d 之间，翠鳢的 SOD 和 GSH 含量呈下降趋势，CAT 也在暴露 7 d 后开始下降。另外，砷对翠鳢的 90 d 胁迫研究显示了 GSH 的波动变化特征，暴露前七天，GSH 含量增加，而到第六十天则下降，到第九十天时又有所恢复。然而，短期（96 h）急性铜暴露（5.5 mg/L Cu）致使长须鱼丹（*Esomus danricus*）抗氧化防御机制受损，表现在 SOD 和 CAT 在暴露期间持续下降，MDA 水平持续增加（Vutukuru et al，2006）。可见，鱼类种类、暴露金属种类、暴露方式等差异均可致鱼体内氧化应激响应的差异。因此，在利用鱼类的氧化应激响应指标作为重金属污染的生物标记物前，应尽可能均一化毒物浓度，掌握该生物标记物的动态变化规律，排除其他影响因素的干扰。

氧化应激指标作为污染生物标记物的另一重要前提条件是：其诱导需与污染暴露剂量存在特定的剂量-效应关系。在亚急性铜、镉暴露下，广东鲂幼鱼最敏感时期的氧化应激响应与暴露浓度之间符合二次曲线关系，这与以往报道镉暴露下鲢组织中 SOD 中的抛物线关系一致（吕景才 等，2002），而二次曲线顶点所对应的暴露浓度值可被认为是鱼体对重金属污染从适应到中毒反应的阈值，低于该阈值时的金属暴露是鱼体适应性反应，而高于阈值时的抑制作用可能是中毒反应的前兆。尽管广东鲂各氧化应激指标最高时，对应的中毒反应阈值有些微差异，但各氧化应激响应指标中，又属 SOD 和 CAT 活性最为灵敏；这两者分别在暴露浓度为 0.056 TU 和 0.059 TU 时达最高值，在小于该暴露浓度阈值时均会随着暴露浓度的增加而响应增加。我国现有的《渔业水质标准》（GB 11607—1989）对铜、镉规定的暴露浓度之和为 0.02 TU，位于本研究的响应指标中毒阈值内，理论上 SOD 和 CAT 水平可作为污染程度的指示。而 GSH 响应最为迅速，暴露第一天后即迅速响应。因此，对于重金属铜、镉暴露而言，广东鲂幼鱼机体 GSH 属于快速响应生物标记物，而 SOD 和 CAT 属于灵敏响应标记物。

广东鲂幼鱼在铜、镉胁迫下的各氧化应激响应指标之间存在密切的关系（表 7 - 10）。其中，SOD 与 CAT 活性之间相关性最强，相关系数高达 0.87（$n=40$），这极可能与氧化压力下 SOD 和 CAT 的催化作用机制有关。当抗氧化底物缺乏时，鱼体内 SOD 结合 CAT 共同构成了机体应对氧化压力的另一道防线，通常情况下 CAT 活性的增强或减弱会和 SOD 保持一致，因为这两种酶互相协作，同步反应（Asagba et al，2008）。其中，SOD 的抗氧化防御是将超氧阴离子自由基（$O_2^- \cdot$）歧化为 O_2 和 H_2O_2，CAT 则进一步催化 H_2O_2 转化成 H_2O 和 O_2，从而在一定程度上阻止氧化损伤的发生，维持机体氧化与抗氧化防御动态平衡。这在对其他种类如叉尾鲶（*Wallago attu*）、尖齿胡鲶（*Clarias gariepinus*）、奥尼罗非鱼（*Oreochromis niloticus*）的研究中亦得到验证（Pandey et al，2003；Asagba et al，2008；Atli et al，2006）。然而，另一些研究则发现 CAT 的诱导或抑制与 SOD 并不同步（Sampain et al，2008），这可能与机体应对氧化压力产生的 CAT 巯基被金属结合后失活的速度和效率差异有关（Kono and Fridovich，1982）。此外，T-AOC 与 GSH 含量的相关系数亦高达 0.84，这意味着对广东鲂而言，GSH 在其总抗氧化活力当中发挥重要的作用，因此 GSH 含量的变化决定着其 T-AOC 变化趋势。T-AOC 是机体总的抗氧化能力的指标，包括 GSH 及 GSH 以外的酶促和非酶促抗氧化体系产物的总抗氧化能力。GSH 是由谷氨酸、甘氨酸和半胱氨酸组成的一种三肽，是组织中主要的非蛋白的巯基化合物。它可以清除细胞内的 $O_2^- \cdot$、H_2O_2、LOOH 等自由基及过氧化物（Srikanth et al，2013）。GSH 含量迅速升高是广东鲂应对重金属产生 ROS 的胁迫的一种快速自我保护机制。广东鲂幼鱼在亚急性铜、镉胁迫下应激指标的正、负相关性则反映出机体应对氧化胁迫的相互依赖或代偿作用的动态变化。

铜、镉联合暴露对广东鲂幼鱼的胁迫作用效果表明了它们之间潜在协同作用的方式，而 Roméo et al（2000）的研究则表明铜和镉胁迫下欧洲鲈（*Dicentrarchus labrax*）的抗氧化压力响应不同。今后可通过广东鲂幼鱼组织、器官的响应研究进一步验证并阐明铜、镉对广东鲂幼鱼的联合作用方式及其作用机制。

第八章
珠江河口毒害
有机污染物
污染概况

珠江三角洲流域是我国主要的流域之一，经济发达、城市化程度高，在我国社会经济发展中扮演重要角色。近二十多年以来，流域社会经济的快速发展给该区域带来了日趋严重的环境污染问题。研究表明，大量的生活污水和工业废水未经处理直接排泄入河，这些废水和污水随后进入海洋及附近海域，对河口及近海带来污染。多年来对近海水环境的监测表明，珠江口是我国近岸污染最严重的海域之一，其水域主要受营养盐污染和有机污染，并呈逐年加重趋势，局部海域油污染和重金属污染仍较突出，有机氯农药（organochlorine pesticide，OCP）、多氯联苯（polychlorinated biphenyl，PCB）、菊酯类农药（pyrethroids，PYR）、邻苯二甲酸酯（phthalate，PAE）、多环芳烃（polycyclic aromatic hydrocarbon，PAH）等毒害有机污染物在近岸海水和沉积物中普遍检出。

对珠江三角洲地区毒害有机污染物的研究起步相对较晚。从 20 世纪 90 年代初开始，广大学者对珠江口及其邻近水域内毒害有机污染物的分布特征、存在形态及其对珠江口水生生物的影响进行了广泛而深入的研究。

第一节　毒害有机污染物检测分析方法

水环境体系内，人们主要关心的有 4 种介质：水体、沉积物（底质）、水生生物和水上大气。一般情况下，水上大气中有机污染物的含量很少，很难检测到，所以通常只检测水体、沉积物和水生生物。

分析水中有机污染物的关键在于富集并将不同的微量有机污染物进行分离。对水中含量低、稳定性差、基质复杂、干扰严重的有机污染物进行样品预处理可以提高方法的灵敏度，便于储存和运输，同时可消除部分对分析系统有害的物质，使仪器保持良好的状态。

一、有机污染物的主要预处理方法

环境介质中有机污染物的含量很低，而且样品的成分复杂、基质干扰很大，很难用分析仪器直接测定，因此在检测前对样品进行适当的前处理是分析测定的基础，进而为研究有机污染物的环境行为提供有力依据。

一般的检测方法包括提取过程和分析过程，提取方法主要是应用一系列的物理手段或化学溶剂，如索氏提取、振荡提取、超声波提取、微波辅助提取等手段通过高温、振动、化学溶剂、压力等将有机化合物分离出来。分析过程主要是根据化合物的理化性质

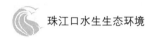

用气相色谱、液相色谱或质谱来检测定量。

（一）液-液萃取

液-液萃取（liquid-liquid extraction，LLE）是各种经典的样品前处理方法中经常使用的一种。它利用组分在互不相溶两相中不同的溶解度，达到分离和富集的目的。它的操作装置比较简单，只需选择合适的溶剂。

LLE仪器使用简单、操作简便、重复性好，曾一度是固体或水样最为广泛应用的样品预处理方法，被美国EPA500、EPA600、EPA800系列采用。缺点是费时、溶剂用量大，对操作人员有害、易造成二次污染等，正逐渐被新的方法取代。后来发展了液膜萃取、ASE等，无论是溶剂用量还是时间方面都大为减少。

（二）索氏抽提法

索氏抽取法常用于固体样品的萃取，但使用大量的有机溶剂，萃取时间长，同时大量的杂质也一起被萃取出来，影响了色谱分析。

（三）超声波萃取法

超声波萃取法的基本原理是利用超声波的空化作用加速污染物有效成分的浸出提取。另外，超声波的次级效应，如机械振动、乳化、扩散、击碎、化学效应等也能加速欲提取成分的扩散释放并充分与溶剂混合，利于提取。

（四）固相萃取

固相萃取（solid phase extraction，SPE）技术是近年来发展较快的样品前处理技术之一，其原理与液相色谱分离过程类似，是根据被萃取组分与样品基质及其他成分在固定相填料上的作用力强弱不同使其彼此分离，可用于"清洗"样品，除去干扰或对分析测定有害的物质，使组分分级，达到浓缩或纯化的目的（Martinez et al，2004）。固相萃取待分离的物质不仅可以是小分子量未解离的物质，也可以是高分子量的酸性或碱性分子，如腐殖酸。SPE技术在环境污染物监测中是一种快速、有效、简便的方法，对于某些污染物样品的前处理，它可以取代传统的液液萃取方法。但是，吸附剂选择的困难大大限制了SPE技术的广泛应用。国外的研究也大都局限在对一种或一类优先污染物的SPE技术的研究，而对吸附剂的研究，特别是对优先污染物中几大类化合物吸附剂选择的研究目前还是一个空白。

（五）固相微萃取

固相微萃取（solid phase microextraction，SPME）是在固相萃取（SPE）基础上发

展起来的一种样品前处理技术，是一种集萃取、浓缩、解吸、进样于一体的样品前处理新技术，该技术以固相萃取为基础，保留了其全部优点并摒弃了需要柱填充物和使用有机溶剂进行解吸的弊病（Zeng et al，2004）。SPME 法具有样品用量少，对待测物的选择性高，方便、快捷的特点，已成功地应用于气态、水体、固态中的挥发性有机物（VOCs）、半挥发性有机物以及无机物的分析。试验证明，SPME 对环境中的污染物进行监测具有可靠性，并将建立一系列的标准检测方法。

SPME 技术克服了离心、挤压等方法采集样品时不具代表性的缺陷，可在一定空间范围内连续采样，并能根据有机污染物在水相和颗粒相平衡分布特征的不同，判别其不同来源。

（六）膜萃取技术

膜分离是一项新兴的高效分离技术，被公认为 20 世纪末到 21 世纪中期最有发展前途的技术之一。膜萃取是膜技术与萃取过程相结合的新型膜分离技术，膜的类型主要有平板膜、中空纤维膜、支撑液膜、夹层支撑液膜及色谱膜等。膜萃取作为一种富集、分离手段，与其他辅助设备、仪器、检测方法相结合，在环境保护、生物模拟、金属离子富集、药物分离等方面的应用日益受到人们的重视。

（七）加速溶剂萃取

加速溶剂萃取（accelerated solvent extraction，ASE）是近几年才发展的新技术（Fu et al，2003）。ASE 在环境分析中已广泛用于土壤、污泥、沉积物、大气颗粒物、粉尘、动植物组织、蔬菜和水果等样品中有机污染物的提取。

二、有机污染物的检测方法

已经应用于有机污染物的检测技术主要包括：薄层色谱、胶束电动色谱法、气相色谱法（gas chromatography，GC）气相色谱-氢火焰离子检测器法、液相色谱法、气相色谱-质谱联用法（gas chromatography-mass spectrometry，GC-MS）、高效液相色谱法（high performance liquid chromatography，HPLC）等。在现代分析手段（如 HPLC 和 GC-MS）发展之前，经典的柱吸附、纸和薄层色谱都曾被广泛地用于分离部分有机污染物，但由于水中有机污染物的测定要求很低的检出限，而且高效液相色谱法、气相色谱法和气相色谱-质谱联用法在有机污染物测定中具有明显的优越性，如快速、高分辨率、高选择性等，因而逐渐成为有机污染物测试技术中的主流。

（一）气相色谱法

气相色谱法在 20 世纪 50 年代初期就开始应用于分析化学领域，是一种比较成熟的方

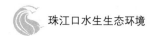

法。GC 法具有高效性、高选择性、高灵敏度、用样量少、分析速度快以及应用广泛等优点，是分析复杂组分混合物的强大工具，尤其适宜分析挥发性有机化合物。

但是，由于气相色谱使用气体流动相，被分析样品必须要有一定的蒸气压，汽化后才能在柱上分离，对那些挥发性差的物质（高沸点化合物），汽化温度和柱温必须很高，这使得许多高分子化合物和热稳定性差的化合物在汽化过程中分解，易改变原有的结构和性质。特别是具有生物活性的生化样品等物质，温度过高就会变性失活，这样的样品分析用气相色谱就难以胜任了。现在已知的化合物中，仅有 20% 的样品可不经过预先的化学处理而能满意地用气相色谱分离、分析。

（二）气相色谱-质谱联用法

气相色谱具有分离效率较高、分析速度较快，可以采用多种灵敏度高、选择性好、线性范围宽的检测器，容易和其他仪器联用的优点，可以用于有机污染物的测定。但由于实际水样品中的干扰物质较多，单独使用气相色谱仪对分离测定造成很大困难。为消除干扰，提高灵敏度和准确度，目前多采用气相色谱与质谱联用技术，全扫描或选择离子检测（selected ion monitoring，SIM）模式进行定性、定量分析。该方法简便易行，能满足痕量有机污染物的分析要求。目前，人们将 GC-MS 与固相微萃取技术相结合，使得分析时间大为缩短，并减少了人为误差。

（三）高效液相色谱法

高效液相色谱法是 20 世纪 60 年代后期发展起来的一种新颖、快速的分离分析技术。近十多年来，高效液相色谱法越来越受到色谱工作者的重视，特别是高沸点化合物的测定，在技术上取得了很大的发展。具有荧光或紫外-可见光检测器的高效液相色谱在分析速度、分离效能、检测灵敏度和操作自动化方面都达到了和气相色谱相媲美的程度，并保持了经典液相色谱对样品使用范围广、可供选择的流动相种类多等优点。

与气相色谱或气相色谱-质谱联用相比，高分辨率、高灵敏度和选择性检测是高效液相色谱法分析有机污染物的主要优势。对于某些分子极性和性状相似的有机物同分异构体，即使用开口空心毛细管柱气相色谱也不能分离，高分辨质谱也无能为力。HPLC 法则不受挥发性和热稳定性的限制，具有分离效果好、定量准确等优点，尤其对于有机污染物中同分异构体的分离分析效果良好。HPLC 常用的检测器有紫外检测器、二极管阵列检测器、荧光检测器、蒸发光散射检测器和质谱检测器等。其中，荧光检测器对于有机污染物的灵敏度比较高，更适合水中低浓度有机污染物的测定。因此，具有荧光检测器的高效液相色谱仪是有机污染物的常用分析仪器之一。

第二节　珠江河口水体毒害有机污染物含量及污染现状

近年来，环境保护已成为了我国的一项基本国策，我国政府十分重视人民健康和环境状况的改善。"七五"期间开展了中国环境优先监测研究，在此基础上提出了反映我国环境特征的《水中优先控制污染物黑名单》，共计包括 14 种化学类别、68 种有毒化学物质，其中有机物占 58 种（王正萍 等，2002）。我国作为一个化学品生产和使用大国，一些典型的有毒有害化学物质尤其是有机氯农药等在环境中广泛分布，使我国面临有毒有害化学品对生态环境和人体健康的压力与挑战。国内外学者近年来在水环境中有机氯农药的污染状况、迁移转化及环境行为等方面的研究已做了大量工作，并取得了一些初步成果。

有机氯农药是一类典型而重要的持久性有机氯代污染物，具有高毒性、高生物富集性和难以生物降解等特点（Jiang et al，2009）。有机氯农药曾被广泛应用于农业生产，为世界的粮食生产与人口的增长做出过重大贡献。但在获得巨大经济收益的同时，也造成了对大气、水体、土壤及生物圈的污染。有机氯农药的生态危害早为人们所认识。近年来，有机氯农药污染物已成为全球环境污染研究的重要内容和热点问题（Abbott et al，1965；Willett et al，1998）。早在 20 世纪 60 年代，就有研究发现有机氯农药滴滴涕与六六六对五大湖区多种野生动物的繁殖有影响：通过影响内分泌系统的正常功能，造成钙代谢失常，使蛋壳变薄，难以保证小鸟的孵化。现在，有机氯农药如滴滴涕、滴滴伊、林丹作为一种内分泌干扰物质已被人们所广泛认识。

六六六（HCH）和滴滴涕（DDT）是有机氯农药中典型的两类代表性化合物。我国 1951 年开始尝试生产六六六，1952 年开始转入批量生产。首先用于蝗虫的治理，后来逐步用于小麦吸浆虫等农作物害虫、果树和蔬菜害虫、草原害虫等。而对于滴滴涕来说，我国在 1946 年就开始有小规模的生产，历史上累计约生产 4.9×10^6 t 六六六和 4.5×10^5 t 滴滴涕，约占全球产量的 33% 和 20%（Wei et al，2007）。自 1983 年之后，我国开始控制和限制六六六和滴滴涕生产和使用，据国家环境保护总局化学品登记中心公布的数据，艾氏剂、异狄氏剂、氯丹、七氯、六氯苯、滴滴涕等有机氯农药已被我国列入《中国禁止或严格限制的有毒化学品名录（第一批）》中。

2001 年 5 月，在瑞典的斯德哥尔摩，包括中国在内的 90 多个国家和地区代表签署了《关于持久性有机污染物的斯德哥尔摩公约》，其中首批控制的 12 种持久性有机污染物（persistent organic pollutant，POP）有 9 种都是有机氯农药。虽然世界各国都先后禁止了六六六、滴滴涕等高残留农药的生产与使用，但是由于这些农药历史用量大，

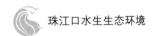

而且性质稳定难降解，在环境中还有大量的残留，并可能成为二次污染源在各环境介质中迁移和转化，对环境造成污染和破坏（Tieyu et al，2005；Li et al，2006；Liu et al，2008），更有可能进一步通过生物积累和生物放大对人体健康造成广泛而持久的影响。

有机氯农药在环境中分布广泛，大气、水体、土壤中都可见其踪迹。由于有机氯农药在世界上大部分国家都被限制生产和使用，现有的有机氯农药主要是以前使用农药的残留通过大气、植物残体、土壤淋溶等方式进入水体，也有少部分属于新近生产和使用的有机氯农药进入水体。由于有机氯农药的低水溶性和高辛醇-水分配系数，其在环境中的最终迁移结果可能是吸附到沉积物中，然后进行缓慢的生物降解、挥发和水解等。水体沉积物被认为是有机氯农药等疏水性有机化合物的最终归宿之一。在实施了大规模的工业点源污染控制和有机氯农药生产和使用的限制之后，沉积物作为有机污染物的一个贮存库，可再次释放有机污染物造成水体的污染，成为二次污染源。因此，对沉积物中有机污染物的研究也一直为人们所重视。

酚是水体中的重要污染物质，会影响水中生物的正常生长，使得水产品发臭。当水中含酚 0.1～0.2 mg/L 时，鱼肉有异味，不能食用；超过 0.3 mg/L 时，会引起鱼类回避；超过 5 mg/L 时，鱼类会中毒死亡（陈志英，2017）。常根据酚的沸点、挥发性和能否与水蒸气一起蒸出，将酚类分为挥发酚和不挥发酚。通常认为沸点在 230 ℃ 以下为挥发酚，一般为一元酚，是高毒物质（韩国萍，2017）；沸点在 230 ℃ 以上为不挥发酚。苯酚、甲酚、二甲酚均为挥发酚，二元酚、多元酚属不挥发酚。酚的主要污染源有煤气洗涤、炼焦、合成氨、造纸、木材防腐和化工行业的工业废水。含酚浓度高的废水不宜用于农田灌溉，否则会使农作物减产或枯死。酚类为原生质毒，人体摄入一定量会出现急性中毒症状；长期饮用被酚污染的水，可引起头痛、瘙痒、贫血及各种神经系统疾病。

石油类属于持久性污染物，因为它本身不易降解。石油污染是指石油在开采、运输、装卸、加工和使用过程中，由于泄漏和排放石油引起的，各种石油制品进入环境而造成的污染。石油污染主要发生在海洋区域，已成为世界性的严重问题。石油漂浮在海面上，迅速扩散形成油膜，可通过扩散、蒸发、溶解、乳化、光降解、生物降解和吸收等进行迁移、转化。石油污染绝大部分来自人类活动，其中以船舶运输、海上油气开采，以及沿岸工业排污为主，由于石油产地与消费地分布不均，世界年产石油的一半以上是通过油船在海上运输的，这就给占地球表面 71% 的海洋带来了石油污染的威胁，特别是油船碰撞、海洋油田泄漏等突发性石油污染，更是给人类造成难以估量的损失。

石油的开发不仅造成了水资源的紧缺，石油生产活动排放的污水及废液还会造成严重的水污染，更加剧了当地的缺水状况。部分油田单位在生产中可能发生原油泄漏与管道破坏等事故，由此造成的岩屑等污染物如果不及时处理，很容易造成严重的水污染；某些油田单位直接对生产时产生的废物进行就地掩埋，加剧了环境恶化。河流受到污染之后，会限制河流水功能区的建设；当河流污染到达一定限度时，石油类污染指标会成指数增加，地下水达不到灌溉用水标准与饮用标准，直接影响到农业灌溉与人们的日常生活，造成群众饮水、用水困难（林少苗，2015）。

石油类污染物组成成分复杂，主要含有多种致癌化合物。这些致癌化合物难以被微生物降解，因而极易富集到生物体内，通过食物链传播和放大，严重危及人类和各类海洋生物的健康（崔毅，1991）。这种危害主要表现为水体中的难以降解的有机物被水生生物吸收后，能在水生生物体内富集，通过食物链最终危害人类健康；恶化的水质一旦被用来浇灌土壤还能造成土壤盐碱化、毒化，石油烃等有毒物质通过农作物和地下水进入食物链，最终也会危害人类健康。有研究表明，许多石油类产品与人体接触后都会危害人的神经系统、呼吸系统、造血系统、皮肤和黏膜等，从而导致人体中毒（杨玲玲，2013）。由于石油类污染物密度普遍比海水密度小，易漂浮在海面上，在水动力作用下，沿海平面和垂直方向进行扩散，以小分子形式溶于水体，进而被海洋生物所吸收，严重危害海洋生态系统（郝林华，2011）。此外，石油类污染严重降低了海水的自净功能和氧气的溶解量，对海水养殖业影响深远。随着陆源污水排量增加以及海上溢油事件频发，石油类污染物逐渐引起了国内外的关注（卢羽洁，2017）。

珠江是我国南方最大的河流，地处亚热带，常年受珠江径流、广东沿岸流和外海水的综合影响，是咸淡水交汇的海域，造就了独特的生态环境和多样化的生物组成，成为我国水产资源的重要产地。历史上珠江三角洲是有机氯农药主要使用地区之一。近年来，随着珠江三角洲经济的迅猛发展和城市化进程的不断加快，以及土地的大规模开发利用，使原有残留的以及最近使用的农药随雨水冲刷、大气沉降等方式进入珠江河流及珠江口。河口水环境质量是制约该地区经济发展的"瓶颈"之一，加强对河口地区水体中 DDT、HCH 及其组分含量分析，能够为珠江及珠江河口水域污染治理提供科学依据。因此，珠江流域渔业生态环境监测中心近年来对珠江口水环境中的某些有机氯农药（DDT 和 HCH）进行了监测，对该区域水体中该有机污染物的状况有一定的了解。

一、主要有机氯农药的含量组成及质量评价

珠江流域渔业生态环境监测中心分别于 2010 年 8 月、11 月，2011 年 2 月、5 月、8 月、11 月采集珠江三角洲八大入海口表层水，测定其中滴滴涕和六六六的含量。珠江口不同采样站位 DDT 和 HCH 的时空分布如图 8-1、图 8-2 所示。

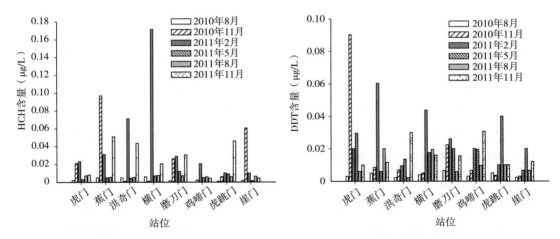

图 8-1　珠江口调查站位水体中 HCH 的时空分布　　图 8-2　珠江口调查站位水体中 DDT 的时空分布

结果表明，调查期间各采样站位水体中 HCH 含量水平为 0.006～0.171 μg/L，平均值为 0.019 μg/L。其中，2010 年 11 月和 2011 年 2 月、11 月含量较高，2011 年 5 月和 8 月 HCH 含量较低，2010—2011 年变化明显。从各个口门来看，横门和蕉门含量较高，鸡啼门含量最低。各口门 HCH 含量的高低顺序为横门、蕉门、洪奇门、磨刀门、崖门、虎跳门、虎门、鸡啼门。总的来说东四口门 HCH 含量高于西四口门。

HCH 是主要的有机氯杀虫剂，曾以 2 种不同组分产品被使用，一种是含有 8 个六氯环己烷异构体的工业品 HCH，其中稳定和主要的成分是 α-HCH（65%～70%）、γ-HCH（12%～14%）、δ-HCH（6%）、β-HCH（5%～6%）（Lee et al，2001）；另一种俗称林丹，γ-HCH 含量高达 99% 以上。据研究，β-HCH 的抗生物降解能力最强，HCH 在环境中存在得越久，该化合物的比例越高（Hong et al，1995）。环境样品中的 γ-HCH 相对于 α-HCH 是更容易降解的，且在一定条件下，γ-HCH 会向 α-HCH 发生异构化。因此，在降解过程中，α-HCH/γ-HCH 的值会越来越高（Yang et al，2010）。环境中 HCH 的输入状况通常由 α-HCH/γ-HCH 的值来评价，样品中的 α-HCH/γ-HCH 比值在 4～7，则说明 HCH 源于工业品或经过长距离运输（Walker et al，1999）；若比值接近于 1，表示周围环境中林丹代替了工业 HCH 产品的使用。数据分析显示，珠江河口水体中 α-HCH 所占的比例为 28.7%～91.3%，β-HCH 为 0～38.8%，γ-HCH 为 0～2.08%，δ-HCH 为 1.3%～36.0%。八大口门中 α-HCH/γ-HCH 除了磨刀门、虎跳门外，比值均接近于 1，β-HCH 在各口门都占有较高的丰度，说明该水域没有新的工业品 HCH 输入，并且林丹正取代工业 HCH，成为珠江口水环境中 HCH 输入的主要来源。

调查期间各采样站位 DDT 含量水平为 0.007～0.09 μg/L，平均值为 0.016 μg/L。其中 2011 年与 2010 年相比变化不大。从各口门来看，虎门含量最高，其次是蕉门、横门、磨刀门、鸡啼门、虎跳门、洪奇门，含量最低的是崖门。总的来说东四口门 DDT 含量高于西四口门。

DDT 类农药在不同的自然环境中，可以降解为不同的代谢产物。DDE 和 DDD 都是 DDT 的代谢产物，DDT 在厌氧条件下脱氯生成为 DDD，在好氧条件下主要降解为 DDE。研究发现，通过 DDT 组分间含量的比值关系可以判断是否有新的 DDT 输入及其降解环境（Hitch et al，1992）：若 DDT 的含量相对较低，（DDD＋DDE）/DDT＞0.5，说明没有新的 DDT 输入，污染物可能主要是环境中的残留；反之，则说明存在新的污染物的输入（Stavroula et al，2005）。如果在降解产物中，DDD 的含量高于 DDE，即 DDD/DDE＞1，表明降解环境为厌氧条件；反之则表明降解环境为好氧环境。分析珠江河口水体中 DDT 单体含量特征发现，除了横门、磨刀门、崖门降解环境为好氧环境，其余口门均为厌氧降解，水体含氧低，污染较为严重；八大口门中（DDD＋DDE）/DDT 除了洪奇门，其余口门比值都小于 0.5，这表明珠江口除少数口门外，仍有新的 DDT 输入。

从总体时间分布上来看，采样期间珠江河口表层水体中 HCH、DDT 的浓度在 2 月和 11 月较高，5 月相对较低，8 月最低，主要原因是丰水期水量增加，稀释了河口水体中 HCH、DDT 的浓度。但在虎门、蕉门这两个接近于河流入海口的站点，丰水期 HCH、DDT 的浓度部分要高于枯水期，说明地表径流输入对入海口水中 HCH、DDT 的浓度影响显著，丰水期时因地表径流量加大，水流对土壤的侵蚀作用加强，土壤中残留的有机氯农药迁移至水体中，并随着农田地表径流进入水体，从而导致汛期河流入海口水中有机氯农药含量增高，但仅局限于近岸处，在离岸稍远的地方，则很快就被丰水期增加的水量稀释扩散。同时虎门、蕉门地处人口密集，农业、工业发达的广州、东莞下游，沿岸大量排污、农田径流和工业废水流入南海。另外，虎门是重要的水上交通要道，过往船只非常频繁，这些都是造成虎门水域有机氯农药污染严重的重要原因。

为了更好反映珠江河口水体中 OCP（主要是 HCH、DDT）的污染水平，将本次研究的表层水体中 OCP 的浓度水平与国内外其他地区的 OCP 浓度进行比较，结果发现珠江河口水体中 HCH 和 DDT 含量均处于中等水平。

与国内水体相比较，珠江河口水体中 HCH 含量高于长江南京段（Sun et al，2002）、略高于长江口（Liu et al，2008），低于闽江口和九龙江口（Pham et al，1993；张祖麟等，2001），远小于北京通惠河（Zhang et al，2004）；与 HCH 含量相似，DDT 含量高于长江南京段、长江口，低于闽江口和九龙江口，最大值和九龙江口持平，远小于北京通惠河。而与国外水体相比较，珠江河口水体中 HCH 的含量要高于加拿大的 St. Lawrence 河（Galindo et al，1999）、加利福尼亚湾、牙买加 Kingston 港以及西班牙 Alicante 市沿岸（Prats et al，1992），却低于土耳其的 Kucuk Menderes 河、埃及 EI-Haram Giza 地区（El-Kabbany et al，2000）；与 HCH 略有不同，DDT 的含量要高于 St. Lawrence 河、西

班牙 Alicante 市沿岸以及加利福尼亚湾，低于 Kucuk Menderes 河、埃及 EI-Haram Giza 地区、牙买加 Kingston 港。

《地表水环境质量标准》（GB 3838—2002）的Ⅰ类标准适用于中华人民共和国领域内江河、湖泊、运河、渠道、水库等具有使用功能的地表水域，规定水体中 HCH 的浓度应该小于 1 μg/L，DDT 的浓度应该小于 0.05 μg/L。珠江河口水体中 HCH 的浓度都低于Ⅰ类标准；珠江河口的 DDT 含量除了磨刀门，其余口门含量低于国家标准。但是根据美国国家环境保护局的标准（EPA 822 - Z - 99 - 001），水体中 α - HCH 的浓度要小于 0.003 9 ng/L，p，p′- DDT 和 p，p′- DDE 的浓度要小于 0.000 59 ng/L，p，p′- DDD 的浓度要小于 0.000 83 ng/L。很显然，珠江河口水体中大部分站点的 HCH、DDT 的浓度都已经超过了美国国家环境保护局标准，对生物和生态系统有潜在的健康风险。

二、挥发酚的含量分布及质量评价

于 2006 年 2 月至 2010 年 12 月，在珠江口设八个采样断面进行季度性调查，站位分别位于虎门、蕉门、洪奇门、横门、磨刀门、鸡啼门、虎跳门和崖门。

样品采集按照《地表水和污水监测技术规范》（HJ/T 91—2002）的相关规定执行。在样品采集现场，用淀粉-碘化钾试纸检测样品中有无游离氯等氧化剂的存在。若试纸变蓝，应及时加入过量硫酸亚铁去除。样品采集量应大于 500 mL，贮于硬质玻璃瓶中。采集后的样品应及时加磷酸酸化至 pH 约 4.0，并加适量硫酸铜，使样品中硫酸铜浓度约为 1 g/L，以抑制微生物对酚类的生物氧化作用。采集后的样品在 4 ℃下冷藏，24 h 内进行测定。

酚类的分析方法采用《水质　挥发酚的测定 4 -氨基安替比林分光光度法》（HJ 503—2009），即 4 -氨基安替比林光度法。此方法是一种测定饮用水、地下水和工业废水中挥发酚的方法。其原理是用蒸馏法使挥发酚蒸馏出来，并与干扰物质和固定剂分离。由于挥发速度随馏出液体积而变化，馏出液体积必须与试样体积相等。被蒸馏出的酚类化合物，于 pH（10.0±0.2）的介质中，在铁氰化钾存在下，与 4 -氨基安替比林反应生成橙红色的安替比染料。用氯仿将此染料从水溶液中萃取出来，并在 460nm 波长处测定吸光度。氧化剂、油类、硫化物、有机或无机还原性物质和芳香胺物质对测定有干扰。一般在酸性条件下，可通过预蒸馏将其与芳香胺类干扰分离；油类干扰可加粒状氢氧化钠调节 pH 至 12～12.5，立即用四氯化碳萃取分离。

2006—2010 年，珠江八大入海口的年均水体挥发酚浓度均值变化如图 8 - 3 所示。结果发现，挥发酚含量年度均值变化范围为 0.001～0.029 mg/L，2006—2008 年呈逐年下降的趋势；但 2009 年又出现上升。与《渔业水质标准》（GB 11607—1989）0.005 mg/L

的限值相比较，2006 年的均值超出限值；最大超标情况也出现在 2006 年，超出标准限值 5.8 倍。2006—2010 年，超标率分别为 28.1％、4.7％、0、17.2％和 1.6％。

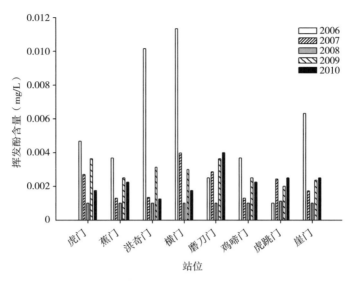

图 8-3 珠江口调查站位水体中挥发酚的时空分布

三、石油类的含量分布及质量评价

于 2006 年 2 月至 2010 年 12 月，在珠江口设八个采样断面进行季度性调查，站位S1～S8 分别位于虎门、蕉门、洪奇门、横门、磨刀门、鸡啼门、虎跳门和崖门（图 8-4）。

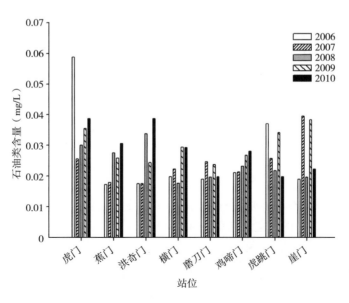

图 8-4 珠江口调查站位水体中石油类的时空分布

样品采集按照《地表水和污水监测技术规范》（HJ/T 91—2002）的相关规定执行。用直立式玻璃采水器采集样品，将其放到 300 mm 深度，边采水边向上提升，每个样品单独采样，全部用于测定。采样瓶（容器）不能用采集的水样冲洗。采集后的样品应酸化至 pH<2，于 2~5 ℃冷藏，24 h 内进行测定。

采用紫外光分光光度法对样品中石油类污染物的含量进行分析，标准溶液采用国家海洋环境监测中心提供的 20 号标准储备液（1 g/mL）。

2006—2010 年，珠江八大入海口的年均水体石油类浓度均值变化如图 8-4 所示。

与《渔业水质标准》（GB 11607—1989）0.05 mg/L 的限值相比较，石油类含量年度均值变化范围为 0.017~0.097 mg/L，有上升的趋势，且其在 2009 达到最高值。2006—2010 年，超标率分别为 15.6%、10.9%、4.7%、14.1%和 3.1%；最大超标情况出现在 2008 年的洪奇门，超出标准限值 1.94 倍。

第三节　沉积物毒害有机污染物含量及污染现状

沉积物是水体中有机污染物迁移转化的归宿和蓄积库，它既是有机污染物在环境中的"汇"（Sink），也是"源"（Source）；既是有机污染物的主要富集介质，也是重要的生物栖息场所，对水生生态特别是对底栖生物有着重要的影响。控制沉积物中有机污染物行为的因素有很多，包括化合物的理化性质，沉积物的组成特征、沉积模式以及沉积环境等。相关研究表明，具有较弱水溶性和较高正辛醇-水分配系数的有机污染物易于吸附到富含有机质的沉积物中（Ferguson et al，2001；John et al，2000）。因此，珠江流域渔业生态环境监测中心对珠江口表层沉积物中有机氯农药的含量进行了调查，并对其生态风险进行了评价。

一、表层沉积物中主要有机氯农药的含量分布及组成特征

珠江流域渔业生态环境监测中心分别于 2010 年 8 月、11 月，2011 年 2 月、5 月采集珠江三角洲八大入海口表层沉积物，测定其中滴滴涕和六六六的含量。珠江口不同采样站位表层沉积物中 OCP 的时空分布如图 8-5 所示。

结果表明，表层沉积物中 DDT 总含量介于 1.02~3.08 μg/kg，平均值为 1.91 μg/kg。其中，鸡啼门 DDT 含量明显高于其他样点。而 HCH 总含量介于 0.21~0.41 μg/kg，平均值为 0.31 μg/kg。各入海口均表现为 DDT 残留浓度高于 HCH，这是由于 HCH 在环境中较易降解以及使用量相对较少所致。

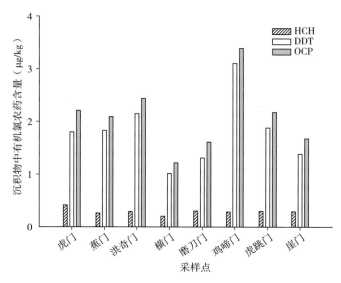

图 8-5　珠江口调查站位表层沉积物中 OCP 的时空分布

　　另外，表层沉积物中 DDT 和 HCH 含量具有明显的季节变化特征，且总体呈现 2011 年高于 2010 年的特性，说明仍有新的 DDT 和 HCH 污染物进入河口。与 2011 年 5 月相比，2010 年 8 月表层沉积物中 DDT 和 HCH 含量较低，分析原因可能是由于夏季温度高、光照强、微生物活性高、光化学降解和生物降解作用较强，造成沉积物中有机氯含量降低。

　　分析八大入海口表层沉积物 HCH 的 4 种异构体平均含量变化可以发现，8 个入海口采样点中，洪奇门 α-HCH 含量最高，其次是蕉门；洪奇门 β-HCH 含量也最高，其次是鸡啼门，其余样点均未检出；磨刀门 γ-HCH 含量最高，洪奇门含量最低，为未检出；δ-HCH 含量最高的采样点为虎门，其次是磨刀门，蕉门、洪奇门和鸡啼门则未检出。

　　八个采样位点中，磨刀门 p，p'-DDT 含量最高，洪奇门含量最低；蕉门 p，p'-DDE 含量最高，最低的也是洪奇门；磨刀门 p，p'-DDD 含量最高，最低的仍然是洪奇门。鸡啼门 o，p'-DDT 含量最高，最低的是崖门。可见，不同入海口 HCH 和 DDT 组分含量差异较大。

　　计算珠江河口表层沉积物中 α-HCH/γ-HCH、DDE/DDD 与（DDD＋DDE）/DDT 的比值，来分析 HCH、DDT 的组分特征（Stavroula et al，2005）。结果发现所测得的样品中 α-HCH/γ-HCH 比值大于 1 小于 3，说明研究区 α-HCH 大部分被降解或者林丹正取代工业 HCH 成为珠江口水环境中 HCH 输入的主要来源，与水体研究结果相一致。而 DDD/DDE<1（除了鸡啼门），说明珠江河口表层沉积物中 DDT 降解环境均为好氧条件；并且（DDE＋DDD）/DDT<0.5，说明珠江河口仍具有新的外源滴滴涕输入，滴滴涕类农药分解不完全，DDT 的质量分数维持在一个较高的水平。

　　与国内其他地方相比，珠江河口沉积物中有机氯残留量处于较低水平。其中，HCH

含量低于长江上海滨岸（Liu et al，2008）和太湖梅梁湾（Zhao et al，2009）；DDT 含量亦低于大连湾（Li et al，1998）和太湖梅梁湾（Zhao et al，2009），但高于长江上海滨岸（Liu et al，2008）。与国外相比，研究区域 HCH 平均含量高于多瑙河（Yao et al，2002），低于西伯利亚海（Yao et al，2002）和加拿大 Yukon 湖（Huang et al，2008）；DDT 含量远高于白令海峡（Yao et al，2002），但低于土耳其 Mert Stream（Huang et al，2008）。

二、有机氯农药的生态风险评价

沉积物中的组分构成受区域地质背景的影响较大，且环境污染物种类众多，生物效应有差异，很难确定统一的沉积物污染标准和基于这样的标准对沉积物进行生态风险评估。到目前为止，虽然人们在沉积物污染的生态风险评价方面做了大量研究，但是仍未建立起统一的标准。研究者常用风险评价低值 ERL（effects range-low，生物效应概率＜10%）和风险评价中值 ERM（effects range-median，生物效应概率＞50%）来评估沉积物中污染物的生态风险。具体来说，如果沉积物中的有机污染物残留量低于 ERL，说明研究区域沉积物中的污染物对生物的毒害作用不明显；如果有机污染物残留量大于 ERM，说明研究区域沉积物中的污染物会对生物产生毒害作用；如果残留量介于 ERL、ERM 之间，则说明可能会对生物产生毒害作用。根据这一标准，对珠江河口表层沉积物中的有机氯农药残留的生态风险进行评价。结果表明，珠江河口表层沉积物中 DDT 同系物年平均含量低于 ERL 值（除了 p，p′- DDT 平均含量的 87.5% 处于 ERL 值和 ERM 值之间外）；样品中总 DDT 的含量 12.5% 处于 ERL 值和 ERM 值之间，表明其可能对生物产生一定的毒害作用，值得关注。

第四节　生物体毒害有机污染物含量及风险评估

珠江河口是珠江流域许多鱼类育肥场所，同时也是许多海洋鱼类的洄游通道。因此，珠江河口能够为珠三角地区提供丰富的水产品资源。目前，对珠江三角洲及其沿海一带环境中的 DDT 和 HCH 等持久性有机污染物的污染状况研究表明，该区域环境中存在不同程度的 DDT 和 HCH 污染（Zhang et al，2002；Chen et al，2005；罗孝俊，2004）。同时，少量涉及鱼类和贝类等水产品中 DDT 和 HCH 残留检测的研究亦表明，该区域的水生生物对这类污染物的生物累积问题不容忽视（方展强 等，2001；孙芳 等，2010）。

DDT 和 HCH 等有机氯杀虫剂在水中能直接进入鱼鳃和血液中，因而对鱼类产生强烈的毒性。这类化合物毒性强，大多数会对人类产生致癌、致畸、致突变的毒性效应。现存环境中残留的 DDT 和 HCH 可通过地表径流、大气输送、降雨等方式进入河口，通过水体和食物暴露而在水生生物体内积累，并随营养级的增加而累积放大。因此，及时监测水产品体内 DDT 和 HCH 残留量，进而分析 HCH 和 DDT 组分特征，确定其污染来源，可为从根本上防治 HCH 和 DDT 污染，同时为人类对水产品的食用提供预警参考。

一、主要有机氯农药的含量分布及组成特征

珠江流域渔业生态环境监测中心于 2010 年 8 月、11 月以及 2011 年 2 月分别在珠江三角洲八大口门采集大小适中的鱼类 9 种（鲫、广东鲂、赤眼鳟、鳙、鲻、花鰶、黄鳍鲷、七丝鲚和花鲈）和虾 3 种（斑节对虾、近缘新对虾和周氏新对虾）生物样品，监测 DDT 和 HCH 及其单体在这些水生动物体内的残留水平和特征，以期为珠江流域渔业环境保护和水产品质量安全管理提供基础资料和科学依据。

结果表明，DDT 和 HCH 在鱼类和虾类体内检出的残留量有差异。其中，每千克鱼类肌肉样品中 DDT 含量范围为 0.005～42.73 μg，平均值为 7.61 μg，HCH 的含量范围为 0.005～1.71 μg，平均值为 0.62 μg；而每千克虾类肌肉样品中 DDT 含量范围为 0.005～9.51 μg，平均值为 1.97 μg，HCH 的含量范围为 0.005～0.86 μg，平均值为 0.56 μg。鱼和虾体内 HCH 和 DDT 的主要组分均为 γ - HCH 和 p，p′- DDT。

从检测数据来看，鱼、虾类体内 DDT 高于 HCH，这可能是因为 HCH 在我国已被禁用很久，而 DDT 禁用时间较短，在水体中的质量分数较高，所以鱼类体内表现出明显的富集作用（金相灿，1989）。另一方面，与 HCH 相比，DDT 的疏水性更强，易溶于大多数芳烃和氯代烃溶剂，且生物富集系数比 HCH 高 2～3 个数量级，因而它对水域生物和人体的危害更加令人关注。

鱼类肌肉中 HCH、DDT 的残留量与鱼类的活动范围及其食性有一定关系，珠江河口鱼类肌肉中 HCH、DDT 的残留量在肉食性鱼类肌肉中含量较高，如黄鳍鲷、花鲈和七丝鲚。底栖性及杂性鱼类（赤眼鳟、鲻和广东鲂）肌肉中 HCH、DDT 的含量也相当高，但总体水平低于肉食性鱼类。HCH、DDT 在肉食性鱼类体内的富集程度要比底栖性和杂食性鱼类大得多，这说明 HCH、DDT 会通过食物链产生潜在的放大效应；此外，底层鱼类多以底栖生物或有机泥沙颗粒物为食，而 HCH、DDT 主要沉积于底泥中，故而底层鱼类也较易富集 HCH、DDT 这类亲脂性的有机化合物。

有机氯农药 HCH 和 DDT 毒性大，降解半衰期长。其中 α - HCH 和 γ - HCH 的降解半衰期分别为 26 年和 42 年。另一方面，HCH 进入环境的时间越长，γ - HCH/HCH 的比值越低（刘相梅 等，2001）。以往的研究表明，若样品中的 α - HCH/γ - HCH 值为

4～7，则说明样品中的 HCH 污染可能源于工业品；若该比值接近于 1，则说明环境中有林丹；若该比值增大，则说明样品中 HCH 更可能来源于长距离的大气传输（Law et al，2001；Iwata et al，1993）。对本研究区域鱼、虾体内 HCH 各组分进行比较分析发现，γ-HCH 为所调查的鱼和虾体内 HCH 的主要组分，分别占 51.6% 和 39.3%。

p，p′-DDE 在鱼体组织中的半衰期为 5～7 年（Binelli et al，2003），p，p′-DDT 的半衰期为 8 个月（Kumblad et al，2001），水产品中高水平的 p，p′-DDT（相对于其代谢物 p，p′-DDE 和 p，p′-DDD）是水环境中有新的 DDT 污染源输入的重要特征（Kumblad et al，2001；Kathleen et al，1999）。另有报道指出，若 p，p′-DDE/p，p′-DDT 值小于 1，表明环境中近期有 DDT 输入，而若 p，p′-DDE/p，p′-DDT 值大于 1，则表明历史上曾经有过 DDT 的输入（McConnell et al，1996；Aguilar et al，1984）。珠江八大入海口水产品中 DDT 以 p，p′-DDT 为主要组分，据此推测此水域近期有新的 DDT 污染源输入。

将研究结果与国内部分水域水产品中 HCH 和 DDT 近年的残留水平相比较，结果发现，珠江河口鱼类肌肉中 HCH 均值为 0.62 $\mu g/kg$，低于浙江沿岸（王益鸣 等，2005），略高于深圳湾（Bentzen et al，1996）和大亚湾（林元烧 等，2003）；虾类肌肉中 HCH 均值为 0.56 $\mu g/kg$，远远高于大亚湾（林元烧 等，2003），略高于深圳湾（Bentzen et al，1996），远低于浙江沿岸（王益鸣 等，2005）。鱼类肌肉中 DDT 均值为 7.61 $\mu g/kg$，低于浙江沿岸（王益鸣 等，2005）和深圳湾（Bentzen et al，1996），远低于大亚湾（林元烧 等，2003）；虾类肌肉中 DDT 均值为 1.97 $\mu g/kg$，均低于大亚湾（林元烧 等，2003）、深圳湾（Bentzen et al，1996）和浙江沿岸（王益鸣 等，2005）。

由上述结果可以发现，珠江河口水产品中 DDT 含量处于中等水平，可能的原因有：①这与该地区环境中 DDT 的背景值较高有关。据统计，1980—1995 年，珠江三角洲地区杀虫剂的年均施用量为 37.2 kg/ha，是我国年均施用量的 4 倍多（Wong et al，2005），这些农药通过大气、水体的传输进入河口。②国内外不少学者认为，这与三氯杀螨醇的使用有关（刘征涛，2005；甘居利 等，2008；Yang et al，2008），三氯杀螨醇是含 DDT 杂质在 14% 以上的广谱高效有机氯杀螨剂，目前被许多国家（包括我国）广泛应用于种植业，种植区土壤三氯杀螨醇中的 DDT 杂质随径流汇集于水环境中，成为 DDT 输入的陆源污染。③目前含有 DDT 的船舶防污漆仍在使用（李惠娟 等，2005），珠江河口港口的航运和修造船业很可能是沿岸水域 DDT 的污染源。

二、有机氯农药的健康风险评估

表 8-1 列出了部分国家、地区和组织现行的水产品中 HCH、DDT 的最大残留限量。本调查在珠江河口采集的每千克鱼类样品中测得的 HCH 和 DDT 残留量范围分别为

$0.005\sim1.71~\mu g$ 和 $0.005\sim42.73~\mu g$，符合我国的无公害水产品质量安全标准要求，并远低于日本、欧盟等发达国家和地区相关的最大残留限量。

表 8-1　部分国家、地区和组织水产品六六六、滴滴涕的最大残留值

国家、地区和组织	最大残留限量（$\mu g/kg$）		参考文献
	HCH	DDT	
中国	2 000	1 000	GB 2763—2016
澳大利亚	10	1 000	王初升 等，1999
欧盟	300	1 000	王初升 等，1999
韩国	2 000	5 000	王初升 等，1999
日本	1 000	3 000	王初升 等，1999
美国	—	5 000	王初升 等，1999
国际食品法典委员会	—	5 000	王初升 等，1999

　　鱼类所积累的持久性有机污染物，一般认为是化合物在生物体和水体之间的积累，其途径部分是通过鱼鳃与表皮的直接吸收和摄食悬浮颗粒物；而人体接触 POP 除了呼吸作用和皮肤接触外，大多数来自于食物（Dougherty et al，2000）。美国国家环境保护局将人体健康风险评估定义为"评估环境中污染物质现在或将来会对暴露其中的人产生不良健康影响可能性的过程"。常用的参数有接触风险指数（exposure risk index，ERI）、致癌风险指数（carcinogenic risk index，CRI）等，计算公式如下：

$$ERI = C_i \times CW/Rf\,D$$

　　式中，ERI 为接触风险指数；C_i 为水产品中农药的残留量，单位为 $\mu g/kg$；CW 为每人每千克体重日均水产品的消费量（本文按平均每人每天食用鱼 100 g，成年平均体重 60 kg 估算）（郭建阳 等，2006），单位为 g/（kg·d）；$Rf\,D$ 为口服参考剂量，单位为 mg/（kg·d）。

　　估算某种农药的 ERI≤1，接触风险则被认为可以接受（赵云峰 等，2003；Barnes et al，1998）。

$$CRI = C_i \times CW \times q_1$$

　　式中，CRI 为致癌风险指数；C_i 为水产品中农药的残留量，单位为 $\mu g/kg$；CW 为每人每千克体重日均水产品的消费量，单位为 g/（kg·d）；q_1 为致癌斜率因子（cancer slope factor），单位为（kg·d）/mg。

　　估算某种农药的 $CRI \leq 10^{-4}$，则认为潜在致癌风险可接受（Dougherty et al，2000；甘居利 等，2007）。

　　根据以上公式，参照美国国家环境保护局（2000）推荐的相关危害参考剂量 $Rf\,D$ 和

可疑化学物质致癌斜率因子 q_1（表 8-2），对残留的 HCH、DDT 的人体接触风险和潜在致癌风险进行计算，分析珠江口鱼类肌肉对人体健康可能产生的影响。

表 8-2　HCH、DDT 的参考剂量和致癌斜率因子

农药名称	$\alpha-HCH$	$\beta-HCH$	$\gamma-HCH$	p, p'-DDE	p, p'-DDD	p, p'-DDT
参考剂量 [$\mu g/$ (kg·d)]	8.0	0.5	0.3	—	—	0.5
致癌斜率因子 [(kg·d) /mg]	6.3	1.8	1.3	0.34	0.24	0.34

计算得出珠江河口鱼类肌肉中 $\alpha-HCH$、$\beta-HCH$、$\gamma-HCH$、p, p'-DDT 的接触风险指数 ERI 分别为：0.000 3、0、0.002、0.019；$\alpha-HCH$、$\beta-HCH$、$\gamma-HCH$、p, p'-DDE、p, p'-DDD、p, p'-DDT 的致癌风险指数 CRI 分别为：1.3×10^{-5}、0、8.9×10^{-7}、7.5×10^{-7}、0.6×10^{-6}、3.2×10^{-6}。$\alpha-HCH$、$\beta-HCH$、$\gamma-HCH$、p, p'-DDT 的 ERI 在 0～0.019 范围内，均小于 1；六种农药的 CRI 介于 0～1.3×10^{-5}，均小 10^{-4}。研究结果表明，珠江河口所采集的鱼类样品的肌肉中 HCH、DDT 的接触风险、致癌风险总体来说为可接受风险。

第五节　小　　结

水是生命的源泉，自然界中不论是人类还是其他生物的生活都离不开水的滋润，因此水体环境直接关系到人类的健康和生态系统的稳定，水体中有机氯农药的污染问题也受到世界科学家的广泛关注。近年来，国内外关于水环境中有机氯农药的分布特征及污染来源的研究不断增加，关于其迁移转化、环境行为与归宿方面也开展了一系列工作，并取得一定进展，其对生物的影响研究也在稳步推进中。

Turgut（2003）对土耳其 Kücük Menderes 河的表层水进行监测，发现有机氯农药的浓度随季节变化而波动，DDT 类在大部分样品中都能检测到，并且其中 DDD 的浓度最高，而浓度最高的环氧七氯可达 281 ng/L。Zhang et al（2007）的结果也表明，距离河口（如珠江口）较近的采样点含有较高的有机氯农药，河流输入是中国南海有机氯污染物的主要来源之一。这个结果在 Guan 等关于有机氯污染物河流通量研究中再次得到证明，Guan et al（2009）研究了珠江八大入海口水体中 OCP 的污染状况（2.57～41 ng/L），结果表明从广州到南海水体中 DDT 和 HCH 的浓度有向外海逐渐降低的趋势，这说明河流运输可能是海洋 DDT 和 HCH 的主要输入途径；每年由珠江输入到南海 OCP 的河流通量为 309 0 kg，其中 DDT 和 HCH 分别为 1 010 kg 和 1 110 kg；此外，珠江口 OCP 的水-气交换结果表明，$\gamma-HCH$ 和 o, p'-DDT 以从大气向水体沉降为主，而 $\alpha-HCH$ 和

p，p′-DDT 则倾向于从水体扩散到大气中，表明水体是大气中 α - HCH 和 p，p′- DDT 的二次污染源。麦碧娴等（2001）对珠江、西江及珠江河口西部中国澳门水域中的多环芳烃及有机氯农药研究表明，珠江广州河段及珠江口中国澳门水域是毒害性有机污染物的高风险区域。

国际上已有很多地区报道过关于表层沉积物中有机氯农药的研究，世界海洋近岸沉积物中 DDT 的含量范围多在 0.1～44 ng/g。对加拿大的圣劳伦斯河口的柱状沉积物中 OCP 的定年研究发现，浓度最高的时期出现在北美洲生产和使用有机氯农药产品的高峰期之后，这说明持久性有机物在沉积物环境中的累积会出现一定的延迟；沉积物中有机氯的浓度还随深度延伸而逐渐降低。该区域沉积物中的 OCP 浓度水平与其他报道的河道的浓度水平相当，但是远低于安大略湖（Lebeuf et al，2005）。美国旧金山海湾柱状沉积物中 OCP 污染主要以 DDT 为主，总 DDT 浓度范围在 4～21 ng/g，占总有机氯农药浓度的 84％以上（Venkatesan et al，1999）。埃及亚历山大港表层沉积物中总的 DDT 浓度范围为 0.25～885 ng/g，处于一个相当高的水平，并且通过 DDT 和 DDD 与 DDE 的比值发现，经历数十年变化，该区域内的大部分 DDT 已衰变为 DDD 和 DDE（Barakat et al，2002）。处于欧洲的西班牙 Sea Lots 港的环岛海域沉积物中的 OCP 含量也处于一个中等偏高的水平，其浓度范围在 44.5～145 ng/g，并且靠近主要排水系统的入港口处的浓度最高，说明排污入港是当地的主要污染源（Mohammed et al，2011）。Hu et al（2011）分别对北黄海、南黄海中西部和东海闽浙沿岸表层沉积物进行检测显示，整个黄海 OCP 浓度（DDT 0.25～1.60ng/g，HCH 0.01～0.05ng/g）高值均分布在泥质区内，而东海除长江口外，高值出现在近岸。张祖麟等（2003）研究了闽江口水、间隙水和沉积物中的有机氯农药水平，研究结果表明相对于水和间隙水，沉积物更容易吸附有机氯农药，但是有机氯农药有从沉积物向上覆水迁移的趋势；沉积物中的 OCP 含量为 28.79～52.07 ng/g。麦碧娴等（2000；2004）对珠江三角洲地区的河流和珠江口表层沉积物中有机氯农药分布及特征的研究发现，有机氯农药含量最高点位于珠江广州河段，浓度高达157.76 ng/g，并且发现沉积物的类型、结构等都是影响沉积物对 OCP 的吸附能力的重要因素。

POP 很难溶于水，亲脂性高，因而能够在脂肪中积累，并通过食物链的生物富集作用在高级捕食者中成千上万倍地累积。影响累积的因素很多，如化合物本身的性质（氯代位置及氯代的数目）、生物体内酶的种类、摄食方式等。但由于自身的稳定性，使其能在生物体长期高浓度蓄积。Muralidharan et al（2009）从印度南部哥印拜陀市的市场上购买了 10 种海水鱼，研究发现在所有的 OCP 化合物中，HCH 是所有鱼体中含量最高的污染物，且 β - HCH 是 HCH 最主要的异构体。Kong et al（2005）从珠江三角洲地区的鱼塘中采集桂花鱼、罗非鱼、草鱼、鳙和鲫样品，研究其体内 OCP 和 PAH 的残留状况，发现超过 30％的样品 DDT 浓度高于美国国家环境保护局制定的可食用的残留浓度。Zhou et al（2004）从珠江三角洲地区鱼塘中采集鱼样，包括 23 尾罗非鱼、6 尾鲤、14 尾鳙、4 尾白鲢和 14 尾草鱼，结果发现所研究鱼体内 HCH 和 DDT 的残留浓度均低于国家环境保护总局制定的残留标准。

在生态系统中，多条食物链相互交叉形成食物网，导致 OCP 等化合物能在脂肪组织中发生蓄积，并沿着食物网逐级富集放大，形成非常复杂的联系。针对美国长岛河口地区生物 DDT 富集的研究表明，在污染区大气颗粒物中存在的 DDT 含量为 3×10^{-6} mg/kg，水生浮游动物体内的 DDT 含量为 0.04 mg/kg，浮游动物为小鱼所食，小鱼体内的 DDT 含量增至 0.5 mg/kg，其后小鱼为大鱼所食，大鱼体内的 DDT 含量增至 2 mg/kg，富集系数约 60×10^{4}（Kurt et al，2003；USEPA，1996）。Byun et al（2013）研究了黄海食物链对含卤素污染物的生物放大作用，显示生物体内 OCP、PCB、PBDE 含量低于多数海域，但 DDT 高于邻近的日本海。Shi et al（2011）对黄、渤海石斑鱼和中国对虾 OCP 检测发现，石斑鱼体内富集的含量远大于中国对虾体内含量，并以 DDT 的浓度最高，是最主要的污染物。

河口区域是江河与海洋的交接点，是流域内汇入江河的各种物质的归宿地之一，具有多种环境功能和生态价值，对沿海地区的经济发展起着重要的作用。这里同时容纳了江河淡水、海洋盐水以及河口混合水，这些水体在河口形成过程中有着重要的物理、化学、生物和地质意义。地形条件和水动力条件共同决定了河口是生态环境相对特殊而脆弱的地区，对流域的自然变化和环境变化有着敏感的响应。在河口区域海陆相互作用显著，毒害性有机污染物能够通过地表径流、排污和大气干湿沉降等途径进入河口环境，参与河口的各种地球化学循环。在其迁移过程中，伴随着各种复杂而有规律的物理、化学和生物变化，最终或者被降解，或者进入各种暂时的储存库形成一种潜在的污染源。有机污染物对人类健康和生态环境具有直接或潜在的危害性，一些难降解的，致癌、致畸性较强的有机污染物更是严重威胁着生态环境的平衡，其在河口地区的污染状况及其生态健康风险已引起了各方面的重视。对河口区域的水环境进行持久的监测，有助于正确地评估珠江三角洲流域的长期生态风险和改善水环境质量，既具有重要的理论意义，又具有现实的紧迫性。

改革开放以来（尤其近十多年），珠江三角洲经济发展迅速，使珠江口水域生态环境发生较大变化，污染状况日趋严重，生态环境受到严重影响，对珠江口水域生态环境进行监测和影响评价研究是一项基础性和社会公益性研究任务。综合研究水体、底泥、生物样三种介质中有机农药含量及空间分布特征、评价其生态风险，对研究河口有机农药污染的来源、污染现状及其对整个生态系统的影响具有重要的科学意义。大量的研究表明，珠江口毒害有机污染物的污染与国际上相比处于中低端，与国内相比属于中等水平。风险评价表明，珠江口毒害有机污染物尚未达到对生物有潜在危害的水平，但从长期积累效应的视角来说，珠江口毒害有机污染物的污染现状及其发展趋势仍需引起重视。

第九章
珠江河口水生生态问题与修复保护

河口水域处于海洋、河流和陆地交汇区，水生生态系统作用机制复杂，生态环境独特。河口水域是海洋与河流的过渡带，水体盐度由大约 30 逐渐降低到 0.5，受潮汐和季节性河流水文过程的影响，盐度梯度边界不稳定。世界上多数河口水域都面临着不断增加的营养物质输入而带来的富营养化问题，氮是河口水域富营养化的代表。高浓度的氮常使水体中的一些鞭毛虫类和藻类过度繁殖造成赤潮，危害河口贝类、鱼类等。重金属和一些有机化学品也是河口水生生态系统中的重要危害因子，上游和陆源带来这些有毒物质，在河口水体中浓度不断增加，生活在河口的生物体成为毒物的富集体，并通过食物链的传递在生态系统中迁移，造成危害。

鱼类是河口的重要经济动物，也是维持河口生态系统稳定的重要生物类群。鱼类种类及资源量与季节性、温度、盐度和溶解氧含量有关，多数河口鱼类仅是在河口停留部分时间。当食物丰富时，条件有利于鱼类摄食，便游进河口；当河口物理化学条件变恶劣时，鱼类便游出河口。水环境的质量决定了河口生态系统的状况与生产力水平，生产力的状况又决定水生动物的种类与结构，尤其反映在可直接被人类利用的鱼类种类与资源量上。分析河口生态系统的水环境因子的变化，可以了解河口生态系统的环境质量；分析河口生态系统的生物种类与结构，可以认识和了解河口生态系统的功能状况。河口生态系统的保护，涉及科学监测、综合分析评价、水域空间利用的科学规划、法律法规建立与全民生态保护意识的提高。

第一节　珠江河口水环境状况

2006—2010 年，全国地表水污染较重，七大水系总体为轻度污染。国家推进江河湖泊休养生息，生态恶化趋于遏制，《全国环境统计公报》也增加了气候变化、渔业水域的内容。珠江河口位于广东省南部，由西江、北江、东江等下游冲积平原及河口三角区复合而成，河流流经广州、深圳、珠海、东莞、中山、江门、佛山 7 市及中国香港、中国澳门特别行政区。五年连续监测分析发现，河口的污染问题仍然突出，成因复杂。迄今为止，国际上还没有形成一套达成普遍共识的评价河口水生生态系统功能的方法，但全面分析河口水域的污染特征和成因、关注鱼类栖息的环境需求是基础内容。

一、水质状况

(一) 水体纳污状况

珠江三角洲区域由于其自然禀赋好，成为重要的经济发展区域。珠江河网城市密度大（平均距离约 10 km），废水、污水的排放较为突出，水域承载了城市化及其发展带来的生活、工农业废水等污染压力。三角洲城市河流多为中小型河流，自然流量不大，环境容量小，人类活动产生的污染会对河流生物造成伤害。珠三角河流为感潮河段，河口水质变化尤为复杂，并多次出现咸潮、缺氧现象。

2006 年，广东省废水排放总量 65.5 亿 t，其中工业废水排放量 23.5 亿 t，工业废水达标排放率 84.9%；城镇生活污水排放量 42.0 亿 t，占总排放量的 64.1%，城镇生活污水处理率为 42.7%。COD 排放总量 104.9 万 t，其中工业废水中 COD 排放量 29.4 万 t，比上年增加 0.8%；有毒有害污染物（氰化物、砷、汞、镉、铬、铅、挥发酚）排放量 46.8 t；石油类排放量 309.8 t。氨氮排放总量为 9.3 万 t，其中工业废水中氨氮排放量 0.7 万 t，生活污水 8.6 万 t。

（二）水体质量

珠江水系总体水质良好，2006 年水质Ⅰ、Ⅱ类占比 58%，Ⅲ类 24%，不达标江段主要集中在流经城市的河段，如广州河段、深圳河段、佛山河段，主要污染指标为氨氮、粪大肠菌群、耗氧有机物、石油类、总磷等，呈明显的有机污染和细菌污染类型，形成了以城市为中心的污染特点。

2006—2010 年，珠江八大口门水体总氮超标，最高超 9.9 倍；氨氮平均值超标，最大值超地表水Ⅱ类标准 6 倍；虽然总磷、COD 平均值达标，但最大值分别超地表水Ⅱ类标准 4.91 倍和 1.65 倍，含量时空差异显著（表 9-1）。

表 9-1　珠江河口水环境状况

水环境因子	1980—1983 年*		2006—2010 年（八大口门）		渔业水质标准
	平均值	变化范围	平均值	变化范围	
水温（℃）	23.5	14.2～30.9	23.36	13.30～30.77	
电导率（μS/m）	—	—	3.85	0.057～27.26	
氧化还原电位（mV）	—	—	123.64	25.9～420.5	
总溶解固体（mg/L）	—	—	2.89	0.046～17.72	
盐度	—	0.073～8.653	2.28	0～16.77	
透明度（cm）	—	8～130	45.98	10～120	
溶解氧（mg/L）	7.1	4.1～9.2	6.09	2.87～9.59	5
pH	—	6.9～7.8	7.52	6.64～8.4	6.5～8.5
非离子氨（mg/L）	—	—	0.016	0.000 7～0.138	0.02
硫化物（mg/L）	—	—	0.039	0.003～0.157	0.2
硝酸盐氮（mg/L）	1.166	0.203～4.13	1.429	0.262～2.894	

（续）

水环境因子	1980—1983*		2006—2010（八大口门）		渔业水质标准
	平均值	变化范围	平均值	变化范围	
氨氮（mg/L）	0.313	0.000～2.08	0.574	0.031～3.519	0.5**
亚硝酸盐氮（mg/L）	0.012	0.001～0.076	0.125	0.018～0.45	
总氮（mg/L）	1.186	0.423～7.952	2.48	1.26～5.45	0.5**
磷酸盐（mg/L）	0.012	0.000～0.048	0.034	0.001～0.21	
硅酸盐（mg/L）	6.1	1.5～10	7.418	0.23～22.46	
总磷（mg/L）	—	—	0.09	0.002～0.591	0.1**
COD_{Mn}（mg/L）	2.8	1.0～5.9	3.11	1.22～10.60	4**
叶绿素 a（μg/L）	—	—	19.98	13.40～32.63	

注：* 引自《珠江水系渔业资源》，1986；** 表示《地表水质量环境标准》Ⅱ类标准。

表 9-1 可见，珠江八大口门水域比 20 世纪 80 年代珠江河口水域水体溶解氧下降 14.23%，平均值降低 1.01 mg/L。pH 变化范围增大，最小值降低 0.26，最大值升高 0.6，表明受人为因素干扰增大。氨氮上升 83.39%，平均值升高 0.261 mg/L；亚硝酸盐氮上升 941.67%，平均值升高 0.113 mg/L；硝酸盐氮上升 22.56%，平均值升高 0.263 mg/L；总氮上升 109.11%，平均值升高 1.294 mg/L；COD_{Mn}上升 11.07%，平均值升高 0.31 mg/L；磷酸盐上升 183.33%，硅酸盐上升 21.61%。总体上，珠江河口水体溶解氧下降，耗氧有机污染物增加，亚硝酸盐浓度上升，水域呈现营养盐增加的富营养化特征。

二、污染成因分析

珠江河口地处南亚热带季风气候区，降水充沛，年均降水量为 1 600～2 300 mm，径流总量达 3 362 亿 m³，年内有明显的丰、枯水期变化特点。八大口门既相互沟通又独立入海，在径流与潮流的共同影响下，感潮河段河床泥沙淤积、咸潮入侵、河水流速小、污染物迁移动力弱，水环境承载力下降。丰水期（4—9 月）的降水和径流过程会冲刷各种陆源污染物进入河流，加剧水体污染；而枯水期（10 月至翌年 3 月）则因降水不足造成河流流量下降，不利于河流污染物的自然净化。

（一）陆源污染压力

城镇化推进及现代化水平提升，带来了城乡排污口种类多、数量大的污染物，各种生活、工业排放的废水是造成河流污染的直接原因。《国家环境统计公报》显示，2006 年全国工业、生活废水排放总量 537 亿 t，比上年增长 2.4%；COD 排放 1 428.2

万 t，比上年增长 1.0%；氨氮排放 141.3 万 t。2006—2010 年，全国主要污染物排放见图 9-1。

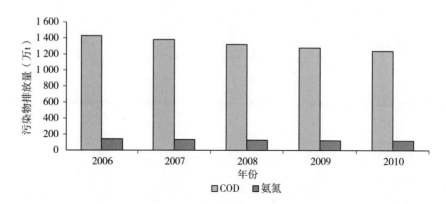

图 9-1　全国主要污染物排放年际变化

珠三角河网水域水体呈现富营养化特征，主要原因是水域承载的耗氧污染物不断增加。据 1999 年广东省排污口实测资料显示，三角洲有排污口约 183 个，大部分集中在城市河段，约占全省排污口总数的 50.8%。2001 年工业废水排放量达 11.28 亿 t，生活污水排放量更高达 39.86 亿 t。生活污水占废水排放总量的比例逐年上升，1996 年占 57.1%，2001 年已上升为 77.9%（杨华和张金阳，2002）；而且生活污水处理率低。这是造成珠江河口氮、耗氧有机污染的主要原因。

（二）耗氧有机污染物降低水体溶解氧

河口水体溶解氧通常较高，然而靠近河口的城镇把生活污水排进河口水体，在河口水域增加过多的耗氧有机物，加之上游水体携带污染物质，有可能使水体含氧量降低，甚至导致鱼类死亡或使多数鱼类回避，不进入河口。水域生态系统物质输出的生物链功能缺损。

水体中的耗氧有机污染物增加，加之受自然潮汐顶托，携带营养物质的径流出海受阻，溶解氧下降，影响微生物代谢反应，对硝化和反硝化作用、沉积物-水体物质交换产生影响。

（三）重金属及有机污染物增加

珠江河口附近有大中城市，许多未经处理、含有持久性有机污染物的工业废水和生活污水向珠江口内排放；同时，西江、东江和北江将沿江厂矿顺流带来的含重金属废水也经珠江河口排向海区。珠江口两岸有广阔农田，每年施放的大量农药随着雨水流进珠江河口。珠江口有机氯农药检出率为 100%，对生态系统有潜在的健康风险。珠江河口水域既有传统的持久有机污染物，也有痕量的新型农药、抗生素等污染物。

第二节　珠江河口生态系统与渔业面临的问题

全国渔业生态环境监测网对渤海、黄海、东海、南海、黑龙江流域、黄河流域、长江流域、珠江流域及其他重点区域的 116 个重要渔业水域和 34 个国家级水产种质资源保护区的水质、沉积物、生物等 18 项指标进行了监测。2010 年监测结果表明，中国渔业生态环境状况总体保持稳定，局部渔业水域污染仍比较严重，主要污染指标为氮、磷、石油类和铜。珠江河口水域存在类似的环境污染问题。

一、水生生态系统物质传输链断裂

由于珠江河口地势平坦，径流与海平面势差小，加之潮汐顶托，自然状态下，径流携带的污染物难于顺畅入海。在这样的自然背景下，营养物质的生物输出显得非常重要。水体综合营养状态方面，珠江河口水体除秋季处于重度富营养外，其余时段处于轻、中度富营养状态。从综合污染指数看（表 9-2），除秋季处于中度污染外，其他季节几乎都处于轻污染状态。另外，内外河口（相隔约 2 km）水体污染指数基本相同。

表 9-2　2008 年 8 月至 2009 年 7 月珠江河口水体营养状态与综合污染指数

指数	秋		冬		春		夏	
	$TSI(\Sigma)$	P_i	$TSI(\Sigma)$	P_i	$TSI(\Sigma)$	P_i	$TSI(\Sigma)$	P_i
内河口	74.16	2.29	63.75	1.84	59.26	1.97	60.05	1.83
外河口	75.06	2.3	63.61	2.00	60.25	2.02	59.10	1.76
均值	74.61	—	63.68	—	59.75	—	59.58	—

注：$TSI(\Sigma)$ 为水体综合营养状态指数，P_i 为综合污染指数。

河流携带着丰富的有机物、营养元素和泥沙，为河口区生物提供了充足的食物来源和栖息环境。河口区鱼类等生物多样性丰富，是鱼类生长育肥的重要区域。因此，河口区是传统的渔业区。营养物质通过食物链传递，促使鱼类生长，通过正常的捕捞行为输出水产品，也输出水体的营养物质，水生生态系统处于良性状态。但由于人为的不合理开发和过度污染，致使河口水生生物栖息地、繁育场受损，水生生物尤其是鱼类资源量下降、生态环境退化、生物多样性下降，生态系统中的生物链不足以支持输出水体营养物；营养物质输出链受损造成污染。

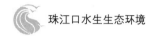

二、鱼类栖息环境受损

由于陆源排污压力大，我国近岸海域赤潮灾害多发，辽河河口、长江河口、珠江河口等主要河口成为重度（或中度）富营养化区。国外学者针对河口和近海水体富营养化方面的研究有较长的历史，从水域基础生物量、物质生物利用与输出、受损水域赤潮现象等方面开展了不同程度的研究工作。珠江河口水生生态系统面临着由于不断增加营养物质输入而带来的富营养化、缺氧等问题。与此同时，三角洲地区的经济建设热潮，河滩开发、航运、挖沙、上游兴修水电等涉水工程建设，挤占了鱼类栖息地，破坏了鱼类产卵场，影响了鱼类资源的补充。鱼类栖息环境功能受损，加之高强度的捕捞渔业，改变了鱼类结构，降低了区域渔产量。

三、水产品质量面临胁迫

河口是工业废水、生活污水和农业废水的承泄区，随着经济的发展和人口的剧增，排污量、污染物种类呈现增多的趋势。河流生态系统受到较大干扰，河口自净能力下降，河流的纳污能力和水环境承载力处于极限状态。珠江河口水体除面临氮、耗氧有机污染物增加问题以外，持久性有机污染物、石油、农药、重金属等也存在不同程度污染，水产品质量面临威胁。

第三节　珠江河口水生生态系统评价

世界许多先进国家已经实施了国家水生生态健康评价战略。美国《清洁水法》将"保护国家河流物理、化学、生物的完整性"作为追求目标，从1990年开始实施环境监测和评价项目以及健康流域项目，以监测和评估水生生态健康状况；英国环境署从1990年起就建立了从水化学、水生生物、营养盐和美学感官等方面的方法评价体系；澳大利亚、南非等国也开展了本国的河流健康计划。我国根据《国家中长期科学和技术发展规划纲要（2006—2020年）》设立水专项，研究构建我国水生生态健康评价方法，以支撑流域水生生态保护和修复。

河口水生生态系统的状况受到整个流域及人类活动的影响，随系统内部物理、化学及生物因素的变化而改变。Roy et al（2001）从比较河口水生生态系统结构和功能过程关系入手，关注溶解氧、物种丰度和物种多样性等因素，综合考虑受人类干扰的生物学和生态学影响。生态系统的状态不仅影响生态系统内部，也对整个流域的生态状态及人类生活产生影响。根据第三章研究结果，珠江河口水体初级生产力年度均值为 23 260.04 mg/m³。

一、水质

（一）pH

水体 pH 均值为 7.52，变化范围为 6.64～8.4。符合渔业水质标准。

（二）盐度

水体盐度均值为 2.28，变化范围为 0.01～16.77，处于低盐度生态区域，平均值年际变化为 0.50～3.84。冬季高，春季、夏季、秋季低，受淡水输入影响。

（三）溶解氧与高锰酸盐指数

2006—2010 年，水体溶解氧含量均值为 6.09 mg/L，平均值符合《渔业水质标准》，低于 5 mg/L 站次占比为 18.75%。高锰酸盐指数（COD_{Mn}）平均值为 3.11 mg/L，21.43% 的站次超《地表水环境质量标准》的Ⅱ类要求（4 mg/L），2.68% 的站次超《地表水环境质量标准》的Ⅲ类要求（6 mg/L）（图 9-2）。

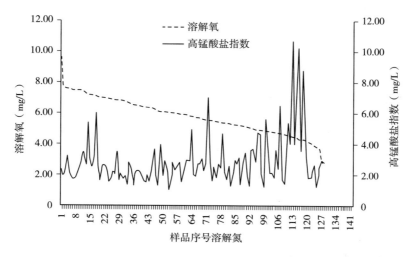

图 9-2　2006—2010 年珠江河口水体溶解氧、高锰酸盐指数变化

图 9-2 展示 2006—2010 年，按 DO 下降顺序排列的 COD_{Mn} 变化。总体上，似乎溶解氧下降，高锰酸盐指数升高，统计结果见图 9-3。

DO 与 COD_{Mn} 的关系较为复杂。两因子间的相关系数 $r=-0.11$（<95% 置信度的临界值 0.189），没有显著性，表明两者间不呈线性关系。从图 9-3 的曲线看出，当溶解氧

在 6.9～7.1 mg/L 区间，COD_{Mn} 值变化不大，处于曲线底部的平坦区域，而小于此区间时，溶解氧与 COD_{Mn} 两者成负相关；反之，大于此区间，两者成正相关。综上所述，溶解氧与 COD_{Mn} 呈反抛物线关系。

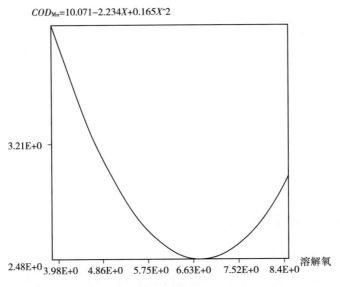

$$COD_{Mn}=10.071-2.234X+0.165X^2$$

图 9-3　溶解氧-高锰酸盐指数（$n=112$）关系曲线

（四）磷酸盐

水体磷酸盐均值为 0.034 mg/L，超《海水水质标准》（GB 3097—1997）活性磷酸盐Ⅱ类的 1.27 倍。

（五）总磷与总氮

水体总磷平均含量为 0.09 mg/L，33.04％的站次超《地表水环境质量标准》的Ⅱ类要求（0.1 mg/L），5.5％的站次超《地表水环境质量标准》的Ⅲ类要求（0.2 mg/L）。水体总氮严重超标，平均含量为 2.48 mg/L，100％的站次超《地表水环境质量标准》的Ⅲ类要求（1.0 mg/L）。

图 9-4 是水体总氮、总磷随时间变化图。由多项式拟合曲线可见，总氮含量变化不大，总磷呈先降低后上升变化。统计分析结果表明，总磷与总氮间的相关系数 $r=0.14$，接近 95％置信度的临界值 0.189，两者接近正相关。

图 9-5，总磷-总氮关系曲线可分为 3 段，28 个样本总磷<0.03，曲线呈下降趋势，总氮、总磷成负相关；22 个样本总磷在 0.03～0.06 范围，总氮变化不大，曲线平稳；60 个样本总磷在 0.06～0.37 范围，是主要的样本分布区，曲线呈上升趋势；2 个样本总磷>0.38，总氮值急剧下降（没在图中体现）。

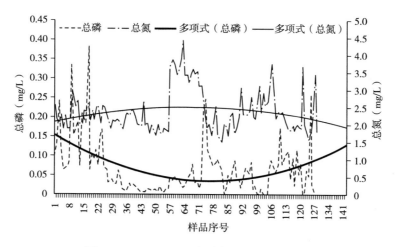

图 9-4　2006—2010 年总氮、总磷变化趋势

$$TN=2.398-1.306X+17.282X^2-26.814X^3$$

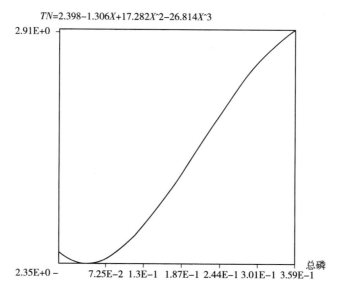

图 9-5　总磷-总氮（$n=112$）关系曲线

（六）无机三氮组成变化

水体氨氮平均含量为 0.574 mg/L，53.6% 的站次超《地表水环境质量标准》的Ⅱ类要求（0.5 mg/L），17.86% 的站次超《地表水环境质量标准》的Ⅲ类要求（1.0 mg/L）。水体非离子氨均值为 0.016 mg/L，30.36% 的站次超《渔业水质标准》（0.02 mg/L）。图 9-6 是 2006—2010 年采集水体样品，总氮含量由高到低排列及无机三氮组成变化图。

图 9-6 显示了总氮和无机三氮随时间的变化。由图可见硝酸盐氮是水体总氮主要贡献者，三种形态无机氮含量水平：硝酸盐氮＞氨氮＞亚硝酸氮。随着总氮含量由高到低排列，硝酸盐氮含量总体也呈现基本一致的由高到低变化趋势。

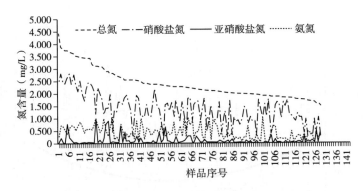

图 9-6　水体无机三氮含量随总氮由高到低变化

　　硝酸盐氮与总氮的线性相关系数为 0.7，远远大于 99% 置信度相关系数临界值 （0.247），相关系数及数据拟合的统计结果都表明，硝酸盐氮大小是影响总氮高低的主要 因素，两者成正相关的线性关系。

　　氨氮与总氮的相关系数为 0.41，远大于 99% 置信度的临界值要求，故两者成非常显 著的正相关。

　　亚硝酸盐氮与总氮的相关系数为 -0.08，表明这两因子并不呈线性关系。亚硝酸盐 氮与总氮呈抛物线关系，见图 9-7。

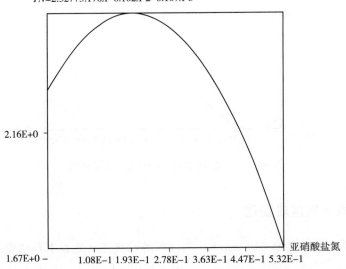

$TN = 2.327 + 3.170X - 8.102X^2 - 0.107X^3$

图 9-7　亚硝酸盐氮与总氮（$n=112$）关系曲线

　　当亚硝酸盐氮在 0.18~0.22 mg/L 区间时，总氮的变化不大；小于此区间亚硝酸 盐氮与总氮成正相关，总氮值随亚硝酸盐氮增大而变高；亚硝酸盐氮大于该区间时 （只有 13 个样本）总氮值随亚硝酸盐氮增大明显减小。总体上，亚硝酸盐氮对总氮影 响不如硝酸盐氮的力度大，绝大多数样本亚硝酸盐氮与总氮关系具有正相关的特点。

（七）营养状态

根据第三章第三节研究结果，珠江河口四个季节的水体综合营养状态指数均值 64.51，水体处于中度富营养化水平 $[60 < TSI（\sum）\leqslant 70]$。

在研究水体富营养化过程中，水环境中氮磷比是一个比较重要的指标。氮磷比直接影响水环境中藻类的群落结构。有学者（Guildford）认为，当水环境中总氮/总磷 <7（质量比）时，藻类生长表现为氮限制状态；而当总氮/总磷 >22.6 时，磷成为藻类生长的限制因子。不同藻类最适宜氮磷比不同，藻类在氮磷比适宜的水环境中生长更迅速，且对营养的吸收能力更强。Redfield 研究表明海水中氮磷比为 16∶1（原子比）最适合藻类生长繁殖。珠江河口水体总氮/总磷＝27.56，氮磷比接近适宜值，氮略过量。珠江河口生态系统水质方面需要解决氮负荷问题。

（八）叶绿素 a

水体叶绿素 a 均值为 19.98 $\mu g/L$。叶绿素 a 含量最高（2008 年）比最低（2010 年）高 56.13%。内河口与外河口（上、下游相距约 2.0 km），叶绿素 a 含量无显著性差异。统计结果表明，叶绿素 a 与 TP 相关系数 $r = -0.23$，大于 95% 置信度的临界值 0.189，两因子成负相关（图 9-8）。

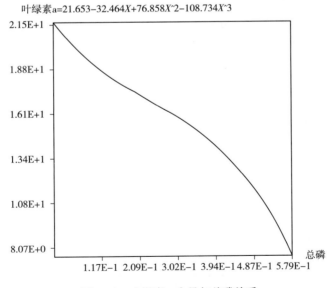

图 9-8　叶绿素 a 含量与总磷关系

由图 9-8 两者的关系曲线可以看出，随 TP 增大，叶绿素 a 呈下降趋势。总磷浓度高，叶绿素 a 反而低，总磷不是藻类的限制因子。另外，回归模型的误差（40.6%）较大，也反映不是所有数据点都严格呈线性关系。

（九）硫化物

水体硫化物平均含量为 0.039 mg/L，年均值为 0.026～0.060 mg/L，未超《渔业水质标准》（0.2 mg/L）。

二、水生生物要素

水生生态系统中栖息着自养生物、异养生物和分解者生物群落。水生生物评价主要考虑维持水生生物个体新陈代谢的活力，群落结构的稳定和对外界压力的抵抗能力。珠江河口饵料生物丰富，是各种鱼类特别是河口性咸淡水鱼类幼鱼的重要育肥区。各种生物群落及其与水环境之间相互作用，维持着特定的物质循环与能量流动，构成了完整的生态系统。

（一）浮游植物

调查期间，浮游植物种类丰富度的变化范围为 90～230 种，最小值出现在 2007 年 5月，最大值出现在 2009 年 8月。从季节分布特征看，2006 年和 2007 年枯水期的种类丰富度高于丰水期，2008 年和 2009 年丰水期的种类丰富度高于枯水期。浮游植物均值为 1.7×10^6 个/L。季节变化特征显示，大多数年份枯水期的密度高于丰水期（图 9-9）。

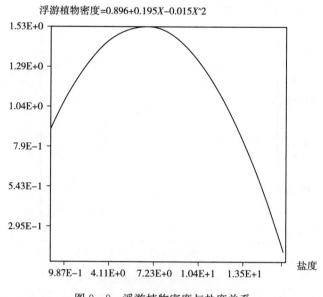

图 9-9　浮游植物密度与盐度关系

河口水域是海洋与河流的过渡带，水体盐度受潮汐和河流水文的影响。浮游植物密度与盐度的相关系数为 0.06，不呈线性关系。从图 9-9 曲线可知，两者呈抛物线关系，盐度在7附近为植物生物量的最高点。小于此值，当盐度增大时，植物生物量也同步增多；反之，大于此值时，植物生物量会随盐度增大而减小。

图9-10水体中总氮从高到低排序，浮游植物密度没有呈现相同的下降趋势，而且总氮过高，浮游植物密度反而低，表明总氮不是浮游植物生长限制因子，部分水域总氮过高显而易见。

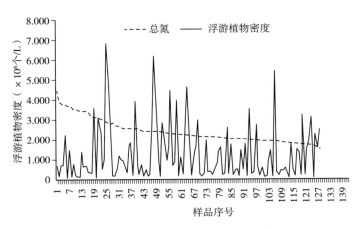

图9-10　浮游植物密度随水体总氮下降变化

(二) 浮游动物

调查期间共鉴定浮游动物94种，浮游幼虫10类。甲壳动物占绝对优势，共鉴定49种，占总种数的52.13%，其中桡足类35种，占总种数的37.23%；其次为轮虫类，共鉴定28种，占总种数的29.79%；此外，原生动物6种，被囊动物和糠虾类各2种，多毛类、螺类、水母类和异足类各1种，还有3种未知种类。

调查期间珠江河口浮游动物生物量均值为0.3643mg/L。生物量最高值出现在枯水期，最低为平水期。

图9-11显示了浮游植物密度随浮游动物生物量下降的变化。浮游动物生物量与浮游植物密度变化趋势基本一致，但也存在例外的情况。多项式拟合结果表明，浮游动物生物量很低时，浮游植物密度也可以出现较高水平。

丰水期珠江口浮游动物种类数居中，优势种个体数量不多，多样性指数（H'）和均匀度指数（J'）值分别2.9175和0.6732；平水期珠江口浮游动物种类数最多，空间异质性较高，H'和J'值分别为3.1736和0.6609；枯水期珠江口浮游动物种类数较少，而且优势种数量较大，H'和J'值分别为2.8801和0.6721。

根据多样性指数1～2为中等污染，2～3为轻污染，大于3为未污染的标准来判定（沈韫芬 等，1990），丰水期和枯水期珠江口浮游动物多样性指数在2～3，只有平水期多样性指数>3，总体来说该水域为轻污染。

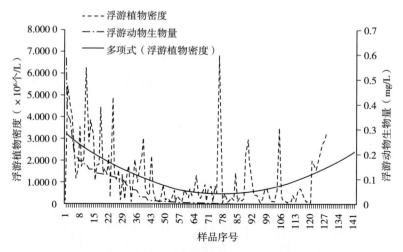

图 9-11　浮游植物密度随浮游动物生物量下降变化

（三）大型底栖动物

本次调查共获取大型底栖动物 34 种，其中多毛类最多，13 种，占 38.2%；软体动物 9 种，占 26.5%；节肢动物 5 种，占 14.7%；其他种类 7 种，包括寡毛类、摇蚊幼虫、星虫和鱼类，占总种数的 20.6%。四个季节中，夏季有 22 种，秋季有 21 种，冬季有 24 种，春季有 25 种。

（1）优势种　珠江口水域大型底栖动物以食底泥者和肉食者占主要优势，其相对丰度分别为 50.6% 和 43.3%，其次为浮游生物食者和滤食者，相对丰度分别为 4.6% 和 1.3%。杂食者相对丰度最小，仅 0.3%。

（2）多样性指数　调查区内 Shannon-Wiener 多样性指数、物种丰富度指数以及物种均匀度指数的均值分别为 1.11、0.93 和 0.61。三项指数的空间分布趋势较为一致，低值区主要位于横门。从各个季节 3 项指数的平均值来看，Shannon-Wiener 指数和物种均匀度指数的平均值最高出现在冬季，分别为 1.31 和 0.73；最低则出现在夏季，分别为 0.89 和 0.52。物种丰富度指数的平均值最高出现在冬季，为 1.26；最低则出现在秋季，为 0.67。

三、水生生态系统服务功能

水生生态系统是地球表面各类水域生态系统的总称。评价河口生态系统的服务功能要综合考虑物理和生化特性，分析因素包括了抗干扰能力、水质、沉积物特性和营养动力学、生物完整性指数等。我国"十一五"提出两项主要污染物总量减排约束性指标，其中之一是到 2010 年，化学需氧量排放量比 2005 年下降 10%，即全国的化学需氧量由

2005 年的 1 414.2 万 t 减少到 2010 年 1 272.8 万 t。实际下降了 12.45%。

(一) 水体有机污染负荷

珠江干、支流污染物随径流经珠江河口排入南海。珠江平均每年各口门涨潮入流量为 3 762 亿 m³，多年平均落潮流出量为 7 022 亿 m³，相应净泄入海径流量为 3 260 亿 m³，虽然河口区存在着海水的稀释作用，但是仍面临水体对污染物承载的容量问题。在全国污染物总量减排背景下，珠江干流总体水质良好，但从 2007 年珠江广州段轻度污染，到 2010 年珠江广州段中度污染，可见珠江河口负荷增加。与 1980—1983 年（表 9 - 1）相比，水体有机污染负荷增加（表 9 - 3），总氮含量平均升高 1.294 mg/L，以径流总量 3 362 亿 m³ 计，相当于增加了 43.504 万 t 总氮。河口水体溶解氧平均值降低 1.01 mg/L，相当于减少了 33.956 万 t 的氧；多降解 0.31 mg/L 有机物，耗氧 10.422 万 t，综合氧负荷增加 44.378 万 t。

表 9 - 3　2006—2010 年珠江河口水体污染负荷变化（与 1980—1983 年相比）

水环境因子	总氮	COD_{Mn}	溶解氧	备注
含量水平增加（mg/L）	1.294	0.31	−1.01	
总量增加（万 t）	43.504	10.422	−33.956	增加溶解氧负荷 10.422＋33.956＝44.378（万 t）
污染负荷（万 t）	66.568			

与 1980—1983 年相比，珠江河口水体污染负荷增加，造成珠江河口水体富营养化。

(二) 浮游生物质量

水生生态健康可以从三个方面理解：①应具有新陈代谢和初级生产的活力，能够保持内部组织结构的多样性，对外界的压力影响具有恢复能力。人们根据 B. 科尔克维茨和 M. 马松污水生物系统列出污水指示生物分类表（其中包括细菌、藻类、原生动物和大型底栖无脊椎动物），并根据种类组成的特点将水质分成寡污带、β-中污带、α-中污带和多污带四级。

(1) 浮游植物群落评价　指示性浮游植物群落划分污染等级的标准是：蓝藻门占 70% 以上，耐污种大量出现为多污带；蓝藻门占 60% 左右，藻类总数较多为 α-中污带；硅藻门及绿藻门为优势类群，各占 30% 左右为 β-中污带；硅藻门为优势类群，占 60% 以上为寡污带。珠江河口浮游植物 8 门 465 种，硅藻 40 属 197 种，占总种数的 42%，绿藻 49 属 134 种，占总种数的 29%；为 β-中污带。

(2) 浮游动物群落评价　不同水文期珠江河口浮游动物多样性指数（H'）变化范围 2.88～3.17，平均值 2.99，均匀度指数（J'）平均值 0.67，见表 9 - 4。

表 9-4　2006—2010 年珠江河口水生生态系统质量评价

评价指标	污染程度			管理目标
	高	中	低	
浮游植物多样性	—	—	—	—
浮游植物丰度	—	—	—	—
浮游动物多样性指数（H'）	枯水期为 2.88（2～3），轻污染	丰水期为 2.92（2～3），轻污染	平水期为 3.17＞3，未污染	3
浮游动物均匀度指数（J'）	丰水期 0.67	枯水期 0.67	平水期 0.66	0.67
综合平均营养状态	秋季 74.61，重度富营养	冬季 63.68，中度富营养	春季、夏季分别为 59.75、59.58，轻度富营养	30～50，中营养
综合污染指数均值（水质制约因素）	秋季 2.29，为中污染（$2.0 < P_i \leqslant 3.0$）	春季 1.97，为轻污染（$1.0 < P_i \leqslant 2.0$）	夏季 1.83、冬季 1.84，为轻污染（$1.0 < P_i \leqslant 2.0$）	1.0，尚清洁
备注	冬季（2 月，枯水期），春季（5 月），夏季（8 月，丰水期），秋季（11 月，平水期）			

由上可见，珠江河口水体综合污染指数均值约为 1.98，属轻污染；硅藻门及绿藻门为优势类群，共占 71%（分别占 42%、29%），属轻污染（β-中污带）；浮游动物均匀度指数（J'）稳定，为 0.67，多样性指数（H'）约为 3，总体上属轻污染。水质评价与生物评价结果基本一致。

珠江河口水生生态系统总体健康，生物多样性能够保持内部组织结构。均衡评价指标体系：水体综合污染指数均值约为 2，硅藻门及绿藻门类群共占约 70%，浮游动物多样性指数约为 3。生态系统健康评价可用综合污染指数均值、浮游植物群落划分、浮游动物多样性指数等方法。

（三）底栖生物质量

珠江河口底栖生物 Shannon-Wiener 多样性指数（H'）平均值 1.11，物种均匀度指数（J'）平均值 0.61，物种丰富度指数（D'）平均值 0.93，具体见表 9-5。

表 9-5　2006—2010 年珠江河口底栖生物质量评价

多样性指数	底栖生物质量			管理目标
	高	中	低	
Shannon-Wiener 多样性指数（H'）	冬季，1.31	春季，1.26 秋季，0.98	夏季，0.89	2.0
物种均匀度指数（J'）	冬季，0.69	春季，0.67 秋季，0.63	夏季，0.454	—
物种丰富度指数（D'）	冬季，1.26	春季，0.95 夏季，0.85	秋季，0.67	—

Molvær et al（1997）基于 Shannon-Wiener 指数值来判定水域环境的状况：$H'>4$ 表示环境质量较高；$3<H'<4$ 表示环境质量良好；$2<H'<3$ 表示环境质量中等；$H'<2$ 表示环境质量较低，水域可能受到污染。2006—2010 年，珠江河口底栖生物 Shannon-Wiener 多样性指数（H'）变化范围 0.22～1.94，表明珠江河口底质环境质量较差，已受到污染，物种丰富度低。建议沉积层环境管理目标近期为接近中等状态，Shannon-Wiener 多样性指数值 2.0。

以恢复生态系统健康为目的，综合考虑河口生态系统受流域及人类生活的影响，建立评价指标体系。指标分别从生态系统的非生物环境、水柱层生物和沉积层生物 3 方面对河口生态系统状况进行评价，对于珠江河口区域水生生态系统恢复效果的评价具有重要意义。

第四节　珠江河口水生生态环境保护对策

珠江河口地处海、淡水的交汇处，是淡水和海水交汇的渔业水域，需要防止和控制污染，保证鱼、虾、贝、藻类正常生长、繁殖以及水产品质量安全。2006—2010 年，国家启动第一次全国污染源普查、水体污染治理与控制重大科技专项，着力解决影响可持续发展的突出环境问题，重点流域区域污染防治工作力度加大。保护水域环境使水生生态系统处于良好状态，维持其对人类社会提供各种服务的功能，对一些自然或人为扰动能保持弹性和稳定性。

一、水环境状况调查与维护

河口生物群落具有整合不同时间尺度上化学、生物和物理影响的能力。保护河口水生生态系统需要着眼于保持水体理化特征及生物完整性，同时需要考虑河口的合理开发利用。

（一）水环境监测与评价

《渔业水质标准》的颁布实施是为了保护渔业生物正常生长，也体现了《中华人民共和国环境保护法》《中华人民共和国水污染防治法》《中华人民共和国海洋环境保护法》《中华人民共和国渔业法》的贯彻执行。第三章第四节，以透明度、pH、DO、NH_3、NH_4^+ - N、NO_3^- - N、NO_2^- - N、TN、TP 和 COD_{Mn} 10 项因子为水质评价指标，以《渔业水质标准》《地表水环境质量标准》Ⅲ类为评判依据，得出水体综合污染指数均值

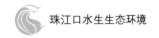

1.98，属于轻污染的结论。

河口地处海、淡水交汇处，生态特征特殊。为控制河口水域污染，保护水生生物资源，满足生态功能和水环境质量要求，需要加强河口生物监测体系研究，建立适用于珠江河口生态系统健康的评价体系，为河口的养护、开发和利用提供技术支持。

（二）低溶解氧区环境修复

溶解氧是象征水体自净能力的重要因子。水体有机化合物降解，需要消耗溶解氧。溶解氧过低，是水体自净系统功能受损的表现。通常河口区水体溶解氧较高，但监测结果表明珠江口水域存在低氧区，溶解氧最低值 2.87 mg/L。溶解氧低于 5 mg/L，水体缺少氧气，不利于水生生物正常生长。维持河口生态健康需要根据河流的污染特征，加强外源污染输入管理，控制内源释放。对受污染生态系统实施多种形式的修复及维护，提高溶解氧含量，恢复河口自净能力是关键。

（三）总氮控制及移除

总氮是表示水体受营养物质污染程度的指标。珠江口水域总氮平均值 2.48 mg/L，按《地表水环境质量标准》的Ⅲ类要求（1.0 mg/L），河口水域超额的总氮达 1.48 mg/L，计 473 600 t（1.48 mg/L×3 200 亿 m³）。473 600 t 氮转化为含氮量约 3% 的鱼，测算需要15 786 666.7 t 的鱼才能转化输出。

图 9-12 显示了按总氮/总磷下降排序的叶绿素 a 变化。统计表明，总氮/总磷>100，占 29.69%，从叶绿素 a 随总氮/总磷从高到低拟合线可见，总氮/总磷过高或过低，叶绿素 a 含量都不大。

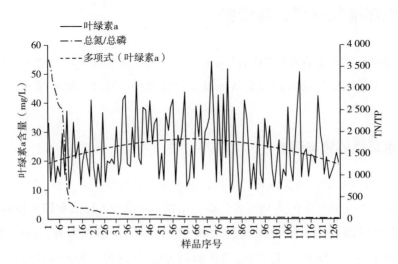

图 9-12　水体叶绿素 a 随总氮/总磷下降变化

（四）维持适量总磷

磷是生物的基本元素之一，广泛存在于动、植物组织中，约占动物体重的1％。珠江口水域总磷均值0.09 mg/L，基本符合《地表水环境质量标准》Ⅱ类标准。若转化总氮超标输出的物质以鱼计算为6 336 t/a，需磷63.36 t/a，测算水体需提升0.019 8 mg/L的总磷含量。在总氮输入不变情况下，提高渔业产量，水体总磷还存有容量。

二、增殖鱼类驱动水生生态修复

河口是复杂的生态系统，保护珠江河口水生生态环境，主要是维护河口生态系统结构和功能的完整性。生态修复主要选用各种具净化水质功能的水生植物、滤食性水生动物和耐污性强的活性微生物，转移、分解和吸收河流的污染物，有效降低水质污染指数，逐步恢复河流生物多样性，繁育适应于低盐度中生活的咸淡水鱼类，实现水生生态系统的良性循环和演替。

了解水域生产力，是修复、构建良好生态系统的基础。研究结果表明，珠江河口水体初级生产力年度均值为23 260.04 mg/m³，按珠江入海径流量3 200亿m³计算，初级生产力可达7 443 213 t，估算可产出248 107 t滤食性鱼。据统计，珠江每年捕捞量是约50 000 t，鱼产量应该还有发展空间。通过鱼类和底栖生物的放流增殖，投放适当的水生生物，改变河流生态结构的单一性，从而提高水环境承载力。通过水生动物的生命活动，能有效去除有机物、改善水质状况、建立良好的生态链，提高河口水生生物的饵料基础，保护河口自然生态和生物多样性。

（一）产卵场修复增加鱼类

产卵场（产卵渔场），是指鱼类和虾类等群集生殖的水域。亲体在性成熟后，按其遗传特性和生理要求，在生殖季节常选择自然环境和水文状况适合排卵、受精、孵化和幼体成长的水域进行产卵。由于航运航道炸礁工程破坏了河床结构，导致鱼类失去产卵场所；码头、水利、围垦占用岸线，水草减少导致产黏草性卵鱼类失去产卵场所。增加鱼类生物资源，修复鱼类产卵场是重要手段。人工造礁、人工鱼巢是修复鱼类产卵场、增加鱼类生物量的最佳方法。

（二）恢复鱼类产卵的水文条件

河口鱼类补充，通常由上游产卵场繁殖的鱼类提供。上游受梯级开发的影响，河流水文情势发生变化，如水坝拦截水流，降低了流速；由于电力的利用受昼夜用量差别的影响，水力发电受日调峰而改变了水文情势，打乱了鱼类的水文节律。这样的影响，需

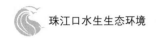

要梯级水电管理者组织生态水文调度，通过输出满足鱼类繁殖需要的水文节律过程，实现鱼类多繁殖。

（三）增殖放流

通过人工繁育手段，生产满足增殖放流的鱼类苗种，科学组织鱼类的种类、数量以投放水域，满足水生生态系统对鱼类的需求。

（四）控制捕捞

根据河流能量传输的需求，水生生态系统中的鱼类需要通过捕捞方式输出产能，达到水体修复与水质保障的要求。鱼类输出需要科学控制，目前由于捕捞过度，需要控制捕捞强度实现水生生态系统恢复及增加鱼类生物量。

三、实施河流综合利用与加强流域管理

（一）河流综合利用

珠江河口生态系统的保护与经济社会发展密切相关。河口是流域不可分割的一部分，为了能够优化利用流域内各种资源，促进流域生态经济的协调发展，必须实施流域生态经济系统的综合性宏观管理。调整上下游城市工业布局和产业结构，确定各城市河段的水质目标，统筹三角洲河网水质整治及管理工作。

河口地区是富有营养的水域，河口水域的盐度为0.5~16，从珠江河口水环境和生态系统的承载力出发，合理规划和布局涉及河口滩涂利用开发的建设项目，充分论证对生态环境可能造成的影响，从根本上防止和减少建设项目对水生生态环境的破坏和影响。

合理划定生态功能区，解决栖息于河口淡水和海水交汇区低盐度水域的鱼类生态环境保护问题，全面保护重要的河口自然资源、水生生态功能区和生态敏感区，构建河口生态环境的安全格局。

（二）加强管理力度

把健康的河口生态系统作为河口管理的主要目标。控制河道采沙总量，制止盲目围垦，转变过度开发利用河口滩涂的经济增长方式，维护河口生态系统平衡。有效控制和监测点源污染与面源污染，污水达标排放，遏制珠江流域及其河口水污染，以良好的水环境条件保障珠江河口生态系统的可持续发展。

参 考 文 献

蔡显明，宁修仁，刘子琳，2002. 珠江口初级生产力和新生产力研究 [J]. 海洋学报，24 (3)：101-111.

曹亮，2010. 铜、镉对褐牙鲆（*Paralichthys olivaceus*）早期发育阶段的毒理效应 [D]. 青岛：中国科学院研究生院（海洋研究所）.

陈国柱，方展强，2011. 铜、锌、镉对唐鱼胚胎及初孵仔鱼的急性毒性及安全浓度评价 [J]. 生物学杂志，28 (2)：28-31.

陈洪举，刘光兴，2009. 2006 年夏季长江口及其邻近水域浮游动物的群落结构 [J]. 北京师范大学学报，45 (4)：393-398.

陈剑，2015. 夏季闽江口和椒江口浮游动物群落结构和数量特征的比较 [D]. 上海：上海海洋大学.

陈菊芳，徐宁，江天久，等，1999. 中国赤潮新记录种——球形棕囊藻（*Phaeocystis globosa*）[J]. 暨南大学学报（自然科学版），20 (3)：124-129.

陈丽棠，吕忠华，2000. 珠江河口治理 [J]. 水利水电技术（1）：41.

陈锡涛，1991. 镉对花鲢 *Aristichthys nobills* 仔鱼，鱼苗和鱼种的急性毒性及其安全浓度的评价 [J]. 环境科学与技术（4）：5-8.

陈志英. 2017. 影响挥发酚测定因素的探讨 [J]. 中国化工贸易，30：148.

崔伟中，2004. 珠江河口水环境时空变异对河口生态系统的影响 [J]. 水科学进展，15 (4)：472-478.

戴明，李纯厚，贾晓平，等，2004. 珠江口近海浮游植物生态特征研究 [J]. 应用生态学报，15 (8)：1389-1394.

邓智瑞，何青，杨清书，等，2015. 珠江口磨刀门泥沙絮凝特征 [J]. 海洋学报，37 (9)：152-161.

方宏达，朱艾嘉，董燕红，等，2009. 2005—2006 年珠江口浮游动物群落变化研究 [J]. 台湾海峡，28 (1)：30-37.

方展强，张润兴，黄铭洪，2001. 珠江河口区翡翠贻贝中有机氯农药和多氯联苯含量及分布 [J]. 环境科学学报，21 (1)：113-116.

冯剑丰，王秀明，孟伟庆，等，2012. 天津近岸海域夏季大型底栖生物群落结构变化特征 [J]. 生态学报，31 (20)：5875-5885.

甘居利，贾晓平，林钦，等，2008. 2003—2005 年和 1991—1993 年广东沿海牡蛎体六六六和滴滴涕残留比较 [J]. 中国水产科学，15 (4)：652-658.

甘居利，林钦，贾晓平，等，2007. 广东近江牡蛎（*Crassostrea rivularis*）有机氯农药残留与健康风险评估 [J]. 农业环境科学学报，26 (6)：2323-2328.

戈志强，秦伟，朱玉芳，2004. 重金属离子 Pb^{2+}、Cu^{2+} 和 Cd^{2+} 对大银鱼胚胎发育和仔鱼存活的影响 [J]. 内陆水产（11）：35-36.

古丽亚诺娃，刘瑞玉，斯卡拉脱，等，1958. 黄海潮间带生态学研究 [J]. 中国科学院海洋生物研究所丛刊，2 (2)：1-43.

顾家伟，王灿，Alaa Salem，2013. 尼罗河三角洲与长江三角洲重金属污染对比研究 [J]. 地球与环境，41 (3)：233-241.

广东省地方史志编纂委员会，2001. 自然灾害志 [M]. 广州：广东人民出版社.

郭建阳，孟祥周，麦碧娴，等，2006. 滴滴涕类农药在广东省鱼类中的残留及人体暴露水平初步评价 [J]. 生态毒理学报，1 (3)：236-242.

郭瑾，杨伟东，刘洁生，等，2007. 温度、盐度和光照对球形棕囊藻生长和产毒的影响研究 [J]. 环境科学学报，27 (8)：1341-1346.

郭培章，宋群，2001. 中外流域综合治理开发案例分析 [M]. 北京：中国计划出版社.

郭沛涌，沈焕庭，刘阿成，等，2003. 长江河口浮游动物的种类组成、群落结构及多样性 [J]. 生态学报，5 (23)：892-900.

韩国萍. 2017. 探讨测定水中挥发酚的注意事项 [J]. 建筑工程技术与设计，21：35-39.

韩洁，张于，2001. 渤海大型底栖动物丰度和生物量的研究 [D]. 青岛海洋大学学报 (自然科学版)，31 (6)：889-896.

韩洁，张于，2003. 渤海中、南部大型底栖动物物种多样性的研究 [J]. 生物多样性，11 (1)：20-27.

韩洁，张于，2004. 渤海中、南部大型底栖动物的群落结构 [J]. 生态学报，24 (3)：531-537.

韩洁，张志南，于子山，2001. 渤海大型底栖动物丰度和生物量的研究 [J]. 青岛海洋大学学报，31 (6)：889-896.

郝林华，孙丕喜，姜美洁，等，2011. 桑沟湾海域石油烃的分布特征及其与环境因子的相关性 [J]. 海洋科学进展，29 (3)：386-394.

黄邦钦，洪华生，柯林，等，2005. 珠江口分粒级叶绿素 a 和初级生产力研究 [J]. 海洋学报，27 (6)：180-186.

黄洪辉，林燕棠，李纯厚，等，2002. 珠江口底栖生态学研究 [J]. 生态学报 (4)：603-607.

黄加祺，1983. 九龙江口大、中型浮游动物的种类组成和分布 [D]. 厦门大学学报 (自然科学版)，22 (1)：88-95.

黄良民，陈清潮，尹健强，等，1997. 珠江口及邻近海域环境动态与基础生物结构初探 [J]. 海洋环境科学 (3)：1-7.

黄铭洪，2003. 环境污染与生态恢复 [M]. 北京：科学出版社.

黄长江，董巧香，郑磊，1999.1997 年底中国东南沿海大规模赤潮原因生物的形态分类与生态学特征 [J]. 海洋与湖沼，30 (6)：581-590.

纪焕红，叶属峰，2006. 长江口浮游动物生态分布特征及其与环境的关系 [J]. 海洋科学，30 (6)：23-30.

姜胜，黄长江，陈善文，等，2002.2000—2001 年柘林湾浮游动物的群落结构及时空分布 [J]. 生态学报，6 (22)：828-839.

蒋汉明，瞿静，张媛英，2005. 温度对海洋微藻生长及脂肪酸组成的影响 [J]. 食品研究与开发，26 (6)：9-12.

蒋万祥，赖子尼，庞世勋，等. 2010. 珠江口叶绿素 a 时空分布及初级生产力 [J]. 生态与农村环境学报，26 (2)：132-133.

金相灿，1989. 有机化合物污染化学-有毒有机物污染化学 [M]. 北京：清华大学出版社.

李共国，虞左明，2002. 浙江千岛湖桡足类的群落结构 [J]. 生物多样性，10（3）：305-310.

李惠娟，王国建，2005. 船舶防污涂料的研究与发展 [J]. 上海涂料（1-2）：14-19.

李捷，李新辉，贾晓平，等，2010. 西江鱼类群落多样性及其演变 [J]. 中国水产科学，17（2）：298-311.

李开枝，尹健强，黄良民，等，2005. 珠江口浮游动物的群落动态及数量变化 [J]. 热带海洋学报，24（5）：60-68.

李开枝，尹健强，黄良民，等，2007. 珠江口浮游桡足类的生态研究 [J]. 生态科学，26（2）：97-102.

李琳，李新辉，杨继平，等，2013. 氮和磷营养盐对广东鲂仔鱼的毒性研究 [J]. 安徽农业科学，41（23）：9628-9630.

李少文，李凡，张莹，等，2014. 莱州湾大型底栖动物的次级生产力 [J]. 生态学杂志（1）：190-197.

李涛，刘胜，黄良民，等，2007. 广东沿岸不同海洋功能区秋季浮游植物群落结构比较研究 [J]. 海洋通报，26（2）：50-59.

李新正，刘录三，李宝泉，2010. 中国海洋大型底栖生物研究与实践 [M]. 北京：海洋出版社：79-103.

李云，徐兆礼，高倩，2009. 长江口强壮箭虫和肥胖箭虫的丰度变化对环境变暖的响应 [J]. 生态学报，29（9）：4773-4780.

李自尚，2012. 春季黄河口及其邻近水域浮游动物群落特征与粒径谱的初步研究 [D]. 青岛：中国海洋大学.

林和山，蔡立哲，梁俊彦，等，2009. 深沪湾大型底栖动物群落及其次级生产力初步研究 [J]. 台湾海峡（4）：520-525.

林少苗，2015. 浅谈石油类对水环境的影响 [J]. 环球人文地理，20：260.

林以安，苏纪兰，扈传昱，等，2004. 珠江口夏季水体中的氮和磷 [J]. 海洋学报，26（5）：63-73.

林元烧，曹文清，罗文新，等，2003. 几种养殖贝类滤水率的研究 [J]. 海洋学报，25（1）：86-91.

刘昌岭，1998. 河口生物地球化学研究 [J]. 海洋地质动态（4）：1-7.

刘大胜，孔强，王大榜，等，2010. 金属离子鱼类急性毒性研究及对环境标准修订的启示意义 [J]. 环境科学与管理，35（4）：38-42.

刘建康，1999. 高级水生生物学 [M]. 北京：科学出版社：241-259.

刘坤，林和山，王建军，等，2015. 厦门近岸海域大型底栖动物次级生产力 [J]. 生态学杂志（12）：3409-3415.

刘录三，孟伟，田自强，等，2008. 长江口及毗邻海域大型底栖动物的空间分布与历史演变 [J]. 生态学报，28（7）：3027-3034.

刘录三，郑丙辉，2010. 长江口及毗邻海域大型底栖动物的次级生产力 [J]. 应用与环境生物学报（5）：667-671.

刘瑞玉 徐凤山.1963. 黄东海底栖生物区系的特点. 海洋与湖沼，5（4）：306-321.

刘瑞玉，崔玉珩，徐凤山，等，1986. 黄海、东海底栖生物生态特点 [J]. 海洋科学集刊，27：

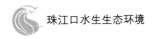

153 - 173.

刘相梅，彭平安，黄伟林，等，2001. 六六六在自然界中的环境行为及研究动向 [J]. 农业环境与发展，2（68）：38 - 40.

刘勇，线薇薇，孙世春，等，2008. 长江口及其邻近海域大型底栖动物生物量、丰度和次级生产力的初步研究 [J]. 中国海洋大学学报，38（5）：749 - 756.

刘玉，李适宇，董燕红，等，2002. 珠江口浮游藻类生态及与关键水质因子分析 [J]. 海洋环境科学，21（3）：61 - 66.

刘岳峰，韩慕康，邬伦，等，1998. 珠江三角洲口门区近期演变与围垦远景分析 [J]. 地理学报（6）：492 - 498.

刘征涛，2005. 持久性有机污染的主要特征和研究 [J]. 环境科学研究，18（3）：93 - 102.

卢羽洁，王轶男，杨晓龙，等，2017. 青堆子湾海水石油类污染物的时空分布及其影响因子 [J]. 现代农业科技，7：194 - 196.

陆奎贤，1990. 珠江水系渔业资源 [M]. 广州：广东科学技术出版社.

罗孝俊，2004. 珠江三角洲河流、河口和邻近南海海域水体沉积物中的多环芳烃与有机氯农药研究 [D]. 广州：中国科学院广州地球化学研究所：105.

罗章仁，郑天祥，2000. 珠江三角洲港口群 [M]. 南京：河海大学出版社.

吕景才，宋晓阳，王凡，等，2002. 镉污染对鲢抗氧化防御系统影响研究 [J]. 西南农业大学学报，24（6）：491 - 493.

马静，2011. 夏、秋季黄河口及其邻近海域大中型浮游动物群落生态学研究 [D]. 青岛：中国海洋大学.

麦碧娴，林峥，张干，等，2000. 珠江三角洲河流和珠江口表层沉积物中有机污染物研究——多环芳烃和有机氯农药的分布及特征 [J]. 环境科学学报，20（2）：192 - 197.

麦碧娴，林峥，张干，等，2001. 珠江三角沉积物中毒害有机物的污染现状及评价 [J]. 环境科学研究，14（1）：19 - 23.

彭松耀，赖子尼，蒋万祥，等，2010. 珠江口大型底栖动物的群落结构及影响因子研究 [J]. 水生生物学报，34（6）：1179 - 1189

彭晓彤，周怀阳，翁焕新，等，2003. 珠江口沉积物主元素的组成分布特征及其地化意义 [J]. 浙江大学学报（理学版），30（6）：697 - 702.

钱宏林，梁松，1999. 珠江口及其邻近海域赤潮的研究 [J]. 海洋环境科学，18（3）：69 - 74.

沈萍萍，王艳，齐雨藻，等，2000. 球形棕囊藻的生长特性及生活史研究 [J]. 水生生物学报，24（6）：635 - 643.

沈韫芬，章宗涉，龚循矩，等，1990. 微型生物监测新技术 [M]. 北京：中国建筑工业出版社：134 - 137.

孙道元，刘银诚.1991. 渤海底栖动物种类组成和数量分布 [J]. 黄渤海海洋，9（1）：42 - 50.

孙芳，黄云，刘志刚，等，2010. 鄱阳湖康山和湖口水域鱼、贝类体内有机氯农药残留现状 [J]. 环境科学研究（4）：467 - 472.

谭细畅，李跃飞，赖子尼，等，2010. 西江肇庆段鱼苗群落结构组成及其周年变化研究 [J]. 水生态学杂志，3（5）：27-31.

唐玉斌，刘宏伟，陆柱，等，2004. 中小河流特征及修复方法探讨［J］. 水处理技术，30（3）：136-139.

谢文平，余德光，郑光明，等，2014. 珠江三角洲养殖鱼塘水体中重金属污染特征和评估［J］. 生态环境学报，23（4）：636-641.

汪思言，杨传国，庞华，等，2014. 珠江流域人口分布特征及其影响因素分析［J］. 中国人口资源与环境（S2）：447-450.

王超，赖子尼，李新辉，等，2013. 西江下游浮游植物群落周年变化模式［J］. 生态学报，33（14）：4398-4408.

王超，赖子尼，李跃飞，等，2012. 西江颗粒直链藻种群生态特征［J］. 生态学报，32（15）：4793-4802.

王超，李新辉，赖子尼，等，2013. 珠三角河网浮游植物生物量的时空特征［J］. 生态学报，33（18）：5835-5847.

王初升，许章程，郑金树，等，1999. 研究海洋环境质量生物标准的意义及其内容［J］. 海洋环境科学，18（3）：22-27.

王洪昌，李春玲，2001. 国外江河水利开发［M］. 郑州：黄河出版社.

王金宝，李新正，王洪法，2006. 胶州湾多毛类环节动物优势种的生态特点［J］. 动物学报，52（1）：63-69.

王克，王荣，左涛，等，2004. 长江口及邻近海区浮游动物总生物量分析［J］. 海域与湖沼，35（6）：568-576.

王益鸣，王晓华，胡颢琰，等，2005. 浙江沿岸海产品中有机氯农药的残留水平［J］. 东海海洋，23（1）：54-64.

王瑜，刘录三，刘存歧，等，2010. 渤海湾近岸海域春季大型底栖动物群落特征［J］. 环境科学研究，23（4）：430-436.

王兆生，2007. 铜（Cu）对咸水枝角类蒙古裸腹溞（*Moina monogolica* Daddy）的毒性效应及其评价方法的研究［D］. 上海：上海交通大学.

王正萍，周雯，2002. 环境有机污染物监测分析［M］. 北京：化学工业出版社.

吴耀泉，张宝琳，1990. 渤海经济无脊椎动物生态特点的研究［J］. 海洋科学，2：48-52.

徐宁，齐雨藻，陈菊芳，等，2003. 球形棕囊藻（*Phaeocystis globosa* Scherffel）赤潮成因分析［J］. 环境科学学报，23（1）：113-118.

徐兆礼，王云龙，陈亚瞿，等，1995. 长江口最大浑浊带区浮游动物的生态研究［J］. 中国水产科学，2（1）39-48.

许木启，张知彬，2002. 我国无脊椎动物生态学研究进展概述［J］. 动物学报，48（5）：689-694.

许淑英，谢刚，祁宝伦，等，1998. 广东鲂鱼苗对水产药物敏感性的试验［J］. 水利渔业（4）：4-5.

颜天，周名江，邹景忠，2001. 香港及珠江口海域有害赤潮发生机制初步探讨［J］. 生态学报，21（10）：1634-1642.

杨东方，于子江，张柯，等，2008. 营养盐硅在全球海域中限制浮游植物的生长［J］. 海洋环境科学，

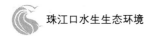

27 (5)：547-553.

杨华，张金阳，2002. 广东省主要江河水质状况及变化趋势 [J]. 广东环保科技，12 (2)：8-9.

杨建华，宋维彦，2010. 3 种重金属离子对中华鳑鲏鱼的急性毒理及安全浓度研究 [J]. 安徽农业科学，38 (23)：12481-12485.

杨丽华，方展强，郑文彪，2003. 重金属对鲫鱼的急性毒性及安全浓度评价 [J]. 华南师范大大学学报（自然科学版）(2)：102-106.

杨玲玲，2013. 水环境中石油类污染常见问题分析 [J]. 污染防治技术，26 (3)：45-47.

杨宇峰，王庆，陈菊芳，等，2006. 河口浮游动物生态学研究进展 [J]. 生态学报，26 (2)：576-585.

尹健强，张谷贤，谭烨辉，等，2004. 三亚湾浮游动物的种类组成与数量分布 [J]. 热带海洋学报，23 (5)：1-9.

于子山，张志南，2001. 渤海大型底栖动物次级生产力的初步研究 [J]. 青岛海洋大学学报（自然科学版），31 (6)：867-871.

袁兴中，何文珊. 1999. 海洋沉积物中的动物多样性及其生态功能 [J]. 地球科学进展，14 (5)：458-463.

岳维忠，黄小平，2005. 珠江口柱状沉积物中氮的形态分布特征及来源探讨 [J]. 环境科学，26 (2)：195-199.

曾艳艺，黄小平，2010. 重金属对海洋桡足类的影响研究进展 [J]. 生态学报，30 (4)：1042-1049.

曾艳艺，黄小平，2011. 日本虎斑猛水蚤的重金属急性毒性及其作为标准测试生物的潜在意义 [J]. 生态毒理学报，6 (2)：182-188.

曾艳艺，赖子尼，杨婉玲，等，2014. 铜和镉对珠江天然仔鱼和幼鱼的毒性效应及其潜在生态风险 [J]. 生态毒理学报，9 (1)：49-55.

张群英，林峰，李迅，等，1985. 中国东南沿海地区河流中的主要化学组分及其入海通量 [J]. 海洋学报 (1)：51-57.

张敬怀，2014. 珠江口及邻近海域大型底栖动物多样性随盐度、水深的变化趋势 [J]. 生物多样性，22 (3)：302-310.

张玺，齐钟彦，张福绥，等，1963. 中国软体动物区系区划的初步研究 [J]. 海洋与湖沼，5 (2)：124-137.

张镱锂，张雪梅，1998. 植物区系地理研究中的重要参数——相似性系数 [J]. 干旱区研究，15 (1)：59-63.

张志杰，张维平，1991. 环境污染生物监测与评价 [M]. 北京：中国环境科学出版社.

章宗涉，黄祥飞，1995. 淡水浮游生物研究方法 [M]. 北京：科学出版社.

张祖麟，陈伟琪，哈里德，等，2001. 九龙江口水体中有机氯农药分布特征及归宿 [J]. 环境科学，22 (3)：88-92.

张祖麟，洪华生，陈伟琪，2003. 闽江口水、间隙水和沉积物中有机氯农药的含量 [J]. 环境科学，1：117-120.

赵雪，杨凡，郭娜，等，2009. 2007 年 2 月汕头赤潮事件水文气象及海水理化因子影响分析 [J]. 海洋预报，26 (1)：43-51.

赵云峰，吴永宁，王绪卿，等，2003. 中国居民膳食中农药残留的研究［J］. 中华流行病学杂志，24（3）：661-664.

郑重，1982. 河口浮游生物研究［J］. 自然杂志，5（3）：218-222.

郑重，陈柏云，1982. 厦门九龙江口生态系统调查研究绪论［J］. 厦门大学学报（自然科学版），21：351-358.

郑重，李少菁，许振祖，1984. 海洋浮游生物学［M］. 北京：海洋出版社.

郑重，1986. 海洋浮游生物生态学研究［M］. 厦门：厦门大学出版社：169-182.

中国科学院动物研究所甲壳动物研究组，1979. 中国动物志 节肢动物门 甲壳纲 淡水桡足类［M］. 北京：科学出版社.

中华人民共和国国家环境保护局，中国国家标准化管理委员会，1989. GB 11607—1989 渔业水质标准［S］. 北京：中国标准出版社.

中华人民共和国国家环境保护局，中国国家标准化管理委员会，2002. GB 3838—2002 地表水环境质量标准［S］. 北京：中国标准出版社.

周进，纪炜炜，2012. 三都澳大型底栖动物次级生产力［J］. 海洋渔业（1）：32-38.

周进，李新正，李宝泉，2008. 黄海中华哲水蚤度夏区大型底栖动物的次级生产力［J］. 动物学报，54（3）：436-441.

周进，徐兆礼，马增岭，2009. 长江口拟长脚蛾数量变化和对环境变暖的响应［J］. 生态学报，29（11）：5758-5765.

周立红，陈学豪，秦德忠，1994. 四种重金属对泥鳅胚胎和仔鱼毒性的研究［J］. 厦门水产学院学报，16（1）：11-19.

周永欣，章宗涉，1989. 水生生物毒性试验方法［M］. 北京：农业出版社.

朱晓君，陆健健. 2003. 长江口九段沙潮间带底栖动物的功能群. 动物学研究，24（5）：355-361.

朱延忠，刘录三，郑丙辉，等，2011. 春季长江口及毗邻海域浮游动物空间分布及与环境因子的关系［J］. 海洋科学，35（1）：59-65.

Abbott D，Harrison R，Tatton J G，et al，1965. Organochlorine pesticides in the atmospheric environment［J］. Nature，208：1317-1318.

Abonyi A，Leitão M，Lançon A M，et al，2012. Phytoplankton functional groups as indicators of human impacts along the River Loire（France）［J］. Hydrobiologia，698：233-249.

Abreu P C，Odebrecht C，Gonzalez A A，1994. Particulate and dissolved phytoplankton production of the Patos Lagoon estuary，Southern Brazil：Comparison of methods and influencing factors［J］. J Plankton Res，16（7）：737-753.

Aguilar A，1984. Relationship of DDE/DDT in marine mammals to the chronology of DDT input into the ecosystem［J］. Canadian Journal of Fisheries and Aquatic Sciences，41（6）：840-844.

Aller R C，1983. The importance of the diffusive permeability of animal burrow linings in determining marine sediment chemistry［J］. Journal of Marine Research，41（2）：299-322.

Alpine A E，Cloern J E，1992. Trophic interactions and direct physical effects control phytoplankton biomass and production in an estuary［J］. Limnol Oceanogr，37（5）：946-955.

Arvanitidis C, Somerfield P J, Rumohr H, et al, 2009. Biological geography of the European seas: results from the MacroBen database [J]. Marine Ecology Progress Series, 382: 265 - 278.

Asagba S O, Eriyamremu G E, Igberaese M E, et al, 2008. Bioaccumulation of cadmium and its biochemical effect on selected tissues of the catfish (*Clarias gariepinus*) [J]. Fish Physiology and Biochemistry, 34 (1): 61 - 69.

Asmus H, Asmus R M, 2005. Significance of suspension-feeder systems on different spatial scales [J]. NATO Science Series Ⅳ: Earth and Environmental Series, 47: 199 - 219.

Atli G, Alptekin O, Tükel S, et al, 2006. Response of catalase activity to Ag^+, Cd^{2+}, Cr^{6+}, Cu^{2+} and Zn^{2+} in five tissues of freshwater fish *Oreochromis niloticus* [J]. Comparative Biochemistry and Physiology, Part C: Toxicology and Pharmacology, 143 (2): 218 - 224.

Atli G, Canli M, 2010. Response of antioxidant system of freshwater fish *Oreochromis niloticus* to acute and chronic metal (Cd, Cu, Cr, Zn, Fe) exposures [J]. Ecotoxicology and Environmental Safety, 73 (8): 1884 - 1889.

Attrill M J, Thomes R M, 1995. Heavy metal concentrations in sediment from the Thames Estuary, UK [J]. Marine Pollution Bulletin, 30 (11): 742 - 744.

Balata D, Piazzi L, Benedetti-Cecchi L, 2007. Sediment disturbance and loss of beta diversity on subtidal rocky reefs [J]. Ecology, 88 (10): 2455 - 2461.

Bambang Y, Charmantier G, Thuet P, et al, 1994. Effect of cadmium on survival and osmoregulation of various developmental stages of the shrimp *Penaeus japonicus* (Crustacea: Decapoda) [J]. Marine Biology, 123 (3): 443 - 450.

Barakat A O, Kim M, Qian Y R, et al, 2002. Organochlorine pesticides and PCB residues in sediments of Alexandria Harbour, Egypt [J]. Marine Pollution Bulletin, 44 (12): 1426 - 1434.

Baretta J W, 1977. Seasonal fluctuations in the zooplankton of the Ems-Dollard estuary [J]. Aquatic Ecology, 11: 12 - 13.

Barnes D G, Dourson M, 1998. Reference dose (RfD): description and use in health risk assessments [J]. Regul Toxicol Pharmcol, 8: 471 - 486.

Baustian M M, Craig J K, Rabalais N N, 2009. Effects of summer 2003 hypoxia on macrobenthos and Atlantic croaker foraging selectivity in the northern Gulf of Mexico [J]. Journal of Experimental Marine Biology and Ecology, 381 (1): 31 - 37.

Bayne B L, Brown D A, Burns K, et al, 1985. The effects of stress and pollution on marine animals [M]. New York: Praeger Publishers: 315.

Bentzen E, Lean D R S, Taylor W D, et al, 1996. Role of food web structure on lipid and bioaccumulation of organic contaminants by lake trout (*Salvelinus namaycush*) [J]. Canadian Journal of Fisheries and Aquatic Sciences, 53 (11): 2397 - 2407.

Bevilacqua S, Fraschetti S, Musco L, et al, 2011. Low sensitiveness of taxonomic distinctness indices to human impacts: Evidences across marine benthic organisms and habitat types [J]. Ecological Indicators, 11 (2): 448 - 455.

Bhat A, Magurran A E, 2006. Taxonomic distinctness in a linear system: a test using a tropical freshwater fish assemblage [J]. Ecography, 29 (1): 104 – 110.

Binelli A, Provini A, 2003. DDT is still a problem in developed countries: The heavy pollution of Lake Maggiore [J]. Chemosphere, 52 (4): 717 – 723.

Birch G, Evenden D, Teutsch M, 1996. Dominance of point source in heavy metal distributions in sediments of a major Sydney estuary (Australia) [J]. Environmental Geology, 28 (4): 169 – 174.

Botter-Carvalho M L, Carvalho P V V C, Santos P J P, 2011. Recovery of macrobenthos in defaunated tropical estuarine sediments [J]. Marine Pollution Bulletin, 62 (8): 1867 – 1876.

Braulta S, Stuart C T, Wagstaff M C, et al, 2013. Contrasting patterns of α – and β – diversity in deep-sea bivalves of the eastern and western north Atlantic [J]. Deep Sea Research Part II: Topical Studies in Oceanography, 92: 157 – 164.

Bremner J, Rogers S I, Frid C L J. 2006. Methods for describing ecological functioning of marine benthic assemblages using biological traits analysis (BTA) [J]. Ecological Indicators, 6 (3): 609 – 622.

Brewin P E, Stocks K I, Haidvogel D B, et al, 2009. Effects of oceanographic retention on decapod and gastropod community diversity on seamounts [J]. Marine Ecology Progress Series, 383: 225 – 237.

Brey T, 1990. Estimating productivity of macrobenthic invertebrates from biomass and mean individual weight [J]. Meeresforsch, 32: 329 – 343.

Brown S S, Gaston G R, Rakocinski C F, et al, 2000. Effects of sediment contaminants and environmental gradients on macrobenthic community trophic structure in Gulf of Mexico estuaries [J]. Estuaries, 23 (3): 411 – 424.

Bursa A, 1963. Phytoplankton in coastal waters of the Arctic Ocean at Point Barrow, Alaska [J]. Arctic, 16 (4): 239 – 262.

Buschbaum C, Lackschewitz D, Reise K, 2012 Nonnative macrobenthos in the Wadden Sea ecosystem [J]. Ocean and Coastal Management, 68: 89 – 101.

Byun G, Moon H, Choi J, et al, 2013. Biomagnification of persistent chlorinated and brominated contaminants in food web components of the Yellow Sea [J]. Marine Pollution Bulletin, 73 (1): 210 – 219.

Cadée G C, 1975. Primary Production of the Cuyana Coast [J]. Netherlands Journal of Sea Research, 9 (1): 128 – 143.

Carney R S, 2005. Erratum: Zonation of deep-sea biota on continental margins [J]. Oceanography and Marine Biology, 43: 211 – 278.

Carperter E J, Dunham S, 1985. Nitrogenous nutrient uptake, primary production, and species composition of phytoplankton in the Carmans River Estuary, Long Island, New York [J]. Limnol Oceanogr, 30 (3): 513 – 526.

Carvalho S, Gaspar M B, Moura A, et al, 2006. The use of the marine biotic index AMBI in the assessment of the ecological status of the Óbidos lagoon (Portugal) [J]. Marine Pollution Bulletin, 52 (11): 1414 – 1424.

Chang-Huan Cho, Sunghii Huh, 1988. Community structure and distribution of phytoplankton in the Nak-

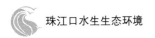

tong River estuary (in Korean) [J]. Ocean Res, 10 (1): 39 - 45.

Chardy P, Clavier J, 1988. Biomass and trophic structure of the macrobenthos in the South-West lagoon of New Caledonia [J]. Marine Biology, 99: 105 - 202.

Chen H C, Yuan Y K, 1994. Acute toxicity of copper, cadmium and zinc to freshwater fish *Acrosscheilus paradoxus* [J]. Acta zoologica Taiwanica, 5 (2): 45 - 60.

Chen L G, Ran Y, et al, 2005. Contents and sources of polycyclic aromatic hydrocarbons and organochlorine pesticides in vegetable soils of Guangzhou, China [J]. Chemosphere, 60: 879 - 890.

Claereboudt M R, Cote J, Bonardelli J C, et al, 1995. Seasonal variation in abundance and size structure of phytoplankton in Baie des Chaleurs, southwestern Gulf of St. Lawrence, in relation to physical oceanographic conditions [J]. Hydrobiologia, 306 (2): 147 - 157.

Clarke K R, Warwick R M, 1998. A taxonomic distinctness index and its statistical properties [J]. Journal of Applied Ecology, 35 (4): 523 - 531.

Clarke K R, Warwick R M, 1999. The taxonomic distinctness measure of biodiversity: weighting of step lengths between hierarchical levels [J]. Marine Ecology Progress Series, 184: 21 - 29.

Clarke K R, Warwick R M. 2001. A further biodiversity index applicable to species lists: variation in taxonomic distinctness [J]. Marine Ecology-progress Series, 216: 265 - 278.

Clarson S J, Steinitz-Kannan M, Patwardhan S V, et al, 2009. Some observations of diatoms under turbulence [J]. Silicon, 1: 79 - 90.

Cloern J E, 1982. Does the benthos control phytoplankton biomass in south San Francisco Bay [J]. Marine Ecology Progress Series, 9: 191 - 202.

Colen C V, Montserrat F, Vincx M, et al, 2010. Long-term divergent tidal flat benthic community recovery following hypoxia-induced mortality [J]. Marine Pollution Bulletin, 60 (2): 178 - 186.

Collins N R, Williams R, 1981. Zooplankton of the Bristol Channel and Severn Estuary. The distribution of four copepods in relation to salinity [J]. Marine biology, 64: 273 - 283.

Collins N R, Williams R, 1982. Zooplankton communities in the Bristol Channel and Severn Estuary [J]. Marine Ecology Progress Series, 9: 1 - 11.

Dahanayakar D D G L, Wijeyaratne M J S, 2006. Diversity of macrobenthic community in the Negombo estuary, Sri lanka, with special reference to environmental conditions [J]. Sri Lanka Journal of Aquatic Sciences, 11: 43 - 61.

Daniel J G, Ian C P, 1995. Composition, Distribution and Seasonal Abundance of Zooplankton in a Shallow, Seasonally Closed Estuary in Temperate Australia [J]. Estuarine, Coastal and Shelf Science, 41: 117 - 135.

David V, Sautour B, Chardy P, et al, 2005. Long-term changes of the zooplankton variability in a turbid environment: The Gironde estuary (France) [J]. Estuarine, Coastal and Shelf Science, 64: 171 - 184.

Davidson A T, Marchant H J, 1992. Protist abundance and carbon concentration during a Phaeocystis-dominated bloom at an Antarctic coastal site [J]. Polar Biology, 12: 387 - 395.

Day J W, Hall C A S, Kemp W M, et al, 1989. The estuarine bottom and benthic subsystem [M] // Day

J W. Estuarine Ecology. New York: John Wiley & Sons: 338 – 376.

Desrosiers G, Savenkoff C, Olivier M, et al, 2000. Trophic structure of macrobenthos in the Gulf of St. Lawrence and on the Scotian Shelf [J] . Deep Sea Research Part II: Topical Studies in Oceanography, 47 (3 – 4): 663 – 697.

Dippner J W, 1998. Competition between different groups of phytoplankton for nutrients in the Southern North Sea [J] . Journal Marine Systems, 14 (1 – 2): 181 – 198.

Dolbeth M, Cardoso P G, Grilo T F, et al, 2011. Long-term changes in the production by estuarine macro-benthos affected by multiple stressors [J] . Estuarine, Coastal and Shelf Science, 92 (1): 10 – 18.

Dos Santos M F L, Pires-Vanin A M S, 2004. Structure and dynamics of the macrobenthic communities of Ubatuba Bay, southeastern Brazilian Coast [J] . Brazilian Journal of Oceanography, 52 (1): 59 – 73.

Dougherty C P, Henricks H S, Reinert J C, et al, 2000. Dietary exposures to food contaminants across the United States [J] . Environmental Research, 84 (2): 170 – 185.

El-Kabbany S, Rashed M M, Zayed M A, 2000. Monitoring of the pesticide levels in some water supplies and ag-ricultural land, in El-Haram, Giza (ARE) [J] . Journal of hazardous materials, 72 (1): 11 – 21.

Ellingsen K E, Clarke K R, Somerfield P J, et al, 2005. Taxonomic distinctness as a measure of diversity applied over a large scale: the benthos of the Norwegian continental shelf [J] . Journal of Animal Ecolo-gy, 74 (6): 1069 – 1079.

Ellingsen K E, Gray J S, 2002. Spatial patterns of benthic diversity: is there a latitudinal gradient along the Norwegian continental shelf [J] . Journal of Animal Ecology, 71 (3): 373 – 389.

Feng H, Kirk Cochran J, Lwiza H, et al, 1998. Distribution of heavy metal and PCB contaminants in the sediments of an urban estuary: the Hudson River [J] . Marine Environmental Research, 45 (1): 69 – 88.

Ferguson P L, Iden C R, Brownawell B J, 2001. Distribution and fate of neutral alkylphenol ethoxylate me-tabolites in a sewage-impacted urban estuary [J] . Environmental Science and Technology, 35: 2428 – 2435.

Fichez R, Dennis P, Fontaine M F, et al, 1993. Isotopic and biochemical-composition of particulate organ-ic-matter in a shallow-water estuary (Great Ouse, North-Sea, England) [J] . Mar Chem, 43: 263 – 276.

Ford P W, Bird F L, Hancock G J, 1999. Effect of burrowing macrobenthos on the flux of dissolved sub-stances across the water – sediment interface [J] . Marine and Freshwater Research, 50 (6): 523 – 532.

Froneman P W, 2001. Seasonal Changes in Zooplankton Biomass and Grazing in a Temperate Estuary, South Africa [J] . Estuarine, Coastal and Shelf Science, 52 (5): 543 – 553.

Fu J, Mai B, Sheng G, et al, 2003. Persistent organic pollutants in environment of the Pearl River Delta, China: an overview [J] . Chemosphere, 52 (9): 1411 – 1422.

Galindo-Reyes J G, Fossato V U, Villagrana-Lizarraga C, et al, 1999. Pesticides in water, sediments, and shrimp from a coastal lagoon off the Gulf of California [J] . Marine Pollution Bulletin, 38 (9):

837 – 841.

Gamito S, 2010. Caution is needed when applying Margalef diversity index [J] . Ecological Indicators, 10 (2): 550 – 551.

Gamito S, Furtado R, 2009. Feeding diversity in macroinvertebrate communities: a contribution to estimate the ecological status in shallow waters [J] . Ecological Indicators, 9 (5): 1009 – 1019.

Gao Q, Xu Z, 2011. Effect of regional warming on the abundance of *Pseudeuphausia sinica* Wang and Chen (Euphausiacea) off the Changjiang River (Yangtze river) Estuary [J] . Acta Oceanologica Sinica, 30 (6): 122 – 128.

Gao Q, Xu Z, Zhuang P, 2008. The relation between distribution of zooplankton and salinity in the Changjiang Estuary [J] . Chinese Journal Oceanology and Limnology, 26 (2): 178 – 185.

García-Arberas L, Rallo A, 2002. The intertidal soft-bottom infaunal macrobenthos in three Basque estuaries (Gulf of Biscay): a feeding guild approach [J] . Hydrobiologia, 475 – 476 (1): 457 – 468.

Gaston G R, 1985. Effects of hypoxia on macrobenthos of the Inner Shelf off Cameron, Louisiana [J]. Estuarine, Coastal and Shelf Science, 20 (5): 603 – 613.

Gaudêncio M J, Cabral H N, 2007. Trophic structure of macrobenthos in the Tagus estuary and adjacent coastal shelf [J] . Hydrobiologia, 587 (1): 241 – 251.

Gayraud S, Statzner B, Bady P, et al, 2003. Invertebrate traits for the biomonitoring of large European rivers: an initial assessment of alternative metrics [J] . Freshwater Biology, 48 (11): 2045 – 2064.

Giari L, Manera M, Simoni E, et al, 2007. Cellular alterations in different organs of European sea bass *Dicentrarchus labrax* (L.) exposed to cadmium [J] . Chemosphere, 67 (6): 1171 – 1181.

Gray J S, 2000. The measurement of marine species diversity, with an application to the benthic fauna of the Norwegian continental shelf [J] . Journal of Experimental Marine Biology and Ecology, 250 (1): 23 – 49.

Guan Y F, Wang J Z, Ni H G, et al, 2009. Organochlorine pesticides and polychlorinated biphenyls in riverine runoff of the Pearl River Delta, China: assessment of mass loading, input source and environmental fate [J] . Environmental Pollution, 157 (2): 618 – 624.

Guel S, Belge-kurutas E, Yildiz E, et al, 2004. Pollution correlated modifications of liver antioxidant systems and histopathology of fish (Cyprinidae) living in Seyhan Dam Lake, Turkey [J] . Environmental International, 30 (5): 605 – 609.

Hansen F, Van Boekel W, 1991. Grazing pressure of the calanoid copepod *Temora longicornis* on a Phaeocystis dominated spring bloom in a Dutch tidal inlet [J] . Marine Ecology Progress Series, 78: 123 – 129.

Hardisty M, Kartar S, Sainsbury M, 1974. Dietary habits and heavy metal concentrations in fish from the Severn Estuary and Bristol Channel [J] . Marine Pollution Bulletin, 5 (4): 61 – 63.

Heino J, Soininen J J, Lappalainen J, et al, 2005. The relationship between species richness and taxonomic distinctness in freshwater organisms [J] . Limnology and Oceanography, 50 (3): 978 – 986.

Hiddink J G, MacKenzie B R, Rijnsdorp A, et al, 2008. Importance of fish biodiversity for the management of fisheries and ecosystems [J] . Fisheries Research, 90 (1): 6 – 8.

Hillebrand H, Dürselen C D, Kirschtel D, et al, 1999. Biovolume calculation for pelagic and benthic microalgae [J]. Journal of Phycology, 35: 403 – 424.

Hitch R K, Day H R, 1992. Unusual persistence of DDTs in some western USA soils [J]. Bulletin and Environmental Contamination and Toxicology, 48: 259 – 264.

Hoai L T, Guiral D, Rougier C, 2006. Seasonal change of community structure and size spectra of zooplankton in the Kaw River estuary (French Guiana) [J]. Estuarine, Coastal and Shelf Science, 68 (1 – 2): 47 – 61.

Holme N A, 1971. Macrofauna sampling [M] // Holme N A, McIntyre A D. Methods for the Study of Marine Benthos. London: Blackwell Scientific Publications.

Hong H, Xu L, 1995. Environmental fate and chemistry of organic pollutants in the sediments of Xiamen and Victoria Harbours [J]. Marine Pollution Bulliten, 31: 229 – 236.

Hu L, Lin T, Shi X, et al, 2011. The role of shelf mud depositional process and large river inputs on the fate of organochlorine pesticides in sediments of the Yellow and East China Seas [J]. Geophysical Research Letters, 38 (3): 246 – 258.

Huang H, Xiao Q, Wang L, 2008. Residues and Risk Evaluation of Organochlorine Pesticides in Sediments from Huaihe River [J]. Research of Environmental Sciences, 21 (1): 41 – 45.

Huang L T, 1987. The study on acute toxicities of some heavy metals to *Tilapia* sp. and bighead carp (*Aristichthys nobilis*) [J]. Bulletin of Taiwan Fisheries Research Institute, 42: 205 – 209.

Inagaki Y, Takatsu T, Ashida Y, et al, 2012. Annual changes in macrobenthos abundance in Funka Bay, Japan [J]. Fisheries Science, 78 (3): 647 – 659.

Irigoien X, Castel J, 1997. Light limitation and distribution of chlorophyll pigments in a highly turbid estuary: the gironde (SW France) [J]. Estuarine Coastal and Shelf Science, 44 (4): 507 – 517.

Islam M S, Ueda H, Tanaka M, 2005. Spatial distribution and trophic ecology of dominant copepods associated with turbidity maximum along the salinity gradient in a highly embayed estuarine system in Ariake Sea, Japan [J]. Journal of Experimental Marine Biology and Ecology, 316: 101 – 115.

Iwata H, Tanabe S, Sakai N, 1993. Distribution of persistent organochlorines in the oceanic air and surface sea water and the role of ocean on their global transport and fate [J]. Environmental Science and Technology, 27 (6): 1080 – 1098.

Izsak C, Price A R G, 2001. Measuring β-diversity using a taxonomic similarity index, and its relation to spatial scale [J]. Marine Ecology Progress Series, 215: 69 – 77.

Jackson D A, 1993. Multivariate analysis of benthic invertebrate communities: the implication of choosing particular data standardizations, measures of association, and ordination methods [J]. Hydrobiologia, 268 (1): 9 – 26.

Jahnke J, Baumann M E M, 1987. Differentiation between *Phaeocystis pouchetii* (Har.) Lagerheim and *Phaeocystis globosa* Scherffel [J]. Hydrobiological Bulletin, 21 (2): 141 – 147.

Jennings S, Kaiser M J, 1998. The effects of fishing on marine ecosystems [J]. Advances in Marine Biology, 34: 203 – 352.

Jiang Y F, Wang X T, Jia Y, et al, 2009. Occurrence, distribution and possible sources of organochlorine pesticides in agricultural soil of Shanghai, China [J]. Journal of Hazardous Materials, 170: 989 - 997.

John D M, House W A, White G F, 2000. Environmental fate of nonylphenol ethoxylates: differential adsorption of homologs to components of river sediment [J]. Environmental Toxicology and Chemistry, 19: 293 - 300.

Kamenev G M, Nekrasov D A, 2012. Bivalve fauna and distribution in the Amur River estuary—a warm-water ecosystem in the cold-water Pacific region [J]. Marine Ecology Progress Series, 455: 195 - 210.

Kathleen W, 1999. Factors influencing the distribution of lindane and other hexachlorocyclohexanes in the environment [J]. Environmental Science and Technology, 33 (24): 4373 - 4378.

Kenchington R, Hutchings P, 2012. Science, biodiversity and Australian management of marine ecosystems [J]. Ocean and Coastal Management, 69: 194 - 199.

Kodama K, Lee J H, Oyama M, et al, 2012. Disturbance of benthic macrofauna in relation to hypoxia and organic enrichment in a eutrophic coastal bay [J]. Marine Environmental Research, 76: 80 - 89.

Kong K Y, Cheung K C, Wong C K, et al, 2005. The residual dynamic of polycyclic aromatic hydrocarbons and organochlorine pesticides in fishponds of the Pearl River delta, South China [J]. Water Res, 39 (9): 1831 - 1843.

Kono Y, Fridovich I, 1982. Superoxide radical inhibits catalase [J]. Journal of Biological Chemistry, 257 (10): 5751 - 5754.

Koste W, 1961. Rotatoria [M]. Berlin, Germany: Gebrüder Borntraeger.

Kousar S, Javed M, 2012. Evaluation of acute toxicity of copper to four fresh water fish species [J]. International Journal of Agriculture and Biology, 14 (5): 801 - 804.

Kumblad L, Olsson A, Koutny V, et al, 2001. Distribution of DDT residues in fish from the Songkhla Lake, Thailand [J]. Environmental Pollution, 12 (2): 193 - 200.

Kurt W, Helmut G, 2003. Persistent organic pollutants (POP) in Antarctic fish: levels, patterns, changes [J]. Chemosphere, 53: 667 - 678.

Laprise F, Dodson J, 1994. Environmental variability as a factor controlling spatial patterns in distribution and species diversity of zooplankton in the St. Lawrence Estuary [J]. Marine Ecology Progress Series, 107 (1 - 2): 67 - 81.

Law S A, Diamond M L, Helm P A, et al, 2001. Factors affecting the occurrence and enantiomeric degradation of hexachlorocyclohexane isomers in northern and temperate aquatic systems [J]. Environmental Toxicology and Chemistry, 20 (12): 2690 - 2698.

Lebeuf M, Nunes T, 2005. PCBs and OCPs in Sediment Cores from the Lower St. Lawrence Estuary, Canada: Evidence of Fluvial Inputs and Time Lag in Delivery to Coring Sites [J]. Environmental Science and Technology, 39 (6): 1470 - 1478.

Lee K T, Tanabe S, Koh C H, 2001. Distribution of organochlorine pesticides in sediments from Kyeonggi Bay and nearby areas, Korea [J]. Environment Pollution, 114: 207 - 236.

Levin L A, Sibuet M, 2012. Understanding Continental Margin Biodiversity: A New Imperative [J]. Annual Review of Marine Science, 4: 79 – 112.

Li B, Cao J, Liu W X, et al, 2006. Geostatistical analysis and kriging of hexachlorocyclohexane residues in topsoil from Tianjin, China [J]. Environmental Pollution, 142 (3): 567 – 575.

Li H, Fu Y Z, Zhou C G, 1998. Distribution characteristics of Organic chlorine pesticides and PCB in the surface sediments in Dalian Bay and Jinzhou Bay [J]. Marine Environment Science, 17: 73 – 76.

Link H, Chaillou G, Forest A, et al, 2012. Multivariate benthic ecosystem functioning in the Arctic-benthic fluxes explained by environmental parameters in the southeastern Beaufort Sea [J]. Biogeosciences Discuss, 9: 16933 – 16976.

Liu M, Cheng S, Ou D, et al, 2008. Organochlorine pesticides in surface sediments and suspended particulate matters from the Yangtze estuary, China [J]. Environmental Pollution, 156 (1): 168 – 173.

Liu X J, Luo Z, Li C H, et al, 2011. Antioxidant responses, hepatic intermediary metabolism, histology and ultrastructure in *Synechogobius hasta* exposed to waterborne cadmium [J]. Ecotoxicology and Environmental Safety, 74 (5): 1156 – 1163.

Ma Z, Xu Z, Zhou J, 2009. Effect of global warming on the distribution of *Lucifer intermedius* and *L. hanseni* (Decapoda) in the Changjiang estuary [J]. Progress in Natural Science, 19: 1389 – 1395.

Magalef R, 1958. Information theory in ecology [J]. General Systematics, 3: 36 – 71.

Malone T C, Chervin M B, 1979. The production and fate of phytoplankton size fractions in the plume of the Hudson River, New York Bight [J]. Limnol Oceanogr, 24 (4): 683 – 696.

Martinez E, Gros M, Lacorte S, et al, 2004. Simplified procedures for the analysis of polycyclic aromatic hydrocarbons in water, sediments and mussels [J]. Journal of Chromatography, 1047 (2): 181 – 188.

Martinez-Alvarez R M, Morales A E, Sanz A, 2005. Antioxidant defenses in fish: biotic and abiotic factors [J]. Reviews in Fish Biology & Fisheries, 15 (1 – 2): 75 – 88.

Masero J A, Pérez-González M, Basadre M, et al, 1999. Food supply for waders (Aves: Charadrii) in an estuarine area in the Bay of Cádiz (SW Iberian Peninsula) [J]. Acta Oecologica-international Journal of Ecology, 20 (4): 429 – 434.

Mason N W H, MacGillivray K, Steel J B, et al, 2003. An index of functional diversity [J]. Journal of Vegetation Science, 14: 571 – 578.

McClain C R, Stegen J C, Hurlbert A H, 2012. Dispersal, environmental niches and oceanic-scale turnover in deep-sea bivalves [J]. Proceedings of the Royal Society B: Biological Sciences, 279: 1993 – 2002.

McConnell L L, Kucklick J R, Bidleman T F, et al, 1996. Air-water gas exchange of organochlorine compounds in lake Baikal, Russia [J]. Environmental Science and Technology, 30 (10): 2975 – 2983.

Medlin L K, Lange M, Baumann M E M, 1994. Genetic differentiation among three colony-forming species of *Phaeocystis*: further evidence for the phylogeny of the Prymnesiophyta [J]. Phycologia, 33 (3): 199 – 212.

Ming W, Townsend D, 1999. Phytoplankton and hydrography of the Kennebec estuary, Maine, USA [J]. Marine Ecology Progress Series, 178 (3): 133 – 144.

Mohammed A, Peterman P, Echols K, et al, 2011. Polychlorinated biphenyls (PCBs) and organochlorine pesticides (OCPs) in harbor sediments from Sea Lots, Port-of-Spain, Trinidad and Tobago [J]. Marine Pollution Bulletin, 62 (6): 1324 – 1332.

Molvær J, Knutzen J, Magnusson J, et al, 1997. Classification of environmental quality in fjords and coastal waters: a guide [M]. Oslo: Norwegian State Pollution Control Authority (SFT) publication: 36.

Mouillot D, Laune J, Tomasini J A, et al, 2005. Assessment of coastal lagoon quality with taxonomic diversity indices of fish, zoobenthos and macrophyte communities [J]. Hydrobiologia, 550 (1): 121 – 130.

Mouillot D, Mason N W H, Dumay O, et al, 2005. Functional regularity: a neglected aspect of functional diversity [J]. Oecologia, 142 (3): 353 – 359.

Mouny P, Dauvin J C, 2002. Environmental control of mesozooplankton community structure in the Seine estuary (English Channel) [J]. Oceanologica Acta, 25 (1): 13 – 22.

Munari C, Mistri M, 2008. The performance of benthic indicators of ecological change in Adriatic coastal lagoons: Throwing the baby with the water? [J] Marine Pollution Bulletin, 56 (1): 95 – 105.

Muralidharan S, Dhananjayan V, Jayanthi P, 2009. Organochlorine pesticides in commercial marine fishes of Coimbatore, India and their suitability for human consumption [J]. Environmental Research, 109 (1): 15 – 21.

Muylaert K, Sabbe K, 1999. Spring phytoplankton assemblages in and around the maximum turbidity zone of the estuaries of the Elbe (Germany), the Schelde (Belgium/ The Netherlands) and the Gironde (France) [J]. Journal of Marine Systems, 22 (2 – 3): 133 – 149.

Pacheco A S, González M T, Bremner J, et al, 2011. Functional diversity of marine macrobenthic communities from sublittoral soft-sediment habitats off northern Chile [J]. Helgoland Marine Research, 65 (3): 413 – 424.

Paganelli D, Marchini A, Ambrogi A O, 2012. Functional structure of marine benthic assemblages using Biological Traits Analysis (BTA): A study along the Emilia-Romagna coastline (Italy, North-West Adriatic Sea) [J]. Estuarine, Coastal and Shelf Science, 96 (1): 245 – 256.

Pan Y, Rao D, 1997. Impacts of domestic sewage effluent on phytoplankton from Bedford Basin, eastern Canada [J]. Mar. Pollut. Bull, 34 (12): 1001 – 1005.

Pandey S, Parvez S, Ansari R A, et al, 2008. Effects of exposure to multiple trace metals on biochemical, histological and ultrastructural features of gills of a freshwater fish, *Channa punctata* Bloch [J]. Chemico-Biological Interactions, 174 (3): 183 – 192.

Pandey S, Parvez S, Sayeed I, et al, 2003. Biomarkers of oxidative stress: a comparative study of river Yamuna fish *Wallago attu* (Bloch and Schneider, 1801) [J]. Science of the Total Environment, 309 (1 – 3): 105 – 115.

Pearson T H, 2001. Functional group ecology in soft-sediment marine benthos: the role of bioturbation [J]. Oceanography and Marine Biology, 39: 233 – 267.

Petchey O L, Gaston K J, 2002. Functional diversity (FD), species richness and community composition

［J］. Ecology Letters，5（3）：402 - 411.

Petersen C，1913. Valuation of the sea. Ⅱ. The animal communities of the sea bottom and their importance for marine zoogeography ［R］. Report of the Danish Biological Station to the Ministry of Shipping and Fishing，21：1 - 44.

Pham T，Lum K，Lemieux C，1993. The occurrence，distribution and sources of DDT in the St. Lawrence River，Quebec（Canada）［J］. Chemosphere，26（9）：1595 - 1606.

Pielou E C，1966. Species-diversity and pattern-diversity in the study of ecological succession ［J］. Journal of Theoretical Biology，10（2）：370 - 383.

Pielou E C，1975. Ecological Diversity ［M］. New York：John Wiley：16 - 51.

Pinckney J L，Paerl H W，Harrington M B，et al，1998. Annual cycles of phytoplankton community structure and bloom dynamics in the Neuse River Estuary，North Carolina ［J］. Marine Biology，131（2）：371 - 381.

Ponti M，Abbiati M，2004. Quality assessment of transitional waters using a benthic biotic index：the case study of the Pialassa Baiona（northern Adriatic Sea）［J］. Aquatic Conservation-marine and Freshwater Ecosystems，14（1）：31 - 41.

Prats D，Ruiz F，Zarzo D，1992. Polychlorinated biphenyls and organochlorine pesticides in marine sediments and seawater along the coast of Alicante，Spain ［J］. Marine pollution bulletin，24（9）：441 - 446.

Purvis A，Hector A，2000. Getting the measure of biodiversity ［J］. Nature，405（6783）：212 - 219.

Rahmel J，Bätje M，Michaelis H，et al，1995. Phaeocystis globosa and the phytoplankton succession in the East Frisian coastal waters ［J］. Helgoländer Meeresunters，49（1 - 4）：399 - 408.

Rauhan Wan Hussin W M，Cooper K M，Barrio Froján C R S，et al，2012. Impacts of physical disturbance on the recovery of a macrofaunal community：a comparative analysis using traditional and novel approaches ［J］. Ecological Indicators，12（1）：37 - 45.

Raut D，Ganesh T，Murty N V S S，et al，2005. Macrobenthos of Kakinada Bay in the Godavari delta，East coast of India：comparing decadal changes ［J］. Estuarine，Coastal and Shelf，62（4），609 - 620.

Renaud P E，Webb T J，Bjorgesaeter A，et al，2009. Continental-scale patterns in benthic invertebrate diversity：insights from the MacroBen database ［J］. Marine Ecology Progress Series，382：239 - 252.

Rhoads D C，Young D K，1970. The influence of deposit-feeding organisms on sediment stability and community trophic structure ［J］. Journal of Marine Research，28：150 - 178.

Ricardo P G，Jaime G G，1996. Copepod Community Structure at Bahia Magdalena，Mexico during El Niño 1983 - 1984 ［J］. Estuarine Coastal and Shelf Science，43（5）：583 - 595.

Riedel B，Zuschin M，Stachowitsch M，2012. Tolerance of benthic macrofauna to hypoxia and anoxia in shallow coastal seas：a realistic scenario ［J］. Marine Ecology Progress Series，458：39 - 52.

Rogers S I，Clarke K R，Reynolds J D，1999. The taxonomic distinctness of coastal bottom-dwelling fish communities of the North-east Atlantic ［J］. Journal of Animal Ecology，68（4）：769 - 782.

Roméo M，Bennani N，Gnassia-Barelli M，et al，2000. Cadmium and copper display different responses towards oxidative stress in the kidney of the sea bass *Dicentrarchus labrax* [J]. Aquatic Toxicology, 48 (2 - 3): 185 - 194.

Roohi A, Kideys A E, Sajjadi A, et al, 2010. Changes in biodiversity of phytoplankton, zooplankton, fishes and macrobenthos in the Southern Caspian Sea after the invasion of the ctenophore *Mnemiopsis leidyi* [J]. Biological Invasions, 12 (7): 2343 - 2361.

Roy P S, Williams R J, Jones A R, et al, 2001. Structure and function of South-east Australian Estuaries [J]. Estuarine, Coastal and Shelf Science, 53 (3): 351 - 384.

Saiz-Salinas J, Ruiz J, Frances-Zubillaga G, 1996. Heavy metal levels in intertidal sediments and biota from the Bidasoa Estuary [J]. Marine Pollution Bulletin, 32 (1): 69 - 71.

Satheeshkumar P, Khan A B, 2012. Influence of Environmental Parameters on the Distribution and Diversity of Molluscan Composition in Pondicherry Mangroves, Southeast Coast of India [J]. Ocean Science, 47 (1): 61 - 71.

Schlacher T A, Holzheimer A, Stevens T, et al, 2011. Impacts of the "Pacific Adventurer" Oil Spill on the Macrobenthos of Subtropical Sandy Beaches [J]. Estuaries and Coasts, 34: 937 - 949.

Seitz R D, Dauer D M, Llansó R J, et al, 2009. Broad-scale effects of hypoxia on benthic community structure in Chesapeake Bay [J]. USA Journal of Experimental Marine Biology and Ecology, 381: 4 - 12.

Seliger H H, Carpenter J H, Loftus M, et al, 1970. Mechanisms for the accumulation of high concentrations of dinoflagellates in a bioluminescent bay [J]. Limnol Oceanogr, 15 (2): 234 - 245.

Selleslagh J, Lesourd S, Amara R, 2012. Comparison of macrobenthic assemblages of three fish estuarine nurseries and their importance as foraging grounds [J]. Journal of the Marine Biological Association of the United Kingdom, 92 (1): 85 - 97.

Seo J Y, Park S H, Lee J H, et al, 2012. Structural changes in macrozoobenthic communities due to summer hypoxia in Gamak Bay, Korea [J]. Ocean Science Journal, 47 (1): 27 - 40.

Shannon C E, Weaver W, 1971. The mathematical theory of communication [M]. Urbana: University of Illinois Press.

Shi S, Huang Y, Zhang L, et al, 2011. Organochlorine Pesticides in Muscle of Wild Seabass and Chinese Prawn from the Bohai Sea and Yellow Sea, China [J]. Bulletin of Environmental Contamination and Toxicology, 87 (4): 366 - 371.

Shimatani K, 2001. On the measurement of species diversity incorporating species differences [J]. Oikos, 93 (1): 135 - 147.

Shyong W J, Chen H C, 2000. Acute toxicity of copper, cadmium, and mercury to the freshwater fish *Varicorhinus barbatus* and *Zacco barbata* [J]. Acta Zoologica Taiwanica, 11 (1): 33 - 45.

Sikder M T, Kihara Y, Yasuda M, et al, 2013. River water pollution in developed and developing countries: judge and assessment of physicochemical characteristics and selected dissolved metal concentration [J]. Clean Soil Air Water, 41 (1): 60 - 68.

Simpson E H, 1949. Measurement of diversity [J]. Nature, 163 (4148): 688.

Srikanth K, Pereira E, Duarte A C, et al, 2013. Glutathione and its dependent enzymes'modulatory responses to toxic metals and metalloids in fish: a review [J]. Environmental Science and Pollution Research, 20 (4): 2133 - 2149.

Statzner B, Resh V H, Roux L A, 1994. The synthesis of long-term ecological research in the context of concurrently developed ecological theory: design of a research strategy for the Upper Rhone River and its floodplain [J]. Freshwater Biology, 31 (3): 253 - 263.

Stavroula G, Andreas V, Nikolaos C, 2005. DDTs and other chlorinated organic pesticides and polychlorinated biphenyls pollution in the surface sediments of Keratsini harbor, Saronikos gulf, Gerrce [J]. Mar Pollution Bull, 50: 520 - 525.

Sun C, Dong Y, Xu S, et al, 2002. Trace analysis of dissolved polychlorinated organic compounds in the water of the Yangtze River (Nanjing, China) [J]. Environmental Pollution, 117 (1): 9 - 14.

Swadling K M, Bayly I, 1997. Different zooplankton communities in confluent waters: comparisons between three marine bays in Victoria, Australia [J]. Proceeding-Royal Society of Victoria, 109 (1): 113 - 118.

Thorson G, 1957. Bottom communities (sublittoral or shallow shelf) [M] // Hedgepeth J W. Treatise on Marine Ecology and Paleoecology. Washington D C: The Geological Society of America: 461 - 534.

Thrush S F, Hewitt J E, Cummings V J, et al, 2010. β - Diversity and species accumulation in Antarctic coastal benthos: influence of habitat, distance and productivity on ecological connectivity [J]. PLoS One, 5 (7): e11899.

Tieyu W, Yonglong L, Hong Z, et al, 2005. Contamination of persistent organic pollutants (POPs) and relevant management in China [J]. Environment International, 31: 813 - 821.

Timmermann K, Norkko J, Janas U, et al, 2012. Modelling macrofaunal biomass in relation to hypoxia and nutrient loading [J]. Journal of Marine Systems, 105 - 108: 60 - 69.

Toner R C, 1981. Interrelationships between biological, chemical and physical variables in Mount Hope Bay, Massachusetts [J]. Estuarine, Coastal and Shelf Science, 12: 701 - 712.

Turgut C, 2003. The contamination with organochlorine pesticides and heavy metals in surface water in Kücük Menderes River in Turkey, 2000 - 2002 [J]. Environment International, 29 (1): 29 - 32.

Turner J T, 1982. The annual cycle of zooplankton in a Long Island estuary [J]. Estuaries, 5 (4): 261 - 274.

Venkatesan M I, De Leon R P, Van Geen A, et al, 1999. Chlorinated hydrocarbon pesticides and polychlorinated biphenyls in sediment cores from San Francisco Bay [J]. Marine Chemistry, 64 (1 - 2): 85 - 97.

Vutukuru S S, Suma C, Madhavi K R, et al, 2006. Acute effects of copper on superoxide dismutase, catalase and lipid peroxidation in the freshwater teleost fish, *Esomus danricus* [J]. Fish Physiology and Biochemistry, 32 (3): 221 - 229.

Walker K, Vallero D A, Lewis R G, 1999. Factors influencing the distribution of lindane and other hexachlorocyclohexanes in the environment [J]. Environmental Science and Technology, 33 (24): 4373 - 4378.

Wang T, Lu Y, Zhang H, et al, 2005. Contamination of persistent organic pollutants (POPs) and relevant management in China [J]. Environment International, 31 (6): 813 – 821.

Warwick R M, Clarke K R, 1995. New "biodiversity" measures reveal a decrease in taxonomic distinctness with increasing stress [J]. Marine Ecology Progress Series, 129: 301 – 305.

Warwick R M, Clarke K R, 1998. Taxonomic distinctness and environmental assessment [J]. Journal of Applied Ecology, 35 (4): 532 – 543.

Warwick R M, Light J, 2002. Death assemblages of molluscs on St Martin's Flats, Isles of Scilly: a surrogate for regional biodiversity [J]. Biodiversity and Conservation, 11 (1): 99 – 112.

Warwick R M, Somerfield P J, 2010. The structure and functioning of the benthic macrofauna of the Bristol Channel and Severn Estuary, with predicted effects of a tidal barrage [J]. Marine Pollution Bulletin, 61 (1): 92 – 99.

Wei D, Kameya T, Urano K, 2007. Environmental management of pesticidal POPs in China: past, present and future [J]. Environment International, 33 (7): 894 – 902.

Wildsmith M D, Rose T H, Potter I C, et al, 2009. Changes in the benthic macroinvertebrate fauna of a large microtidal estuary following extreme modifications aimed at reducing eutrophication [J]. Marine Pollution Bulletin, 58 (9): 1250 – 1262.

Willett K L, Ulrich E M, Hites R A, 1998. Differential toxicity and environmental fates of hexachlorocyclohexane isomers [J]. Environmental Science & Technology, 32 (15): 2197 – 2207.

Wong M H, Leung A O, J K Chan, et al, 2005. A review on the usage of POP pesticides in China, with emphasis on DDT loadings in human milk [J]. Chemosphere, 60 (6): 740 – 752.

Wooldridge T H, 1999. Estuarine zooplankton community structure and dynamics [M] // Allanson B R, Baird D. Estuaries of South Africa. Cambridge: Cambridge University Press: 141 – 166.

Yang L, Xia X, Liu S, 2010. Distribution and sources of DDTs in urban soils with six types of land use in Beijing, China [J]. Journal of Hazardous Materials, 174 (1 – 3): 100 – 107.

Yang X, Wang S, Bian Y, et al, 2008. Dicofol application resulted in high DDTs residue in cotton fields from northern Jiangsu Province, China [J]. Journal of Hazardous Materials, 150 (1): 92 – 98.

Yao Z W, Jiang G B, Xu H Z, 2002. Distribution of organochlorine pesticides in sea water of the Bering and Chukchi Sea [J]. Environmental Pollution, 116 (1): 49 – 56.

Yoshino K, Hamada T, Yamamoto K, et al, 2010. Effects of hypoxia and organic enrichment on estuarine macrofauna in the inner part of Ariake Bay [J]. Hydrobiologia, 652 (1): 23 – 38.

Ysebaert T, Herman P M J, Meire P, et al, 2003. Large-scale spatial patterns in estuaries: estuarine macrobenthic communities in the Schelde estuary, NW Europe [J]. Estuarine, Coastal and Shelf Science, 57 (1): 335 – 356.

Zeng E Y, Tsukada D, Diehl D W, 2004. Development of a solid-phase microextraction-based method for sampling of persistent chlorinated hydrocarbons in an urbanized coastal environment [J]. Environmental science and technology, 38 (21): 5737 – 5743.

Zeng Y, Lai Z, Gu B, et al, 2014. Heavy metal accumulation patterns in tissues of Guangdong bream

(*Megalobrama terminalis*) from the Pearl river, China [J] . Fresenius Environmental Bulletin, 23 (3a): 851 – 858.

Zhang G, Li J, Cheng H R, et al, 2007. Distribution of organochlorine pesticides in the northern South China Sea: Implications for land outflow and air-sea exchange [J] . Environmental Science and Technology, 41 (11): 3884 – 3890.

Zhang G, Parker A, House A, et al, 2002. Sedimentary records of DDT and HCH in the Pearl River Delta, South China [J] . Environmental Science and Technology, 36 (17): 3671 – 3677.

Zhang J, 1999. Heavy metal compositions of suspended sediments in the Changjiang (Yangtze River) estuary: significance of riverine transport to the ocean [J] . Continental Shelf Research, 19 (12): 1521 – 1543.

Zhang Z, Huang J, Yu G, et al, 2004. Occurrence of PAHs, PCBs and organochlorine pesticides in the Tonghui River of Beijing, China [J] . Environmental Pollution, 130 (2): 249 – 261.

Zhao Z, Zhang L, Wu J, et al, 2009. Distribution and bioaccumulation of organochlorine pesticides in surface sediments and benthic organisms from Taihu Lake, China [J] . Chemosphere, 77 (9): 1191 – 1198.

Zhou H Y, Wong M H, 2004. Screening of organochlorines in freshwater fish collected from the Pearl River Delta, People's Republic of China [J] . Arch. Environ. Con. Toxicol. , 46 (1): 106 – 113.

Zhou H, Zhang Z N, Liu X S, et al, 2007. Changes in the shelf macrobenthic community over large temporal and spatial scales in the Bohai Sea, China [J] . Journal of Marine Systems, 67 (3): 312 – 321.

Zhu B, Wu Z F, Li J, et al, 2011. Single and joint action toxicity of heavy metals on early developmental stages of Chinese rare minnow (*Cobiocypris rarus*) [J] . Ecotoxicology and Environmental Safety, 74: 2193 – 2202.

作者简介

赖子尼 女，1964年生，博士，研究员，中国水产科学研究院珠江水产研究所渔业环境保护研究室主任，农业农村部珠江流域渔业生态环境监测中心负责人，主要从事渔业环境保护研究。获得中国水产科学研究院科学技术进步奖二等奖3次，广东省科学技术进步奖二等奖1次、三等奖2次，教育部科学技术进步奖一等奖1次，省部级科研成果奖4项、厅局级科研成果奖5项。获国家授权专利52项，发表论文120余篇，出版著作1部。